"十四五"时期国家重点出版物出版专项规划项

华为网络技术系列

企业WLAN 架构与技术（第2版）

Enterprise WLAN Architecture and Technologies (2nd edition)

主　编　吴日海　杨　讯
副主编　王义博　刘佳雨

人 民 邮 电 出 版 社

北　京

图书在版编目（CIP）数据

企业 WLAN 架构与技术 / 吴日海，杨讯主编. -- 2 版.
北京 ：人民邮电出版社，2025. -- （华为网络技术系列
）. -- ISBN 978-7-115-67529-3

Ⅰ. TN92

中国国家版本馆 CIP 数据核字第 2025U8Q929 号

内 容 提 要

本书基于华为在 WLAN（无线局域网）领域多年的技术积累和对客户业务的了解，以企业
WLAN 所面临的业务挑战为切入点，详细介绍了 Wi-Fi 标准的最新演进、企业场景下的空口性
能和提升用户体验的解决思路，以及企业 WLAN 的典型组网、规划和场景化设计，旨在向读者
全面呈现企业 WLAN 的规划设计、技术实现等，并给出部署建议。

本书是了解和设计 WLAN 的实用指南，内容通俗易懂、实用性强，适合 WLAN 技术支持
工程师、WLAN 规划工程师、网络管理员、网络技术爱好者及高校网络技术相关专业学生阅读。

◆ 主　　编　吴日海　杨　讯
　　副 主 编　王义博　刘佳雨
　　责任编辑　韦　毅
　　责任印制　马振武

◆ 人民邮电出版社出版发行　　北京市丰台区成寿寺路 11 号
　　邮编　100164　　电子邮件　315@ptpress.com.cn
　　网址　https://www.ptpress.com.cn
　　固安县铭成印刷有限公司印刷

◆ 开本：710×1000　1/16
　　印张：24.75　　　　　　　　　　2025 年 9 月第 2 版
　　字数：485 千字　　　　　　　　2025 年 9 月河北第 1 次印刷

定价：119.00 元

读者服务热线：(010)81055410　印装质量热线：(010)81055316
反盗版热线：(010)81055315

丛书编委会

主 任　王　雷　华为数据通信产品线总裁

副 主 任　吴局业　华为数据通信产品线副总裁

　　　　赵志鹏　华为数据通信产品线副总裁

委 员　（按姓氏音序排列）

　　　　蔡　骏　程　剑　丁兆坤　冯　苏　葛文涛

　　　　韩　涛　贺　欢　胡　伟　金　剑　金闽伟

　　　　李武东　李小盼　梁跃旗　刘建宁　刘　凯

　　　　钱　晓　邱月峰　王　辉　王武伟　王焱淼

　　　　吴家兴　杨加园　殷玉楼　张　亮　赵少奇

本书编委会

主　　编　吴日海　杨　讯

副 主 编　王义博　刘佳雨

编　　委　陈永兴　朱彦伊　周　霞　周志辉

　　　　　杨松臻　从善亚　谈弘毅　张　浩

　　　　　陈如意　林发水　赵　捷　陆晓燕

　　　　　冯天一　丁玉权　吕茂盛　陈　剑

技术审校者简介

钱骁：DCN 与园区网络产品部部长。2006 年加入华为，历任驱动组件产品部部长、流控软件开发部部长、特拉维夫研究所副所长、数据通信研究部部长、数据通信技术规划部部长。负责驱动组件产品部期间，提出驱动开发平台（Driver Development Platform，DDP）理念，实现驱动组件的独立交付；负责特拉维夫研究所期间，广泛链接以色列学术和产业生态，推动研究成果的商用转化，构筑产业竞争力；负责数据通信研究部期间，梳理数据通信根技术全景图，成立多个数据通信关键技术实验室；负责数据通信技术规划部期间，建立技术规划、研究和产业互锁的铁三角机制，推进数据通信 Net 5.5G 代际技术规划，引领产业发展，负责举办网络天下技术论坛，汇聚学术界专家资源，共同为数据通信发展献计献策。参与《IP 2030 白皮书》《Net 5.5G 数通代际设计》和《迈向智能世界白皮书》的编写。

前　言

本书第 1 版出版（2019 年）之际，正逢无线保真（Wireless Fidelity，Wi-Fi）技术诞生 20 周年（Wi-Fi 联盟最初叫无线以太网相容性联盟，该联盟成立于 1999 年，于 2000 年改名为 Wi-Fi 联盟，802.11a/b 标准也是在 1999 年正式发布的）。20 多年间，Wi-Fi 网络的应用普及经历了高潮，也经历了低谷，最终凭借顽强的生命力和快速的技术迭代更新赢得了市场，迎来了爆发式增长，成为短距离无线接入领域的主导技术。

Wi-Fi 技术应用于企业网络已有 10 多年的历史。使用 Wi-Fi 技术的企业无线局域网（Wireless Local Area Network，WLAN）在企业网络中的角色也在不断发生变化，从最初的"有线网络的补充"，到"有线和无线网络一体化"的一部分，再到支持携带自己的设备办公（Bring Your Own Device，BYOD）和全无线办公，WLAN 已经成为企业网络的基本需求，成为释放生产力、创新力的基础承载。

随着 WLAN 在企业之中的作用越来越重要，客户对它的要求也越来越高。为了满足客户对高品质无线接入体验、无感知漫游体验、随时随地超宽带的需求，华为公司的产品解决方案提供了端到端的认证和安全服务、高可靠的网络服务和高质量的产品。

本书基于华为公司在 WLAN 领域多年的技术积累和对客户业务的了解，结合当前企业 WLAN 所面临的业务挑战，介绍 Wi-Fi 标准的最新演进、企业场景下的空口性能和提升用户体验的解决思路、无线安全防护措施，以及物联网融合解决方案。同时，本书还提供了企业 WLAN 的典型组网、规划和场景化设计，以及部署建议等内容，旨在向读者全面呈现企业 WLAN 的解决方案。对于网络工程师等信息通信技术行业从业人员，本书是熟悉 WLAN 架构、规划设计和部署的指南；对于网络技术爱好者及高校网络技术相关专业学生，本书也可作为学习 WLAN 新技术的参考书。

关于本书第2版

从 2019 年 12 月本书第 1 版出版到如今已有近 6 年时间，这期间 Wi-Fi 标准进行了两次重要更新。第一次更新是继 Wi-Fi 6（802.11ax）标准发布后，在 2021 年 Wi-Fi 6 标准增强版（Wi-Fi 6E）的发布。Wi-Fi 6E 将 Wi-Fi 6 的频谱资源扩展到了 6 GHz 频段。6 GHz 频段的频谱资源比 2.4 GHz 和 5 GHz 频段的频谱资源总和增加了 1 倍多。新的频段将缓解日益紧张的信道拥塞问题，同时让大带宽信道得到更多的实际应用，成倍提升 Wi-Fi 的传输速率。第二次更新是 2022 年新一代 Wi-Fi 7（802.11be）标准草案的发布，标志着 Wi-Fi 产业进入新的时代。Wi-Fi 7 的初衷就是提供更高的传输速率。得益于 6 GHz 频段和 320 MHz 信道带宽的定义，Wi-Fi 7 将传输速率从 9.6 Gbit/s 提升到了 23 Gbit/s，正式达到万兆量级，并在多用户、可靠性、节能等方面加入了诸多新技术，为办公网络和生产网络的新型业务提供了技术保障。除了标准的演进，华为公司还在短距离无线通信领域持续研究和创新，近年来在 Wi-Fi 的射频调优、用户调度、漫游、天线、物联网融合等方面都有新的技术突破并得以应用。新标准的发布和新技术的出现，促使我们对本书内容进行了相应修订。

本书第 2 版对 802.11 标准部分相关的内容进行了大幅的修订和扩展，增加了 Wi-Fi 7 标准的相关内容，对其物理层和 MAC 层的关键技术进行了解读；在射频调优的相关部分补充介绍了应对空间和稳定性问题的解决办法；在用户漫游与调度的相关部分补充介绍了 AI 漫游和零漫游技术，这些技术用于提升不同场景下的用户漫游体验；在空口 QoS 的相关部分补充介绍了空口融合调度、多媒体智能调度、VIP 用户体验保障和双发选收技术，这些技术用于提升空口传输效率、保障关键业务和关键用户的优先调度、提升生产网络的可靠性；在天线技术的相关部分修订了高密天线的内容，高密天线演进为智能变焦天线，可灵活解决干扰问题；在 WLAN 安全的相关部分增加了设备安全能力的介绍，助力构建完善的安全机制；在物联网融合的相关部分补充介绍了星闪通信技术；在 WLAN 场景化设计中，对部分场景的相关内容进行了修订，介绍了新的技术和组网架构。

本书内容

本书共分为 10 章，介绍如下。

第1章　企业WLAN概述

本章首先围绕 Wi-Fi 技术的诞生和演进，介绍企业 WLAN 的发展历程；然后介绍企业 WLAN 面临的挑战；最后重点介绍为应对这些挑战而提出的新一代企业 WLAN 解决方案。

第2章　WLAN技术基础

目前 WLAN 的标准是由 IEEE 802.11 工作组制定的 IEEE 802.11 标准。

IEEE（Institute of Electrical and Electronics Engineers，电气电子工程师学会）于 1990 年成立了 802.11 工作组以标准化 WLAN 技术。经过 30 多年的发展，802.11 标准已经逐渐发展成包含一系列标准的标准族。本章先介绍无线通信概念和 WLAN 关键技术，再介绍 802.11 标准的演进和不同版本标准的对比，最后介绍 802.11ax 标准和新一代 802.11be 标准的基本内容，以及其物理层和媒体接入控制（Media Access Control，MAC）层的关键技术。

第3章 空口性能与用户体验提升

Wi-Fi 技术的生命力非常强大，一个重要的原因在于其超大的工作带宽，从早期 802.11b 标准的 11 Mbit/s 到最新的 802.11be 标准的 23 Gbit/s，给用户的使用体验带来了极大的提升。然而，当接入 WLAN 的用户较多时，每个用户实际可获取的带宽会急剧下降。在企业办公的高密环境中，用户对网速下降的感受尤为明显。本章将深入分析影响 WLAN 性能的关键因素，并介绍解决相应问题的技术手段。

第4章 WLAN安全与防御

WLAN 是以无线电波进行数据传输的，与有线网络需要布放网线相比，基础设施的建设较为简单，但由于其传输媒介的特殊性，保障 WLAN 安全的问题显得尤为重要。本章首先介绍 WLAN 的安全威胁，然后重点介绍几种常见的消除 WLAN 安全威胁的安全机制。

第5章 WLAN与物联网融合

物联网（Internet of Things，IoT）是连接物与物的互联网。本章首先介绍常见的几种无线 IoT 技术，然后探讨 Wi-Fi 网络与物联网采用的短距离无线通信技术融合部署的可行性，最后重点介绍几个物联网接入点（Access Point，AP）典型的应用场景。

第6章 WLAN定位技术

本章首先介绍无线定位技术发展背景以及无线定位技术原理，帮助读者快速地掌握理论基础；然后介绍各种短距离无线通信系统如何利用定位技术计算位置；最后从实际需求出发，介绍设计定位系统的思路。

第7章 企业WLAN组网设计

不同的企业对 WLAN 的要求是不同的，随着 WLAN 在企业网络中的应用越来越广泛，如何构建一个满足业务要求的 WLAN 成为企业面临的重要问题。在构建网络之前，首先要设计良好的架构，选择合适的组网方式。本章介绍 WLAN 的组网设计思路和典型组网方案。

第8章　企业WLAN网规设计

良好的网络规划设计（简称网规设计）可以同时满足信号覆盖广、避免冲突、网络容量大等需求。本章从实际建网流程出发，介绍企业 WLAN 网规设计的方法。

第9章　企业WLAN场景化设计

本章对典型场景进行场景分析和网规设计，以帮助读者更深入地了解并掌握 WLAN 不同场景的业务特点、特性选用和网规设计方法，并将其应用到实际的项目中。

第10章　企业WLAN网络运维

网络运维是指园区网络管理员为了保证网络的正常稳定运行而进行的必不可少的日常网络维护工作。本章重点介绍网络运维工作中的日常监控、网络巡检、设备升级和故障处理。

致谢

本书由华为技术有限公司"数据通信数字化信息和内容体验部"及"数据通信架构与设计部"联合编写。在此期间，华为数据通信产品线的领导给予了很多指导、支持和鼓励，在此，诚挚感谢相关领导的扶持！

参与本书编写和审稿的人员虽然有多年 WLAN 从业经验，但因时间仓促，错漏之处在所难免，望读者不吝赐教，在此表示衷心的感谢。

本书常用图标

目 录

第 1 章
企业 WLAN 概述

本章首先围绕Wi-Fi技术的诞生和演进，介绍企业WLAN的发展历程；然后介绍企业WLAN面临的挑战；最后重点介绍为应对这些挑战而提出的新一代企业WLAN解决方案。

| 1.1 企业 WLAN 的发展历程 |

Wi-Fi 技术的诞生，是为了解决有线网络布线的烦琐问题。收银机制造商 NCR 公司在为百货商店和超市（简称商超）等客户提供服务时发现，每次改变店面布局都需要为收银机重新布线，费时又费力。1988 年，NCR 公司联合 AT&T 和朗讯推出 WaveLAN 无线网络技术方案，实现了收银机的无线化接入，这一技术也被公认为是 Wi-Fi 技术的前身。WaveLAN 技术的诞生促使 IEEE 802 LAN/MAN 标准委员会在 1990 年成立了 IEEE 802.11（以下简称 802.11）无线局域网工作委员会，开始制定 WLAN 的技术标准。

下面依据 WLAN 技术的演进，结合企业 WLAN 架构和协议，分阶段介绍企业 WLAN 的发展历程，如图 1-1 所示。

1. 第一阶段：初级移动办公时代——无线网络作为有线网络的补充

WaveLAN 技术的应用可以被认为是企业 WLAN 的雏形。早期的 Wi-Fi 技术主要应用在类似"无线收银机"这样的物联设备上，但是随着 802.11a/b/g 标准的推出，无线连接的优势越来越明显，终端模组的成本也在快速下降，企业和消费者开始认识到 Wi-Fi 技术的应用潜力，无线热点开始出现在咖啡店、机场和酒店。Wi-Fi 这个名字也在这一时期诞生，它是 Wi-Fi 联盟的商标。该联盟最初的目的是推动 802.11b 标准的制定，并在全球范围内推行 Wi-Fi 产品的兼容认证。随着标准的演进和符合标准的产品的普及，人们往往将 Wi-Fi 等同于 802.11 标准。需要说明的是，802.11 标准是众多 WLAN 技术中的一种，只是它已成为业界的主流标准。而人们提到 WLAN 时，通常是指使用 Wi-Fi 技术的 WLAN。这是企业

WLAN 应用的第一阶段，主要是解决"无线接入"的问题，核心价值是摆脱有线网络的束缚，让设备在一定范围内可以自由移动。这也是 WLAN 最直接的价值体现，用无线网络延伸了有线网络。但是这一阶段的 WLAN 对安全、容量和漫游能力等方面没有明确的诉求，AP 的形态还是单个接入点，用于单点组网的无线覆盖。通常称单个接入点架构的 AP 为 FAT AP。

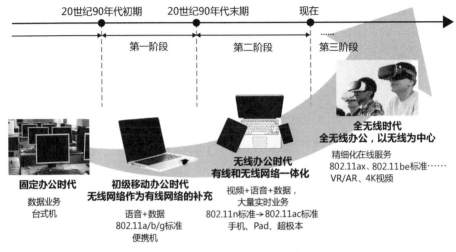

图 1-1 企业 WLAN 的发展历程

2. 第二阶段：无线办公时代——有线和无线网络一体化

随着无线设备的进一步普及，企业 WLAN 从起初仅仅作为有线网络的补充，发展到和有线网络一样不可或缺，由此进入第二阶段。在这个阶段中，企业 WLAN 作为企业网络的一部分，除了需要满足 BYOD 的需求，还需要为企业的访客提供网络接入。

单个咖啡店的接入用户数量一般为十几人，但是企业的接入用户数量可能成百上千，此时单个 AP 已经无法满足建设大规模 WLAN 的需求，由此新的 WLAN 架构——WAC+FIT AP 应运而生。在网络中引入一个集中的无线接入控制器（Wireless Access Controller，WAC），通过无线接入点控制和配置（Control And Provisioning of Wireless Access Points，CAPWAP）协议来实现集中信道管理、统一配置、全网的漫游和认证，如图 1-2 所示。

另外，在企业办公场景下，存在大量视频、语音等大带宽业务，对企业 WLAN 的带宽有更大的需求。从 2012 年开始，802.11ac 标准趋于成熟，对工作频段、信道带宽、调制与编码方式等做出了诸多改进，与以往的 802.11 标准相比，其具有更高的吞吐量、更少的干扰，能够允许更多的用户接入，引领 WLAN 进入了吉比特时代。这种技术的改进为企业无线办公创造了充分的条件。

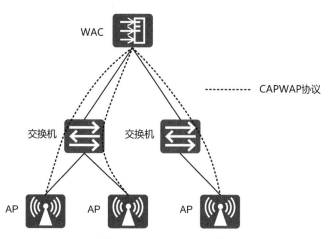

图 1-2　WAC+FIT AP 架构

　　在此背景下，AP 不但需要支持新的 802.11 标准，也需要更强劲的业务处理能力。企业级 AP 和家用 AP 开始分道扬镳，走向不同的演进路线。

　　作为企业网络的基础设施，企业级 AP 不仅需要更长的使用寿命和更加牢固的结构设计，更重要的是，需要更强大的处理能力和更高效的空口调度算法，来满足高并发、大容量的接入场景。企业级 AP 和家用 AP 的差异如表 1-1 所示。

表 1-1　企业级 AP 和家用 AP 的差异

对比项	企业级 AP 的特性	家用 AP 的特性
芯片	高性能工业级芯片，芯片处理能力强，支持接入至少 100 个用户，整机带宽大于 1 Gbit/s	消费级芯片，芯片处理能力弱，接入用户数量为 5 ～ 10 个，整机带宽为 100 Mbit/s 左右
印制电路板（Printed-Circuit Board，PCB）	PCB 为 4 ～ 8 层，有利于降低噪声干扰，射频信号质量更好	多数使用 2 层 PCB，也有使用 4 层的，易产生数字噪声干扰射频信号
2.4 GHz 射频校准	严格测试和校准	未校准，会有终端显示信号强度很好，但通信质量不高的情况
天线	为了更便捷地安装和获得更好的覆盖效果，通常采用内置天线，并结合智能天线、小角度定向天线等技术满足多种应用场景的需求	AP 安装形式比较单一，以安装在桌面或地面居多，通常采用外置天线
以太网供电（Power over Ethernet，PoE）	支持 PoE/PoE+/PoE++ 供电标准	不支持，额外配置电源适配器
寿命	5 ～ 8 年	少于 5 年

续表

对比项	企业级 AP 的特性	家用 AP 的特性
无线标准	普遍支持 802.11ac Wave 2 标准，最新的 AP 可支持 802.11be 标准	一般只支持 802.11ac Wave 1 及更早的标准
安全性	安全性更高，一般可以支持 16 个以上的 SSID，不同的 SSID 可以分配给不同的用户。能够通过划分多 SSID 和虚拟局域网（Virtual Local Area Network，VLAN），提供互相独立的子网，并可提供不同的认证方式和访问策略，从无线网络到有线网络，对数据进行端到端的安全隔离	支持主人和访客服务集标识符（Service Set Identifier，SSID）隔离、终端 MAC 白名单等基础安全功能
服务质量（Quality of Service，QoS）	不仅支持对终端设置上网时间限制和网速，还可以基于每个 SSID，对应用设置上网时间限制和网速，并且用统一资源定位符（Uniform Resource Locator，URL）进行更加精细的访问控制	支持对不同终端设置上网时间限制和网速控制
连续组网能力	WAC+FIT AP 架构，配合自动调优、漫游等功能可支持 AP 连续组网	单点覆盖，无法支持多个房间的连续覆盖

3. 第三阶段：全无线办公时代——全无线办公，以无线为中心

目前，企业 WLAN 已经进入第三阶段，在企业办公环境中，使用无线网络彻底替代有线网络。办公区采用全 Wi-Fi 网络覆盖，办公位不再提供有线网口，办公环境更为开放和智能。未来，企业云桌面办公、智真会议、4K 视频等大带宽业务将从有线网络迁移至无线网络，而虚拟现实（Virtual Reality，VR）/增强现实（Augmented Reality，AR）、虚拟助手、自动化工厂等新技术将直接基于无线网络部署。新的应用场景对企业 WLAN 的设计与规划提出了更高的要求。

2022 年，新一代 Wi-Fi 标准 Wi-Fi 7（这是 Wi-Fi 联盟的命名，IEEE 将其命名为 802.11be 标准）发布，这是 Wi-Fi 发展史上的又一重大里程碑，它的核心价值在于容量的进一步提升，引领室内无线通信进入 10 吉比特时代；多用户并发性能提升 4 倍，让网络在高密接入、业务重载的情况下，依然保持优秀的服务能力。

企业 WLAN 的另一个演进方向是基于 WLAN 的位置服务功能和物联网连接功能发展。例如，通过融合 Wi-Fi 技术和蓝牙定位技术，支持高精度室内导航及定位；通过融合射频识别（Radio Frequency Identification，RFID）和 ZigBee 等短距离物联技术，支持电子价签、智能手环等物联网应用。

|1.2　企业 WLAN 面临的挑战 |

　　企业 WLAN 发展至今，在标准快速迭代和需求场景爆炸式增长双重因素的推动下，已经由最初的"有线网络的补充"发展到全无线办公。承载在网络上的业务也不再是"访问互联网"这样简单的消费需求。企业 WLAN 已经成为支撑各行各业实现数字化转型、提升生产和工作效率的基础设施，其面临的挑战也变得更为艰巨，如图 1-3 所示。

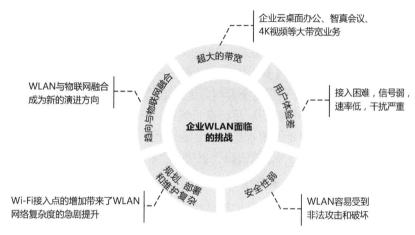

图 1-3　企业 WLAN 面临的挑战

1. WLAN业务超大的带宽需求

　　在未来，各行各业都面临着数字化转型，以企业办公为例，数字化转型的一个重要方面就是移动化和云化。通过集成即时通信、电子邮件、视频会议、待办审批等服务的一站式办公平台，越来越多的工作可以随时随地在移动端处理。移动化和云化可以帮助企业摆脱地域差异，完成协同办公，特别是随着 4K 智真会议等新技术的兴起，多地人员可以参与同一个项目，不同地区办公的项目成员可以随时随地召开智真会议进行交流，清晰流畅的 4K 视频会议与面对面的会议并无二致。当然，智真会议对带宽的要求很高，需要至少 50 Mbit/s 的带宽和低于 50 ms 的时延。

　　此外，教育领域中，数字化课堂已经成为新趋势，在线互动教学、高清教学视频点播、学术视频会议重新定义了学习空间，学生不必安安静静地坐在课堂上，而是随时随地都可使用移动终端学习，充分利用碎片化时间。VR 技术的出现还带来了参与度较高的沉浸式课程，从而可以增强教师的教学效果。举个最常见的 VR 教学的例子——手术示教，通过部署 4K/VR 手术示教系统，将手术场景实时同步到各个教室，让更多的学生观摩和学习，同时，手术现场的医生可以通过高清视讯设备和会诊专家进行远程实时交流，而这一切都需要超大带宽的支撑。

传统业务单个用户的带宽都不超过 10 Mbit/s，如何满足大带宽业务并发成为企业 WLAN 面临的一大挑战。

2. Wi-Fi技术瓶颈影响用户体验

在使用 WLAN 的过程中，除了对带宽的需求，还存在用户体验差的问题。

举个比较典型的例子，在大型展会中，主办方会提供无线接入服务供参展人员上网。但是参展人员可能会发现，明明能够搜索到主办方提供的 WLAN 热点，但就是连不上，即使连上了，打开网页的速度也很慢，特别是在移动过程中，感觉信号更差了。其实造成这种情况的原因有很多，可能是无线信道分配不合理，导致出现严重的同频干扰；可能是信道功率配置不合理，导致部分区域信号弱、速率低；可能是场地中存在一些干扰源，例如微波炉等设备，影响无线信号的稳定性；也可能是接入用户数量过多，使得网络存在一些拥塞区域，导致速率低、接入困难；还有可能是部分手机漫游不及时。上述这些原因都会影响用户的体验感。同时，在展会中还有一些特殊的应用场景。例如，一些展台会设计使用 VR 技术的互动体验环节，它对时延的要求极高；参展的记者可能会利用无线网络进行现场直播或者文字报道，如何保证其流畅性也是一项难题。

3. WLAN业务的安全性被质疑

WLAN 采用无线电波传输数据的特殊性使得无线信道成为黑客、违法分子攻击和破坏数据传输的重要目标。特别是进入全无线办公时代后，WLAN 取代了有线网络承载核心业务的传输。如果 WLAN 受到攻击，那么产生的损失和破坏将是毁灭性的。

以金融行业为例，由中金金融认证中心有限公司、数字金融联合宣传年、中国电子银行网联合发布的《2024 中国数字银行调查报告》显示，至 2024 年，个人手机银行用户使用比例已达 88%，手机银行已成为向客户提供金融服务的主导渠道。人们利用无线网络，可以在移动终端上随时随地对自己的账户进行查询、转账、理财等操作，免去了以往跑银行办理业务的麻烦。但是客户在获得便利的同时，也要承担风险，一旦在使用手机银行的过程中遭到攻击，数据被窃取，将会造成直接的经济损失。

4. 网络设备的增加带来更复杂的规划部署和维护

传统的有线网络只为固定区域的人群服务，区域内有多少终端，需要配置多少个上网口，都是可以预知的。但规划无线网络的时候，情况将变得极为复杂。试想一下，有一个 50 人的会议室，要求在实现 Wi-Fi 网络全覆盖的同时，支持实时视频会议。在传统网络方案中，网络管理员首先需要准确预估覆盖区域的业务模型；其次，规划 Wi-Fi 网络，设置无线射频参数，避免 AP 间的同频干扰并保证无线信号的覆盖率和质量，为了满足实时视频会议对带宽、时延、丢包率等指标的要求，还需要设置复杂的 QoS 参数；最后，再人工逐台设备配置命令行，如果出现配置错误，还需要逐条命令去检查，费时又费力。另外，由于无线设备的特殊性，一旦设备发生故障，会影响一片区域用户的接入，因此需要实时监控 AP 和交换机设备的工作状态。但是如果 AP 数量庞大，人工监测的工作量会非常大。

5. WLAN 与物联网融合的挑战

在 WLAN 迅猛增长的同时，连接物与物的物联网技术也在快速发展并被广泛应用。现在是万物互联的时代，企业的物联网也是随处可见。在企业办公场景中，物联网可用于企业资产管理，实现资产移动轨迹查看和自动盘点等功能；在学校中，物联网可用于学生的健康管理，实现学生自动考勤和学生体征检测；在医院中，物联网可用于输液管理、药品管理和生命体征的实时监控等；在工厂中，物联网可用于车间生产资源的实时互联，实现生产资源的精细化管控。

目前，WLAN 和物联网技术都在迅猛发展，业界也在不断探索二者融合的可能性。一方面，独立部署物联网投资成本较高，同时，分别管理和维护 WLAN 和物联网两套网络也比较复杂；另一方面，物联网和 WLAN 有很多相似之处，包括物理层（PHY 层）的协议、使用的频段、部署和组网方式。因此二者从共存到融合，最终到归一，这是一个重要的技术演进方向。

| 1.3　新一代企业 WLAN 解决方案 |

为了应对以上的种种挑战，新一代企业 WLAN 解决方案应运而生，如图 1-4 所示。

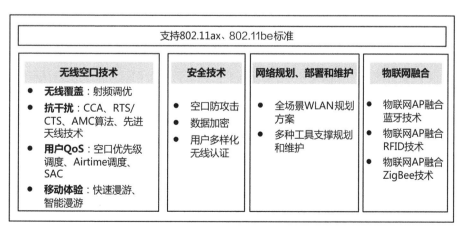

图 1-4　新一代企业 WLAN 解决方案

1. 支持802.11be标准，应对超高带宽需求

4K/8K 高清视频、AR/VR 等新兴业务的普及，对 WLAN 提出了高带宽、低时延的要求。为了应对超高带宽的需求，802.11 标准一直致力于传输速率的突破。从最开始 802.11b 标准传输速率仅为 11 Mbit/s，到 802.11ac 标准传输速率突破 1 Gbit/s 大关，再到最新 802.11be（Wi-Fi 7）标准将传输速率提升到 23 Gbit/s，并且引入了多种多用户技术，提升了用户的实际吞吐率。

2. 创新无线空口技术，打造卓越用户体验

为打造最优的用户体验，需要在以下关键技术中做出改进。

（1）无线覆盖

为了使 WLAN 获得最优的网络覆盖范围，必须为 WLAN 规划合理的信道和功率。射频调优功能可以自动部署信道和调整发射功率：一方面可以应对多样化的网络环境，规避干扰和填补盲区，使得无线覆盖达到最优；另一方面，针对网络中存在的不确定因素，射频调优也可以进行自动检测，进而优化无线网络参数，应对网络变化。

（2）抗干扰

WLAN 的一个显著特点是在自由空间中传输数据，而这种开放的无线环境中存在大量的干扰。新一代企业 WLAN 解决方案提供了一系列技术手段应对干扰。首先，对于非 Wi-Fi 干扰，可以通过频谱分析功能进行识别；其次，针对 Wi-Fi 干扰可以通过空闲信道评估（Clear Channel Assessment，CCA）和请求发送（Request to Send，RTS）/允许发送（Clear to Send，CTS）技术来降低有效信号与干扰信号发生冲突的概率；最后，自适应调制编码（Adaptive Modulation and Coding，AMC）算法可以在干扰无法避免的情况下减少干扰带来的性能损失。

除了通过软件算法提升抗干扰能力，各类先进的天线技术也能助力 AP 规避干扰。一方面，高密天线可以有效控制 AP 的覆盖范围，减小相邻 AP 之间的干扰；另一方面，智能天线可以通过波束成形技术保障无线信号质量。

（3）用户 QoS

用户业务的多样化决定了 WLAN 需要对其进行区分对待才能让用户获取最佳体验。对待不同的业务，新一代企业 WLAN 解决方案提供了多种 QoS 技术。空口优先级调度可以帮助重要业务优先调度；Airtime 调度则可以让多个用户公平地共享无线资源，传输更多的数据；智能应用控制（Smart Application Control，SAC）技术可以进一步识别业务类型，特别是高优先级的业务，如语音和视频业务，对业务进行更为精细化的控制。

（4）移动体验

WLAN 不同于有线网络，用户的相对位置并不是固定的，因此保证用户在漫游过程中的体验也非常关键。快速漫游功能使得用户在移动过程中业务不会中断，且无须重新认证；智能漫游功能则可以针对无法顺利漫游的黏性终端提供服务，提升使用此类终端的用户在漫游中的体验。

3. 融合安全技术，开启无线全面防护

随着 802.11 标准的演进，WLAN 的安全防护措施也在不断地升级。

新一代企业 WLAN 解决方案尤其关注网络的安全性，通过多样化的用户认证机制，建立安全的关联，确保参与通信的各方身份的合法性；通过无线数据加密，确保无线数据链路的安全性；对于 WLAN 中可能存在的非法攻击，可通过无线攻击检测对非法终端、恶意用户的攻击和入侵 WLAN 的行为进行安全检测，还可以通过无线攻击反制进一步保护企业 WLAN 的安全，如阻止非法无线设备非授权访问企业网络，提供针对网络系统攻击的防护。

4. 基于场景的网络规划部署和维护

新一代企业 WLAN 解决方案根据不同的企业和组织对 WLAN 的不同要求，提供了多种组网方案。此外，由于 WLAN 的特殊性，不仅需要确定组网方案，还需要进行网络规划。除了通用的无线网规设计方法，还需要根据不同业务的特点，包括业务类型和业务使用频度、用户分布和终端类型、关键业务和关键区域，按照不同场景设计网络规划方案。网络规模的扩大导致网络规划难度加大，可以通过在网络规划、部署、验收和维护阶段引入专业的工具，实现一键智能规划部署，用工具取代繁复的设计过程，从而缩短项目交付的时间。当网络在自身或者外部环境出现异常的时候，能够自动地提示异常的发生，这样可以大大降低人工维护成本。

5. WLAN 和物联网融合方案

新一代企业 WLAN 解决方案还包含 WLAN 和物联网融合方案。例如，通过物联网 AP 融合蓝牙定位技术，支持高精度室内导航和定位；通过物联网 AP 融合 RFID/ZigBee 等短距离物联技术，支持电子价签、智能手环等物联网应用。

第2章
WLAN 技术基础

WLAN技术作为一种无线通信技术，和无线广播电台一样，都是通过无线电波在空间中传输信息。为了便于读者理解WLAN技术，本章先介绍无线通信概念和WLAN关键技术，再介绍802.11标准的演进和不同版本标准的对比，最后介绍802.11ax标准和新一代802.11be标准的基本内容，以及其物理层和MAC层的关键技术。

| 2.1 无线通信概念 |

无线通信是利用无线电波在空间辐射和传播的性质，在空间中传送信息的一种通信方式。

2.1.1 无线电波

无线电波是电磁波的一种。电磁波又称为电磁辐射。同相振荡且互相垂直的电场与磁场，在空间中以波的形式传递能量和动量，其传播方向垂直于电场与磁场的振荡方向，以光速前进，如图 2-1 所示。

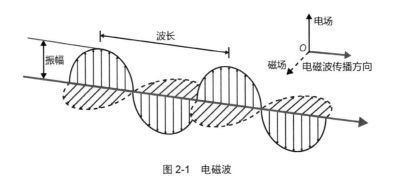

图 2-1 电磁波

　　人们周边的所有物体时刻都在进行电磁辐射。一个物体产生的电磁波并不只在一个方向存在，而是向着周围各个方向传播，同时还会发生反射、折射和散射。在无线通信中，接收端除了接收到非发送端发射的电磁波，还会接收到来自发送端的经过直射、反射后的多个相同的电磁波（多径干扰），这些都是干扰，所以无线通信远比有线通信复杂，如图 2-2 所示。

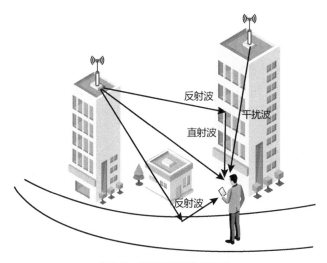

图 2-2　多径干扰和外部干扰

　　频率是电磁波的重要特性参数。频率的分布就是频谱，按照频率从高到低的顺序，电磁波可以分为伽马射线、X 射线、紫外线、可见光、红外线、微波和无线电波，如图 2-3 所示。电磁波的频率越高，能量越大，直射能力越强，传输过程中能量衰减越快，传输距离越短。

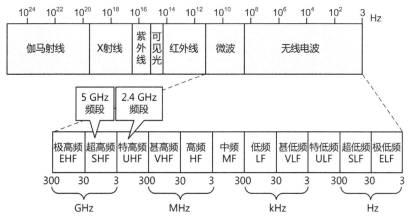

图 2-3　电磁波频谱

WLAN 使用的电磁波是无线电波。无线电波由振荡电路的交变电流产生，能够通过天线发射和接收，也称为无线电、电波、射频（Radio Frequency，RF）、射频电波或射电。

射频的频率范围称为频段。WLAN 使用的频段是 2.4 GHz 频段（2.4～2.4835 GHz）、5 GHz 频段（5.15～5.35 GHz，5.725～5.85 GHz）和 6 GHz 频段（5.925～7.125 GHz）。这 3 个频段属于工业、科学和医疗（Industrial,Scientific and Medical，ISM）频段，使用 ISM 频段无须获得许可证或支付费用，只要符合规定的发射功率（一般小于 1 W），且不对其他频段造成干扰即可。免费的频段资源降低了 WLAN 的使用成本，但也带来了多种无线通信技术工作的同频干扰问题。各个国家和地区允许使用的 ISM 频段并不相同，所以其允许使用的 WLAN 频段也不相同，实际的使用需遵循当地法律法规的要求。

2.1.2　无线通信系统

在探讨信息如何通过无线电波传输之前，先来看一个声音传输的例子，这将有助于读者理解无线通信系统的组成。A 对 B 说"你好"，A 将发声的指令下发给嘴巴，嘴巴将信息转换成一组特定频率和幅度的声波，声波在空气中振动传播，B 的耳朵接收声波后将其转换成可以辨识的信息，如图 2-4 所示。

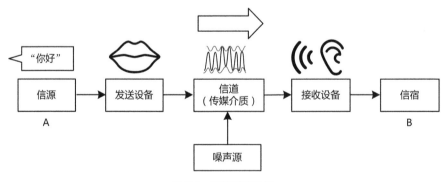

图 2-4　通信系统示例

声音的传输过程可被看作一个通信系统。"你好"是 A 要传输的信息，我们称 A 为信源；A 的嘴巴将信息转换为声波，是发送设备，转换的过程为调制；声波在空气中传播，空气是能够承载声波的传媒介质，是信道；B 的耳朵能够接收声波，是接收设备；B 将声波转换为可辨识的信息，我们称 B 为信宿，转换的过程和调制相反，即解调；声波在空中传输时，如果还有其他人说话，可能导致 B 无法听清 A 说的信息内容，这就是环境中的噪声源。

在无线通信系统中，信息可以是图像、文字、声音等。信息需要先经过信源编码转换为便于电路计算和处理的数字信号，再经过信道编码和调制，转换为无线电波发射出去，如图 2-5 所示。其中，发送设备和接收设备使用接口与信道连接。对于有线通信，这很容易理解，设备上的接口是可见的，连接可见的线缆；而对于无线通信，接口是不可见的，连接着不可见的空间。为了便于理解和描述，将无线通信使用的接口称为空中接口，简称空口。

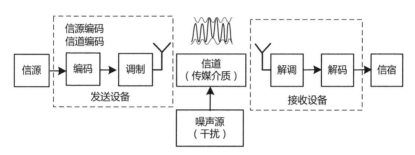

图 2-5　无线通信系统示例

1. 信源编码

信源编码是将最原始的信息，经过对应的编码方式，转换为数字信号的过程。信源编码可以减少原始信息中的冗余信息，即在保证不失真的情况下，最大限度地压缩信息。不同类型的信息需要采用不同的编码方式处理，例如，H.264 就是视频的一种编码方式。

2. 信道编码

信道编码是一种对信息纠错、检错的技术，可以提升信道传输的可靠性。信息在无线传输的过程中容易受到噪声的干扰，导致接收信息出错，引入信道编码能够在接收设备上最大限度地恢复信息，降低误码率。WLAN 使用的信道编码方式包含二进制卷积编码（Binary Convolutional Encoding，BCC）和低密度奇偶校验（Low Density Parity Check，LDPC）码。

信道编码的实现需要在原始信息中增加冗余信息，所以经过信道编码后，信息长度会有所增加。原始信息的占比可以用编码效率表示，简称码率，即编码前后的比特数量比。信道编码不能提升有效信息的传输速率，反而会降低其传输速率，但提高了有效信息传输的成功率。因此通信协议选择合适的编码，可以在性能和传输准确程度之间获得最佳的平衡。

3. 调制

数字信号在电路中表现为高低电平的瞬时变化，只有将数字信号叠加到高频振荡电路产生的高频信号上，才能通过天线将其转换成无线电波发射出去，叠加动作就是调制的过程。高频信号本身没有任何信息，只是用来"运载"信息，所以被称为载波。

调制的过程实际包含符号映射和载波调制。

符号映射是采用调制的方法，将数字信号的比特映射为符号（也称为码元或信元）。1 个符号可以表示 1 bit，也可以表示多个比特。例如，使用二进制相移键控（Binary Phase Shift Keying，BPSK）调制，1 bit 信息映射为 1 个符号；使用正交相移键控（Quadrature Phase Shift Keying，QPSK）调制，2 bit 信息映射为 1 个符号；使用正交幅度调制（Quadrature Amplitude Modulation，QAM）进行调制，当模式为 16-QAM 时，4 bit 信息映射为 1 个符号。符号中携带的比特数越多，数据的传输速率越高。

载波调制是将符号和载波叠加，使载波携带要传输的信息。为了进一步提升传输速率，出现了多载波调制技术。多载波调制是利用波的正交特性，将信号分段，先分别调制到多个载波，再叠加到一起由天线发送，实现多组信号的并行传输。多载波调制可以有效利用频谱资源，并降低多径干扰。WLAN 使用的多载波调制技术是正交频分复用（Orthogonal Frequency Division Multiplexing，OFDM）。

4. 信道

信道是传输信息的通道，无线信道就是空间中的无线电波。无线电波无处不在，如果随意使用频谱资源，将带来无穷无尽的干扰问题，所以无线通信协议除了要定义允许使用的频段，还要精确划分频率范围，每个频率范围就是一个信道。

例如，WLAN 的 2.4 GHz 频段被划分为 14 个有重叠的、频宽是 22 MHz 的信道，如图 2-6 所示，其中包含重叠信道和非重叠信道。

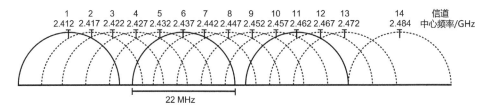

图 2-6　2.4 GHz 频段信道划分

- 重叠信道：例如，信道1和信道2互为重叠信道，在一个空间内同时存在重叠信道，则会产生干扰问题。
- 非重叠信道：例如，信道1和信道6互为非重叠信道，在一个空间内同时存在非重叠信道，不会产生干扰问题。

2.1.3　信道速率和带宽

无线通信的目的是有效传输信息，所以需要信道传输速率快、出错率低。信道的传输速率也称为数据率、比特率或吞吐率，单位是 bit/s。信道上可以传输的最大速率称为信道容量或吞吐量。

带宽是指一段连续的频率范围，也称为频率宽度或频谱宽度，用来表示可以使用的频谱资源的多少，单位是 Hz。有时信道容量也可以称为带宽。为什么信道容量也可以叫作带宽呢？这就要提到著名的奈奎斯特定理。在不考虑噪声的理想情况下，如果信道的带宽是 B（单位：Hz），则符号速率是 $2B$（单位：Baud）。根据符号映射的比特数，就可以得到信道容量。例如，1 个信道的频率范围是 5170 MHz～5190 MHz，1 个符号携带 6 bit 信息，则 20 MHz 就是其带宽，最大理论速率是 240 Mbit/s。所以，带宽虽然用于表示一段频谱的宽度，但也会被用来表示速率。

奈奎斯特定理描述了一个无噪声的完美信道，但现实中噪声无处不在，香农定理告诉我们实际的信道容量会受噪声的影响。噪声的影响可以用信噪比（Signal to Noise Ratio，SNR）来表示，即信号功率和噪声功率的比值。带宽不变时，噪声越大，信道容量越小；但根据香农定理推导可知，当带宽无限大时，信道容量也不会无限增加。

| 2.2　WLAN 关键技术 |

WLAN 作为一种无线通信技术，为了实现其高速的无线传输，应重点从以下 4 个方面进行提升。

- 调制方式：采用更优的信号调制方式。
- 载波数量：采用 OFDM 增加载波数量。
- 信道带宽：采用信道绑定技术提升信道带宽。
- 空间流数：采用多输入多输出（Multiple-Input Multiple-Output，MIMO）技术增加空间流数。

本节介绍提升无线速率的技术，包括调制方式、OFDM、信道绑定和 MIMO。此外，为了保证多用户接入时的上网体验，WLAN 还引入了多址技术来区分用户，包括多用户多输入多输出（Multi-User Multiple-Input Multiple-Output，MU-MIMO）和正交频分多址（Orthogonal Frequency Division Multiple Access，OFDMA）。

无线通信不同于有线通信。有线通信可以通过线缆上的高低电平检测电信号是否与自身发送的信号发生碰撞，而无线通信无法进行这样的检测。802.11 标准在 MAC 层设计了一种简单的分布式接入协议——带冲突避免的载波监听多路访问（Carrier Sense Multiple Access with Collision Avoidance，CSMA/CA），本节的最后将为读者详细介绍该技术。

2.2.1 调制技术

根据电磁波的 3 个特征——振幅、频率和相位，可以将数字信号的调制技术归为 3 类，分别是幅移键控（Amplitude Shift Keying，ASK）、频移键控（Frequency Shift Keying，FSK）和相移键控（Phase Shift Keying，PSK），如图 2-7 所示。另外，还有一种将 ASK 和 PSK 结合起来的机制叫作 QAM，调制效率很高。调制后无线电波的微小变化正是叠加数字信号的结果。

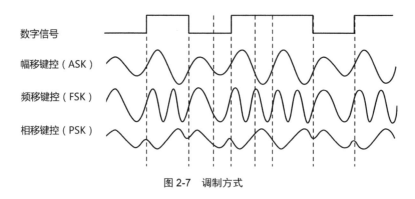

图 2-7　调制方式

- ASK：通过改变载波的振幅来表示0和1，实现简单，但抗干扰能力弱。
- FSK：通过改变载波的频率来表示0和1，实现简单，抗干扰能力强，用于低速的数据传输。
- PSK：通过改变载波的相位来表示0和1，也被称为MPSK。M表示符号（Symbol）的种类，包含BPSK（2PSK）、QPSK（4PSK）、16PSK、64PSK等，常用的是BPSK和QPSK。例如，最简单的BPSK用0° 和180° 共2个相位分别表示0和1，即两种符号，传递1 bit的信息；QPSK则使用0° 、90° 、180° 和270° 共4个相位，分别表示00、01、10和11这4种符号，传递2 bit的信息，其传输的信息量是BPSK的2倍，如图2-8所示。
- QAM：使用两个正交载波进行振幅调制，1个符号能够传递更多的信息，也被称为N-QAM。N表示符号的种类，包括16-QAM、64-QAM、256-QAM、1024-QAM等。N越大，数据传输速率越大，但误码率也会增高。
WLAN 使用的信号调制方式有 BPSK、QPSK 和 QAM。下面重点介绍 QAM。

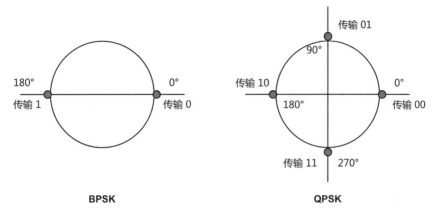

图 2-8　BPSK 和 QPSK 调制

通过 BPSK 和 QPSK 的对比可知，随着相位数的增加，1 个符号传输的比特数也随之增加，那么相位数是不是可以无限制地一直增加呢？答案是否定的，因为相位数一旦增加到一定程度，相邻相位之间的相位差会变得非常小，调制后的信号抗干扰能力就会降低。此时，QAM 应运而生。

下面以 16-QAM 为例介绍 QAM 的原理。

16-QAM 就是通过调整幅度和相位，组合成 16 个不同的波形，分别代表0000，0001，…相当于 1 个符号传输 4 bit，如图 2-9 所示。

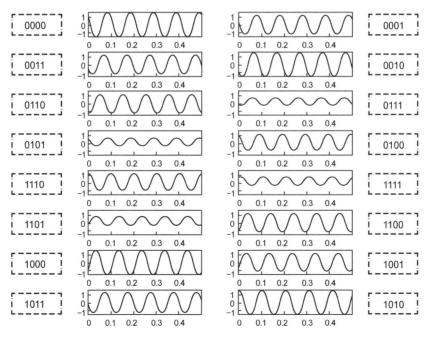

图 2-9　16-QAM 调制

那么如何实现 QAM 呢？还是以 16-QAM 为例。数据经过信道编码后得到
（$S_3S_2S_1S_0$），将编码映射到星座图上，形成复数调制符号，然后将符号的 I、Q 分
量（对应复平面的实部和虚部，也就是水平和垂直方向）采用幅度调制的方式分
别调制在对应的相互正交（时域正交）的两个载波（$\cos\omega_0 t$ 和 $\sin\omega_0 t$）上，然后
叠加形成调制后的信号，如图 2-10 所示。

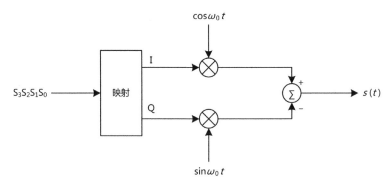

图 2-10　QAM 流程

这里提到了星座图的概念。星座图是将输入数据、I/Q 数据、载波相位三者的
映射关系画到一张图里。16-QAM 的星座图如图 2-11 所示。

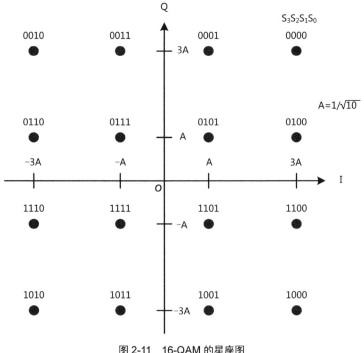

图 2-11　16-QAM 的星座图

　　星座图采用的是极坐标。星座图中的每一个点都可以用一个夹角和该点到原点的距离表示。前文提到过 QAM 是一种同时调制相位和幅度的调制方式，星座图上这个夹角就是调制的相位，距离代表调制幅度。

　　QAM 的应用很广泛，以 802.11a 标准为例，结合调制方式、编码率，得到的速率如表 2-1 所示。

表 2-1　802.11a 标准中不同编码方式对应的速率

调制方式	编码率	速率 /（Mbit·s^{-1}）
BPSK	1/2	6
BPSK	3/4	9
QPSK	1/2	12
QPSK	3/4	18
16-QAM	1/2	24
16-QAM	3/4	36
64-QAM	2/3	48
64-QAM	3/4	54

　　从表 2-1 中可以看出，如果需要提高传输速率，可以使用点数更多的 QAM。目前 QAM 最高已达到 4096-QAM（下文统称为 4K-QAM，共 4096 个符号）。

　　但并不是点数越多的 QAM 就越好。因为随着点数的增多，点之间的距离也会变小，这样就要求接收到的信号质量很高，否则很容易命中相邻的其他点。

　　另外，在 802.11 标准中，引入了调制和编码方案（Modulation and Coding Scheme，MCS）。以 802.11ac 标准为例，MCS 索引有 10 个值，每个值对应一种调制方式和一个编码率，如表 2-2 所示。对每个 MCS 索引值，根据其信道带宽、空间流数和保护间隔（Guard Interval，GI）可以计算出不同的速率。

表 2-2　802.11ac MCS 索引

MCS 索引值	调制方式	编码率
0	BPSK	1/2
1	QPSK	1/2
2	QPSK	3/4
3	16-QAM	1/2
4	16-QAM	3/4
5	64-QAM	2/3
6	64-QAM	3/4
7	64-QAM	5/6
8	256-QAM	3/4
9	256-QAM	5/6

2.2.2 OFDM

1. OFDM的原理

OFDM 是一种多载波调制技术。它的主要原理是，将信道划分成多个正交的子信道，将高速的串行数据信号转换成低速的并行数据信号，并将这些信号调制到子信道上进行传输。正交的子信道对应的载波通常被称为子载波。

将串行数据转化成并行数据，主要是为了将高速数据转换成低速数据，因为在无线传输中，高速数据很容易引起码元之间的干扰。

将信道划分成正交子信道就是为了提升频谱利用率。这些子载波是相互正交的，意味着这些子载波相互之间没有干扰。这样这些子载波就可以尽可能地靠近，甚至叠加，如图 2-12 所示。

在图 2-12 中，信道被分为 3 个正交的子载波，每个子载波在波峰均作为数据编码使用。当每个子载波处于波峰时，其他两个子载波振幅均为 0。在对 OFDM 符号进行解调的过程中，需要提取的频点正是每个子载波频谱的最大幅值处，因此，从多个相互重叠的子载波符号中提取每个子载波符号时，不会受到其他子载波的干扰，从而避免 OFDM 符号产生载波间干扰。

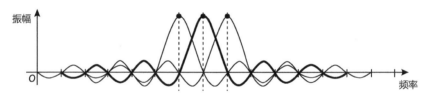

图 2-12　正交子载波示例

在实际的 WLAN 系统中，OFDM 的子载波是按照一定规则进行划分的。以 802.11a 标准为例，OFDM 将 5 GHz 频段的 20 MHz 信道划分成 64 个子载波，每个子载波频宽为 312.5 kHz，以物理层协议数据单元（PHY Protocol Data Unit, PPDU）中的数据字段中的 OFDM 符号为例，如图 2-13 所示。

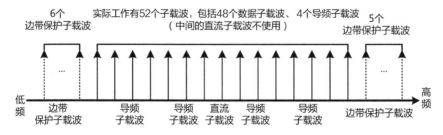

图 2-13　802.11a 标准的子载波划分

- 边带保护子载波：用来做保护间隔，以减少相邻信道的干扰，不承载任何数据，在左边（即频率较低的一侧）有6个边带保护子载波，在右边有5个边带保护子载波。
- 导频子载波：用来估计信道参数并用在具体的数据解调中，承载的是特定的训练序列，一共有4个导频子载波。
- 直流子载波：在子载波中心位置的直流子载波一般都是空置不用的，仅做标识。
- 数据子载波：用来传递数据所用的子载波，802.11a/g标准中规定了48个数据子载波，802.11n/ac标准中规定了52个数据子载波。

通常在描述工作子载波的时候，指的就是导频子载波加上数据子载波，在802.11a 标准中，工作子载波数量为52（即 4+48）个。

OFDM 的调制和解调一般利用快速傅里叶逆变换（Inverse Fast Fourier Transform，IFFT）和快速傅里叶变换（Fast Fourier Transform，FFT）方法来实现，如图 2–14 所示。

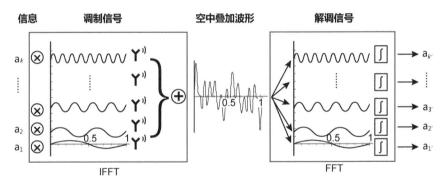

图 2-14　OFDM 的调制和解调

发送端一次性处理一批并行的信号，然后通过 IFFT 将这些原始信号调制到对应的子载波后进行叠加，这就构成了时域上的 OFDM 符号。当接收端接收完 OFDM 符号之后，再通过 FFT 做正向变换，就可以对数据进行正确的解调。

2. OFDM的优劣势

OFDM 的优势如下。

（1）传输速率高

在 802.11 标准中，传统的物理层技术中，跳频扩频（Frequency Hopping Spread Spectrum，FHSS）的最高传输速率为 2 Mbit/s，直接序列扩频（Direct

Sequence Spread Spectrum，DSSS）的最高传输速率为 11 Mbit/s，OFDM 则在传输速率上有了很大的提升。以 802.11a 标准为例，OFDM 结合 64-QAM，最高传输速率可以达到 54 Mbit/s。

（2）频谱利用率高

这些子载波是相互正交的，这意味着这些子载波相互之间没有干扰，也正因为这样，相邻子载波可以靠得足够近，使得频谱利用率更高。

（3）抗多径干扰

因为 OFDM 是将信道划分成了多个子载波，只要保证子载波的频宽小于信道的相关带宽，就可以消除多径传输造成的码间干扰。

（4）抗衰落能力

通过各子载波的联合编码，OFDM 可具有很强的抗衰落能力，使系统性能得到提高。OFDM 本身已经利用了信道的频率分集，如果衰落不是特别严重，就没有必要再加时域均衡器。

（5）抗窄带干扰能力

由于窄带干扰仅会影响一小部分子载波，因此 OFDM 在一定程度上可以抵抗这种干扰。

当然，OFDM 也有自己的劣势，列举如下。

（1）易受频率偏差的影响

OFDM 对子信道之间的正交性有严格要求。如果在传输过程中造成无线信号频谱偏移，或发射机与接收机本地振荡器之间存在频率偏差，会使 OFDM 系统子载波之间的正交性遭到破坏，导致子信道间干扰。

（2）存在比较高的峰值平均功率比（Peak to Average Power Ratio，PAPR）

因为 OFDM 系统的输出是由多个子载波信号叠加的，因此，如果多个信号的相位相同，所叠加的信号瞬时功率就会远远高于信号的平均功率，从而导致 PAPR 较大。而较大的 PAPR 有可能导致信号畸变，使子载波之间的正交性遭到破坏，从而产生干扰。

3. OFDM的应用

目前，OFDM 有着广泛的应用，已经成为 3G 和 4G 的核心技术。为了提高传输速率，802.11a/g/n/ac 标准都支持 OFDM 调制技术。

2.2.3　信道绑定

对于无线通信技术，提高所用频谱的宽度，也可以提升传输速率，就如同马路变宽了，车辆的通行能力自然就会提高，如图 2-15 所示。

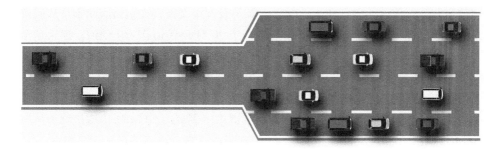

图 2-15　车辆通行能力与马路宽度之间的关系

　　802.11a/g 标准使用的信道带宽是 20 MHz，而 802.11n 支持将相邻两个 20 MHz 信道绑定为 40 MHz 信道来使用，可以直接提高传输速率。

　　值得一提的是，对于一个空间流，信道绑定并不是仅仅将传输速率简单地翻倍。前文中介绍过，对于 20 MHz 信道，为了减少相邻信道的干扰，在其两侧预留了一小部分的保护间隔。而通过信道绑定技术，这些预留的带宽也可以用来通信，所以对于 40 MHz 信道，可用子载波数量从 104（即 52×2）个提高到 108 个，传输速率提升到 20 MHz 信道传输速率的 208%。

　　802.11ac 标准还引入了 80 MHz、（80+80）MHz（不连续，非重叠）和 160 MHz 信道，如图 2-16 所示。

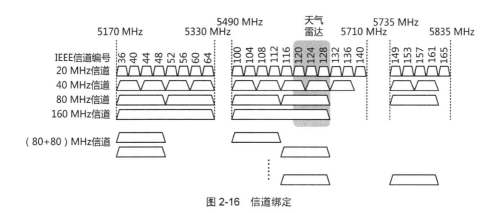

图 2-16　信道绑定

　　80 MHz 信道是通过绑定连续的 2 个 40 MHz 信道得来的。160 MHz 信道是通过绑定连续的 2 个 80 MHz 信道得来的。由于连续的 80 MHz 信道少之又少，所以 160 MHz 信道也可以通过绑定不连续的 80 MHz 信道来获得，就是（80+80）MHz 信道模式。

　　802.11 标准规定，绑定的两个信道中，一个是主信道，另一个是从属信道。

主信道和从属信道的差别在于，Beacon 帧等管理报文需要在主信道而不是从属信道上发送。在 160 MHz 信道中，必须选一个 20 MHz 信道作为主信道，那么这个主 20 MHz 信道所在的 80 MHz 信道被称为主 80 MHz 信道，不包含这个主信道的 80 MHz 信道被称为从属 80 MHz 信道；在主 80 MHz 信道中，这个主 20 MHz 信道所在的 40 MHz 信道被称为主 40 MHz 信道，不包含这个主信道的 40 MHz 信道被称为从属 40 MHz 信道；在主 40 MHz 信道中，剩余的 20 MHz 信道被称为从属 20 MHz 信道，如图 2-17 所示。

802.11ac 标准支持从 20 MHz 到 160 MHz 几种不同的信道带宽，这种灵活性也给信道管理带来不便。当网络中存在使用不同带宽的信道的设备时，如何管理才能减少信道之间的干扰，并且保证信道得到充分的利用？

802.11ac 标准定义了增强的 RTS/CTS 机制，用来协调哪些信道可用和信道何时可用。

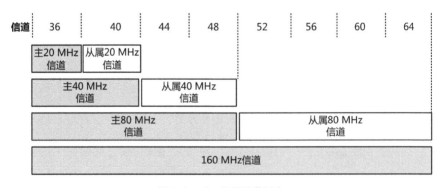

图 2-17　主 / 从属信道划分

如图 2-18 所示，在 802.11n 标准中使用的是静态信道管理机制，即发现一个子信道忙，则整个带宽都不可用。而在 802.11ac 标准中使用的是动态频谱管理机制。发送端在每个 20 MHz 信道上发送 RTS 帧，同时在 RTS 帧中携带了频宽信息；接收端在收到 RTS 帧时，会判断这些信道的忙闲，并只在可用信道上回复 CTS 帧，同时在 CTS 帧中携带了信道信息，这些可用的信道必须包含主信道；如果发送端发现有些信道特别忙，则会动态调整，将发送带宽降低一级。

通过动态频谱管理可以提高信道的利用率，减少信道之间的干扰，如图 2-19 所示。在这种机制下，可以让两个 AP 同时工作在相同信道上。

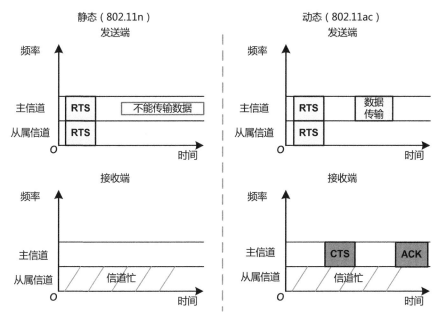

图 2-18　静态信道管理和动态频谱管理

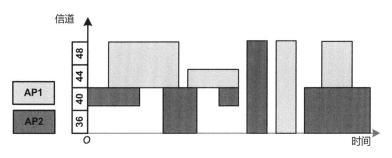

图 2-19　两个 AP 工作在相同信道上

2.2.4　MIMO

1. MIMO的基本概念

在介绍 MIMO 之前，需要先介绍一下什么是单输入单输出（Single-Input Single-Output，SISO）。从字面上理解，SISO 就是单发单收，发射天线和接收天线之间的路径是唯一的，传输的是一路信号，如图 2-20 所示。在无线系统中，我们把每路信号定义为 1 个空间流。

图 2-20　SISO 示意

很显然，由于发射天线和接收天线之间的路径是唯一的，这样的传输系统是不可靠的，而且传输速率也会受到限制。

为了改变这一局面，可以试着对终端进行改造，在终端处增加 1 个天线，使得接收端可以同时接收两路信号，也就是单发多收，如图 2-21 所示。这样的传输系统就是单输入多输出（Single-Input Multiple-Output，SIMO）。

虽然有两路信号，但是这两路信号是从同一个发射天线发出的，所以发送的数据是相同的，传输的仍然只有一路信号。这样，当某路信号有部分丢失也没关系，只要终端能从另一路信号中收到完整数据即可。虽然最大容量还是一条路径，但是可靠性却提高了一倍。这种方式叫作接收分集。

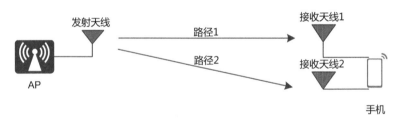

图 2-21　SIMO 示意

接下来，我们换一个思路，如果把发射天线增加到 2 个，接收天线还是维持 1 个，如图 2-22 所示，会有什么样的结果呢？

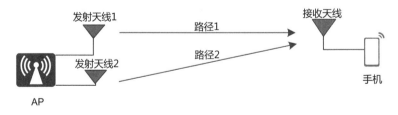

图 2-22　MISO 示意

因为接收天线只有 1 个，所以这两路最终还是要合成一路，这就导致发射天线只能发送相同的数据，传输的还是一路信号。这样做其实可以达到和 SIMO 相同的效果，这种传输系统叫作多输入单输出（Multiple–Input Single–Output，MISO）。这种方式也叫发射分集。

我们再换一个思路，如果收发天线同时增加为 2 个，那么是不是就可以实现独立发送两路信号、速率翻倍了呢？答案是肯定的，因为从前文对 SIMO 和 MISO 的分析来看，传输容量取决于收、发双方的天线个数。

而这种多收多发的传输系统就是下面要介绍的 MIMO。

如图 2–23 所示，MIMO 技术允许多个天线同时发送和接收多个空间流，即多个信号，并能够区分发往或来自不同空间方位的信号。通过空分复用和空间分集等技术，在不增加占用带宽的情况下，提高系统容量、覆盖范围和信噪比。

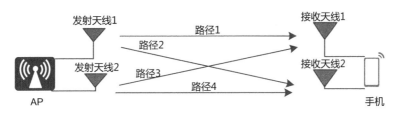

图 2-23　MIMO 示意

这里提到了两个关键技术：空间分集和空分复用。

空间分集技术的思路是制作同一个数据流的不同版本，分别在不同的天线进行编码、调制，然后发送，如图 2–24 所示。这个数据流既可以是原始数据流，也可以是原始数据流经过一定的数学变换后形成的新数据流。接收机利用空间均衡器分离接收信号，然后解调、解码，将同一数据流的不同接收信号合并，恢复出原始信号。空间分集技术可以更可靠地传输数据。

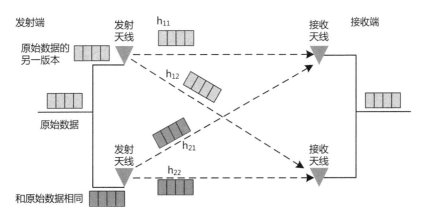

图 2-24　空间分集示意

空分复用技术是指将需要传送的数据分为多个数据流，分别通过不同的天线进行编码、调制，然后进行传输，从而提高系统的传输速率。天线之间相互独立，一个天线相当于一个独立的信道，接收机利用空间均衡器分离接收信号，然后解调、解码，将几个数据流合并，恢复出原始信号，如图 2-25 所示。

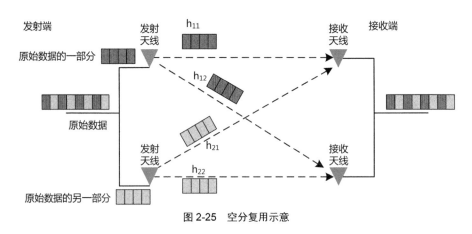

图 2-25　空分复用示意

不管是空间分集技术还是空分复用技术，都涉及把一路数据变成多路数据的技术，这个技术就是空时编码技术。

2. 空间流和天线数的关系

MIMO 系统一般写作 $M \times N$ MIMO，M 表示发送端的天线数，N 表示接收端的天线数，也可以写作 MTNR，其中，T 表示发送，R 表示接收。而 MIMO 系统的空间流数一般小于或等于发送端或接收端的天线数。如果收发天线数量不相等，那么空间流数小于或等于收发端更小的天线数。例如，4×4（4T4R）的 MIMO 系统可以用于传送 4 个或者更少的空间流，而 3×2（3T2R）的 MIMO 系统可以传送 2 个或者 1 个空间流。

3. 波束成形

当无线系统中存在多个天线后，同样的信号会同时进行传输，这会导致空间空洞。这是因为数据的每个副本均由不同的天线发射，并在传输的过程中受到多径干扰的影响。例如，信号经过不同墙体和设备的反射，如果到达某一位置存在两条衰减相等的路径，且其中一条路径与另外一条路径的相位相反，那么这两条路径会相互抵消，这就是空间空洞，如图 2-26 所示。

为了避免空间空洞的形成，802.11n 标准提出了波束成形（Beamforming）。波束成形可以通过预先补偿发射天线的相位，让两条波束以最好的效果叠加。

波束成形通过对传输信号进行加权来改善接收情况，加权系数是根据传播环境
或者通过信道状态信息（Channel State Information，CSI）来获取的。

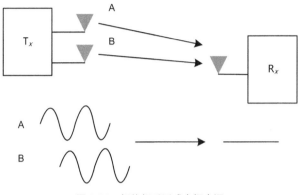

图 2-26　相位相反形成空间空洞

4. MU-MIMO系统

在 MIMO 系统中，可以通过用户数量将 MIMO 系统分为单用户多输入多输出
（Single-User Multiple-Input Multiple-Output，SU-MIMO）系统和多用户多输入多
输出（MU-MIMO）系统。

如果 MIMO 系统仅用于增加一个用户的速率，即将占用相同时频资源的多个
并行空间流发送给同一个用户，则该 MIMO 系统被称为 SU-MIMO 系统或单用
户 MIMO。图 2-27 给出了由配备 4 个天线的 AP 和配备 2 个单天线的用户组成的
SU-MIMO 系统的示意。

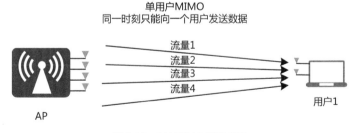

图 2-27　SU-MIMO 系统示意

如果 MIMO 系统用于增加多个用户的速率，即将占用相同时频资源的多个
并行空间流发送给不同的用户，则该 MIMO 系统被称为 MU-MIMO 系统或多用
户 MIMO。图 2-28 给出了由配备 4 个天线的 AP 和配备 4 个单天线的用户组成的
MU-MIMO 系统的示意。

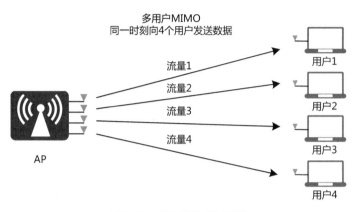

图 2-28　MU-MIMO 系统示意

MU-MIMO 技术的核心是空分多址（Space Division Multiple Access，SDMA）技术。空分多址技术是利用相同的时隙、相同的子载波、不同的天线传送多个用户的数据。SDMA 技术的主要目的是通过在空间上区别用户，从而在链路上容纳更多的用户，提高容量。

2.2.5　OFDMA

在介绍 OFDMA 之前，需要了解什么是多址技术。多址技术是用来区分不同用户的方法。假设同一时间有多个终端给 AP 发送信息，此时需要用多址技术来区分这些终端，以便给不同的终端反馈正确的响应。前文在介绍 MU-MIMO 时提到的空分多址也是一种多址技术。

OFDMA 其实就是频分多址（Frequency Division Multiple Access，FDMA）和正交频分复用（OFDM）的结合。

所谓 FDMA 就是在同一个时间，用不同的频率区分不同的用户，如图 2-29 所示。

为了方便理解，可以形象地将 FDMA 理解成学生上课。把每个频率比作一个教室，在同一时间，不同的学生（用户）去到不同的教室上课。

那么什么是 OFDMA 呢？OFDMA 是正交频分多址技术，同样是通过不同的频率区分不同的用户。FDMA 中每个频率代表一个用户，但是为了减少邻频之间的干扰，每个频率之间是有保护间隔的，如图 2-30 所示。而 OFDMA 中采用的是正交的频率。正交性在 2.2.2 节介绍过，这些频率彼此间是没有干扰的，因此也不需要保护间隔，甚至是可以相互叠加的，如图 2-31 所示，所以与 FDMA 相比，OFDMA 的频谱利用率有很大的提高。

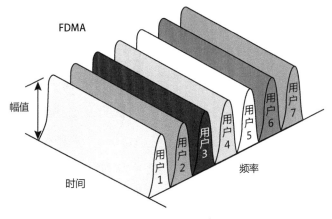

图 2-29　FDMA 示意

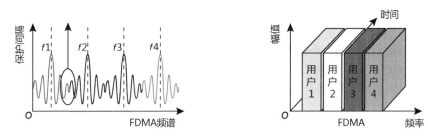

图 2-30　FDMA 的频谱利用率

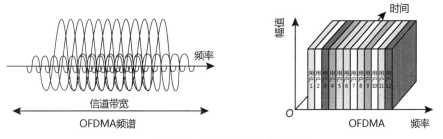

图 2-31　OFDMA 的频谱利用率

那 OFDMA 和 OFDM 之间又有什么关系呢？

如图 2-32 所示，图中一共有 4 个用户。左图是 OFDM 的工作模式，右图是 OFDMA 的工作模式。图中横轴 t 为时域，纵轴 f 为频域（即对应不同的子载波）。

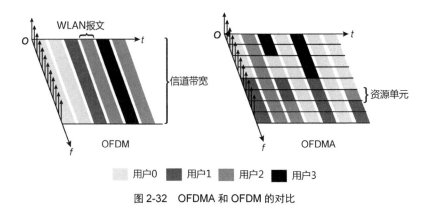

图 2-32　OFDMA 和 OFDM 的对比

OFDM 工作模式：4 个用户通过不同时隙分别占用信道资源。一个时隙里，一个用户完整占据全部的子载波，并发送数据包（如图 2-32 中标出的 WLAN 报文）。

OFDMA 工作模式：4 个用户根据时频资源单元（Resource Unit，RU）来分配信道资源。我们首先将整个信道的资源分成一个一个小的时频 RU。4 个用户的数据分别承载在每个 RU 上，故从总的时频资源来看，在同一个时间点上可以支持多个用户同时发送数据。

OFDMA 相比 OFDM 有两个好处。

• 资源分配更合理。在部分用户信道质量不好的情况下，可以根据信道质量分配发送功率，从而更合理地分配信道时频资源。

• 提供更好的QoS。在OFDM下，单个用户占据整个信道，如果其他用户有一个QoS数据包需要发送，一定要等到之前的发送者释放完整个信道，所以会存在较长的时延。在OFDMA下，由于一个发送者只占据信道的一部分，所以能够减少QoS节点的接入时延。

2.2.6　CSMA/CA

WLAN 的信道由各个站点（STA）共用，一段时间只允许一个站点发送数据，所以需要一个分配信道的机制，协调 WLAN 的各站点在什么时间发送和接收数据。802.11 标准在 MAC 层提出了以下两种协调方式。

• 分布式协调功能（Distributed Coordination Function，DCF）：采用CSMA/CA机制，每个站点通过竞争信道来获取数据的发送权。

• 点协调功能（Point Coordination Function，PCF）：使用集中控制的接入算法，用类似轮询的方法把数据的发送权轮流交给各站点，从而避免碰撞冲突。

其中，DCF是必选的，PCF是可选的。业界普遍采用DCF方式，CSMA/CA是DCF的核心机制。

简单来讲，CSMA/CA 机制就是站点在发送数据前，先听听信道忙不忙：如果不忙，表示信道空闲没有其他站点冲突，可以发送数据；如果忙，表示存在冲突，需要等待一段时间再发送数据。CSMA/CA 包括载波侦听（Carrier Sense，CS）、帧间间隔（InterFrame Space，IFS）和随机退避（Random Backoff，RB），如图 2-33 所示。

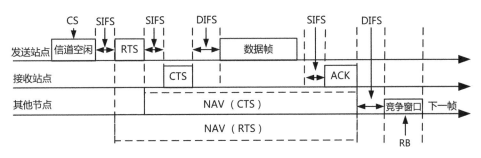

图 2-33　CSMA/CA 机制

1. CS

CS 是监听信道的过程，可以判断信道的忙闲状态。802.11 标准根据无线信道的特点提出了两种 CS 方式，这两种侦听方式是同时进行的，只要其中任意一种方式判断出无线信道正在使用中，就认为无线信道状态是忙。

第一种方式是物理 CS：工作在物理层，取决于传输信号的介质和使用的调制方式。天线接收信号后，通过检测信号的能量估计信道的忙闲状态，称为 CCA。

CCA 使用两个门限，即协议门限和能量门限，用于判断信道是否空闲。想象一下很多人在一起聊天，用协议门限检测是否有人发言，如果有，则其他人要等待当前发言人结束发言后才开始发言。能量门限用于检测环境是否太吵闹，如果环境很吵闹，发言也没有人能听得清，就要等到环境不吵闹时再发言。

第二种方式是虚拟 CS：工作在 MAC 层，虚拟是指没有实际侦听信道，而是被发送站点"通知"信道忙的持续时间。

为了减少数据帧冲突和隐藏节点带来的额外消耗，发送站点在发送数据前，会先使用 RTS/CTS 机制获得信道的使用权，在 3.5.3 节中将详细介绍。如图 2-33 所示，发送站点先发出一个 RTS 报文，并带上要占用信道的时长，周边能收到该 RTS 报文的其他站点就知道这段时间信道忙，不再发送数据，这个时长被称为网络分配向量（Network Allocation Vector，NAV）。接收站点收到 RTS 后，会回复一个 CTS 报文，同样带上占用信道的时长，周边能收到该 CTS 报文的其他站点也不再发送数据。这样发送站点和接收站点周围的其他站点都会根据自己收到的最新的 NAV 倒计时，当 NAV 变为 0 时，则认为信道空闲。

2. IFS

为了尽量避免碰撞，802.11 标准的 MAC 层规定，所有站点在发送报文时，必须先等待一段很短的时间，这段时间内仍会侦听信道状态。这段时间统称为 IFS，IFS 的长短取决于发送的帧类型。高优先级帧需要等待的时间较短，可先获得发送权。发送低优先级帧的站点还没来得及发送，其他站点的高优先级帧已发送到信道，信道状态变为忙，低优先级帧只能被推迟发送，这样就减少了发生碰撞的机会。

常用的几种 IFS 介绍如下。

短帧间间隔（Short InterFrame Space，SIFS）：用来隔开属于一次对话的帧，一个站点应当能够在这段时间内从发送方式切换到接收方式。使用 SIFS 的帧类型有确认（ACKnowledgement，ACK）帧、CTS 帧、过长的 MAC 帧分片后的数据帧，以及所有应答 AP 探询的帧。

PCF 帧间间隔（PCF InterFrame Space，PIFS）：PIFS 只能由工作在 PCF 模式下的站点使用，可利用该 IFS 在无竞争时期（Contention Free Period，CFP）开始时获得使用信道的优先权。由于本书不对 PCF 机制进行分析，这里不再赘述。

DCF 帧间间隔（DCF InterFrame Space，DIFS）：DIFS 由工作在 DCF 模式下的站点使用，用来发送数据帧和管理帧。在侦听到信道空闲后，想发送 RTS 帧或数据帧的站点继续监听信道以保证信道空闲时间至少达到 DIFS。若信道忙，则发送将延迟，直到检测到一个长达 DIFS 的信道空闲期后，再启动一个 RB 过程。

仲裁帧间间隔（Arbitration InterFrame Spacing，AIFS）：DIFS 是固定长度，所有优先级的数据报文机会相同，为了让重要报文优先发送，WLAN 引入了增强型分布式信道访问（Enhanced Distributed Channel Access，EDCA）机制，于是有了可变的 AIFS。EDCA 根据优先级从高到低的顺序，将数据报文分为 4 个接入类别（Access Category，AC），不同的 AC 使用不同的 AIFS。AIFS[i] 代表不同站点开始启动退避过程前需要等待的时间，AC 优先级越高，AIFS[i] 越小，表示站点可以越早开始启动退避过程，增加了高优先级的站点接入信道的机会。

上述 IFS 的长度决定了它们的优先级，即 AIFS[i]<DIFS<PIFS<SIFS。

3. RB

多个要发送数据的站点侦听到信道忙时，其 NAV 可能相同，等到 NAV 变为

0 时，都认为信道闲，可以发送数据，而无线站点又不能同时发送数据和侦听信道状态，所以发生冲突的概率大。为了减小发生冲突的概率，一旦待发送数据的站点侦听到信道忙，就需要启动 RB 机制，让各个站点发送数据的时间尽量不同。实现的方法是各个站点侦听到信道闲，过了 IFS 后，再等待一个随机的退避时间，这段时间内继续侦听信道，如果信道仍然是空闲的，就认为其他站点此时不会发送数据，自己可以占用信道。因为各个站点的退避时间相同的概率很小，所以退避时间最短的站点最先发送 RTS 帧，占用信道，其他站点则通过 CS 更新自己的 NAV，等待信道占用结束，再开始下一轮 RB。

如果一个站点要发送数据帧时，检测到信道是空闲的，并且这个数据帧是它想发送的第一个数据帧，则无须进行 RB。

RB 时间是时隙的整数倍，也称为竞争窗口（Contention Window，CW），其长短是由物理层技术决定的。当某个想发送数据的站点使用退避算法选择了退避时间后，就设置一个退避定时器（Backoff Timer，BT）。在该时间段内，站点每隔一个时隙检测一次信道，检测到信道空闲时定时器减少 1 个时隙，检测到信道忙时冻结定时器，重新等待信道空闲后，再使用剩余时间段继续计时，直到站点竞争到信道、发送数据帧后，再开始新一轮的退避，如图 2-34 所示。这种退避算法可以保持站点占用信道的公平性，上次没有竞争到信道的站点将以越来越短的退避时间进入下次竞争，避免永远竞争不到信道的情况发生。

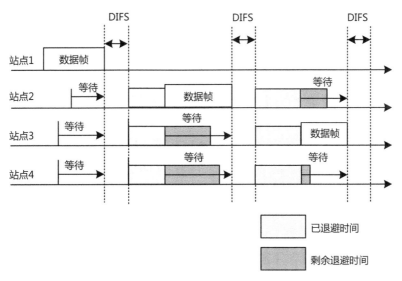

图 2-34　RB 机制

| 2.3　802.11 标准介绍 |

本节介绍 802.11 标准族中各标准的特点，并对比各标准之间的差异。

1. 标准的起源（802.11–1997）

IEEE 于 1990 年成立 802.11 工作组以标准化 WLAN 技术。经过十几年的发展，802.11 已经逐渐成为包含一系列标准的标准族。

IEEE 802.11 标准的最初版本定义了 MAC 层和物理层，完成于 1997 年，也被称为 802.11–1997 标准。802.11–1997 击败了其他复杂的、使用集中式接入协议的技术（如 HiperLAN），被业界采用为 WLAN 标准，其重要原因如下。

- 接入协议简单，与以太网相似。
- 设计了一种简单的分布式接入CSMA/CA机制来保证通信质量。

802.11–1997 标准在物理层定义了一种传输方式和两种调制方式，分别是红外线（Infrared，IR）、2.4 GHz FHSS 和 2.4 GHz DSSS。

2. 标准增强（802.11b和802.11a）

1999 年，802.11 工作组制定了两个标准修订版本。

- 802.11b标准，基于DSSS，提高了2.4 GHz频段信道（记为802.11b–2.4 GHz）上的数据传输速率，数据传输速率可以达到11 Mbit/s。
- 802.11a标准，在5 GHz上建立一个新的物理层（记为802.11a–5 GHz），数据传输速率可以达到54 Mbit/s。

802.11b–2.4 GHz 使用补码键控（Complementary Code Keying，CCK）对 DSSS 进行增强，使得数据传输速率可以达到 11 Mbit/s。由于具有了更高的数据传输速率这一优势，802.11b 设备在市场上取得了巨大的成功，而采用 IR 和 FHSS 技术的设备的市场还没有成长起来。

802.11a–5 GHz 将 OFDM 引入了 802.11 标准。尽管 802.11a–5 GHz 可以支持最大 54 Mbit/s 的数据传输速率，但受限于当时 5 GHz 频段可用的信道较少，所以发展缓慢。另外，新设备需要后向兼容数量庞大的 802.11b 设备，就需要配置两个无线模块，分别运行 802.11a–5 GHz 和 802.11b–2.4 GHz。

3. 标准的扩展与兼容（802.11g）

随着 2001 年美国联邦通信委员会（Federal Communications Commission，FCC）允许在 2.4 GHz 频段上使用 OFDM，IEEE 802.11 工作组于 2003 年制定了 802.11g 标准，将 802.11a 标准中的 OFDM 应用到 2.4 GHz 频段上。

此外，802.11g 标准考虑了与 802.11b 设备之间的后向兼容性和互操作性。这样，新的 802.11g 站点可以与 802.11b AP 连接，而旧的 802.11b 站点也可以连接到新的 802.11g AP。同时，802.11g 标准的数据传输速率最高可达 54 Mbit/s。由此，支持 802.11g 标准的产品在市场上取得了巨大的成功。

4. 基于MIMO–OFDM的HT标准（802.11n）

IEEE 802.11 工作组于 2002 年成立了高吞吐量（High Throughput，HT）研究组，着手制定新一代标准，并于 2009 年正式颁布了基于 MIMO–OFDM 的 802.11n 标准，其特点如下。

- 最大支持4个空间流。
- 定义了单用户波束成形技术来改善接收状况。
- 802.11n标准使用20 MHz信道带宽时，数据传输速率可达到300 Mbit/s，使用40 MHz信道带宽时，数据传输速率可达到600 Mbit/s。
- 为了改善实时业务的服务质量，802.11n标准还纳入了802.11e标准，要求802.11n设备支持802.11e标准的特性。

5. VHT标准（802.11ac）

随着多媒体业务的快速增长，人们对数据传输速率的需求呈现几何级增长。为此，IEEE 802.11 工作组在 2014 年正式颁布了 802.11ac 标准，该标准又称为非常高吞吐量（Very High Throughput，VHT）标准，其特点如下。

- 在802.11n标准基础之上，进一步将支持的空间流数从4个增加到8个。
- 将信道带宽从40 MHz增加到160 MHz，最大数据传输速率更是达到了6933.3Mbit/s。

此外，802.11ac 标准定义了下行多用户多输入多输出（Downlink Multi–User Multiple–Input Multiple–Output，DL MU–MIMO）技术，支持下行多用户并行传输。

6. HEW标准（802.11ax）

面向高密度、高并发场景，IEEE 在 2019 年正式颁布了新一代的 802.11ax 标准，也称为高效无线（High Efficiency Wireless，HEW）标准，其特点如下。

- 采用OFDMA并支持更窄的子载波间隔，以提高数据传输的鲁棒性和吞吐量。
- 引入上行多用户多输入多输出（Uplink Multi–User Multiple–Input Multiple–Output，UL MU–MIMO）技术，进一步提升高密用户场景下的吞吐率和服务质量。

7. EHT标准（802.11be）

随着移动互联网、全无线办公、VR/AR 家庭沉浸式娱乐等新兴应用的蓬勃发展，用户对无线接入带宽的需求从千兆逐步升级到万兆。IEEE 于 2022 年发布 802.11be 标准草案 2.0（Draft 2.0），该草案也被称为极高吞吐量（Extremely High Throughput，EHT）标准，其特点如下。

- 引入6 GHz频段，可提供1.2 GHz（如美国）/480 MHz（如欧洲）超大纯净频谱。
- 将信道带宽从160 MHz提升到320 MHz，使得6 GHz频段的最大传输速率达到23 Gbit/s。
- 引入多链路操作技术，可以同时捆绑使用多个频段，例如，5 GHz+6 GHz、5 GHz低频段＋5 GHz高频段，实现带宽的倍增。

8. 802.11标准一览表

不同802.11标准之间的差异如表2-3所示。

表 2-3　802.11 标准各版本对比

标准版本	颁布时间	频率 / GHz	物理层技术	调制方式	空间流数	信道带宽 / MHz	数据速率 / (Mbit·s^{-1})
802.11	1997 年	2.4	IR、FHSS 和 DSSS	—	—	20	1 和 2
802.11b	1999 年	2.4	DSSS/CCK	—	—	20	5.5 和 11
802.11a	1999 年	5	OFDM	64-QAM	—	20	6 ～ 54
802.11g	2003 年	2.4	OFDM DSSS/CCK	64-QAM	—	20	1 ～ 54
802.11n (HT)	2009 年	2.4 和 5	OFDM SU-MIMO	64-QAM	4	20、40	6 ～ 600
802.11ac (VHT)	2014 年	5	OFDM DL MU-MIMO	256-QAM	8	20、40、80、160 和 80+80	6 ～ 6933.3
802.11ax (HEW)	2019 年	2.4、5 和 6	OFDMA DL MU-MIMO UL MU-MIMO	1024-QAM	8	20、40、80、160 和 80+80	6 ～ 9607.8
802.11be (EHT)	2022 年	2.4、5 和 6, 支持多个频段的聚合	OFDMA DL MU-MIMO UL MU-MIMO	4K-QAM	8	20、40、80、160、80+80、160+160、160+80 和 320	6 ～ 23 050

| 2.4　802.11ax 标准介绍 |

从最初的 802.11 标准到 802.11be 标准，每一代标准的发布都带来物理传输速率的成倍提升，但频谱利用率并没有显著提升，导致 WLAN 密集部署的场景下，用户的平均速率无法大幅提升。一方面，受限于频谱资源的稀缺和设备的复杂度，通过增加信道绑定的信道数以及提高 MIMO 空间流数等手段提升 WLAN 性能已经收效甚微；另一方面，由于目前采用随机竞争的接入机制，浪费了大量的信道资源，导致频谱利用率过低。因此，提高频谱利用率、改变现有 802.11 标准的接入机制，成为进一步提高 WLAN 性能最有效的措施。

为了改善这一状况，802.11ax 标准引入了 OFDMA 和 UL MU-MIMO 等关键技术，重点提升频谱利用率，因此被称为 HEW 标准。另外，该标准还在吞吐量、抗干扰能力和节能方面做了一定的优化和提升。Wi-Fi 联盟为了便于区分不同协议的产品，采用了类似移动网络的命名方式，将 802.11ax 标准命名为 Wi-Fi 6，表示第 6 代 WLAN。

2.4.1　802.11ax 标准概述

802.11ax 标准作为 802.11 标准族的一员，对物理层和 MAC 层做出了多项改进，包括以下几个方面。

- 良好的兼容性，可以兼容802.11a/b/g/n/ac标准。
- 频谱利用率提升，尤其在WLAN密集部署的情景下，可将用户的实际吞吐率提高4倍。
- 吞吐量提升，达到9607.8 Mbit/s。
- 抗干扰能力提升，尤其是在室外传输的场景。
- 节能，增加终端的续航能力。

1. 802.11ax标准物理层技术

物理层技术的发展和更迭始终是无线网络演进过程中必不可少的重要组成部分。802.11ax 标准引入了多项物理层增强技术，主要包括编码方式、调制方式、多用户技术、信道绑定和新的 PPDU 格式，提升了 WLAN 的吞吐量、抗干扰能力和频谱利用率。

（1）编码方式

编码可以降低误码率。802.11ax 标准没有引入新的编码方式，仍使用 BCC 和 LDPC，但明确规定了两种编码的使用场景，在相应的场景下使用最优的编码方式。

（2）调制方式

调制方式影响 WLAN 的吞吐量和抗干扰能力。802.11ax 标准中引入了 1024-QAM 这种更高阶的调制方式，相同时间可以携带更多的信息；同时将信道划分出更多的子载波，在相同信道带宽和时间下，可以传输更多的信息，还可以提升远距离传输时的抗干扰能力。但在干扰大的环境中，一味地使用高阶的调制方式效果反而不好，所以 802.11ax 标准中还引入了双载波调制（Dual Carrier Modulation，DCM），将相同信息调制在一对子载波上，提高了抗干扰能力。

（3）多用户技术

多用户技术可以提高频谱利用率。802.11ax 标准中引入了 OFDMA，将信道继续划分出 RU，分配给多个用户使用，灵活调整多用户的并发传输，还可以和另一种多用户技术 MU–MIMO 组合应用，进一步提升频谱利用率。

（4）信道绑定

信道带宽影响终端传输的吞吐率。802.11ax 标准并没有绑定更大带宽的信道，而是支持非连续的信道绑定。当从属信道上有干扰时，仍能保持其他信道的绑定状态，保持高速传输，提升了信道绑定的抗干扰能力。

（5）新的 PPDU 格式

PPDU 是物理层的数据报文格式。为了支持上述技术，达到高效传输的目标，802.11ax 标准定义了 4 种高效数据报文格式，并能够兼容原来的 802.11 标准。

2. 802.11ax标准MAC层技术

MAC 层规定了数据帧在信道上的传输方式。为了提升 WLAN 的传输效率和续航能力，802.11ax 标准引入了多项 MAC 层新技术，主要包括多用户传输、节能和空间复用。

（1）多用户传输

多用户传输是指 802.11ax 标准为了能够实现 OFDMA 和 MU–MIMO 这两种多用户技术，对上行和下行的报文传输机制进行了改进，让 AP 可以灵活、高效地调度多个终端进行并发上行传输，极大地减少了密集场景下终端竞争信道所发生的冲突概率，提升了数据的传输效率。

（2）节能

802.11ax 标准考虑到多用户并发传输的情况而定义了目标唤醒时间（Target Wake Time，TWT）机制，对于定期接收和发送少量数据的终端，能够提升其传输效率，降低终端的功耗。

（3）空间复用

802.11ax 标准为解决 AP 密集部署场景下信道重叠导致的干扰问题，采用了空间复用技术。在满足一定条件的情况下，能同时进行数据传输，提高传输效率。

2.4.2　吞吐量提升

802.11ax 标准对调制方式和 OFDM 的子载波划分进行了改进，增加了每个符号携带的比特数、数据子载波数占比和数据传输时长占比，使传输的物理速率比

802.11ac 标准提高了 38.5%，吞吐量从 6933.3 Mbit/s 提高到 9607.8 Mbit/s。

802.11ax 标准对信道绑定进行了改进，该改进被称为前导码打孔技术。在绑定的从属信道中存在干扰时，其他信道仍保持绑定状态，维持较高的吞吐量。

1. 高阶调制方式

随着设备性能的提升和解调算法的改进，802.11ax 标准引入一种高阶 1024-QAM，每个调制符号包含 10 bit 的信息，对比 802.11ac 标准的 256-QAM，将数据传输的峰值速率提高了 25%。

2. OFDM的子载波划分

802.11ac 标准的 OFDM 将 1 个 20 MHz 信道划分为 64 个子载波，其中工作子载波（导频子载波加上数据子载波）有 56 个，占比 87.5%。802.11ax 标准对子载波进行了更细粒度的划分，将 1 个 20 MHz 信道划分出 256 个子载波，如图 2-35 所示，其中，数据子载波有 234 个，占比 91.4%。另外，加上信道绑定技术的加持，以 80 MHz 信道为例，相比 802.11ac 标准，802.11ax 标准数据传输的峰值速率提高了 4.7%。

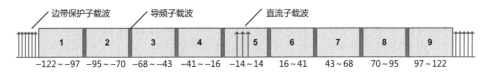

图 2-35　802.11ax 标准的子载波划分

子载波数提升到原来的 4 倍，意味着子载波间距缩小为原来的 1/4，即每个子载波的频宽缩小为 78.125 kHz。在保持整体功率不变的前提下，每个子载波传输 1 个符号的时长（也称为符号长度）需要增加到原来的 4 倍，而符号长度的增加，也需要加大符号间的保护间隔来降低符号间干扰的概率。802.11ac 标准的符号长度是 3.2 μs，最短的保护间隔是 0.4 μs，用于传输数据的时间占比是 88.9%。802.11ax 标准的符号长度是 12.8 μs，最短的保护间隔是 0.8 μs，用于传输数据的时间占比是 94%，与 802.11ac 标准的数据传输速率相比，峰值速率提高了 5.88%。

3. 前导码打孔技术

从 802.11a/g 标准支持 20 MHz 信道带宽，到 802.11n 标准支持 20 MHz/40 MHz 信道带宽，再到 802.11ac 标准支持 20 MHz/40 MHz/80 MHz/160 MHz/80 MHz+80 MHz 的信道带宽，每一代标准所支持的最大信道带宽通过信道绑定机制逐渐增大，系统吞吐量也随着带宽的增加而逐渐增加。

然而，连续的信道绑定机制也有弊端。在 802.11ac 标准中，当绑定信道中某个窄带从属信道忙时，发送端将无法采用更大的从属信道。以 80 MHz 信道为例，如果从属 20 MHz 信道忙碌，即使从属 40 MHz 信道空闲，发送端也只能使用主 20 MHz 信道的带宽，浪费了从属 40 MHz 信道的空口资源，如图 2-36 所示。而对于高密场景，部分信道忙碌，造成信道碎片化情况发生的概率进一步增加。

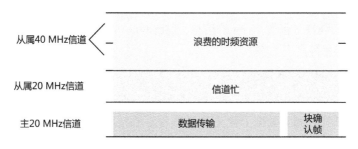

图 2-36　802.11ac 标准信道绑定机制可能导致信道碎片化

为了解决这一问题，802.11ax 标准除了同 802.11ac 标准一样，支持连续信道绑定，还引入了前导码打孔机制来进一步提高频谱利用率。在讨论初期，前导码打孔被称为非连续的信道绑定（Non-contiguous Channel Bonding，NCB）。

802.11ax 标准针对 HE MU PPDU 引入了前导码打孔模式。对于 HE MU PPDU，其前导码中的 HE-SIG-A 包括 3 bit 的带宽字段，共有 8 种不同的取值（分别对应为 0 ～ 7），首先是基本的 4 种非前导码打孔模式。

带宽字段设置为 0，指示 20 MHz 带宽；设置为 1，指示 40 MHz 带宽；设置为 2，指示非前导码打孔模式的 80 MHz 带宽；设置为 3，指示非前导码打孔模式的 160 MHz 和 80 MHz+80 MHz 带宽。这 4 种模式和 802.11ac 标准 VHT PPDU 及 802.11ax 标准 HE SU PPDU、HE TB PPDU 所支持的数据报文带宽模式相同。下面介绍 HE MU PPDU 特有的 4 种前导码打孔模式。

带宽字段设置为 4，用来指示打孔模式的 80 MHz 带宽，其中只有从属 20 MHz 信道的前导码被打孔，如图 2-37 所示。可以看出，对于前导码打孔模式，即使从属 20 MHz 信道忙，AP 依然可以利用主 20 MHz 信道和从属 40 MHz 信道的频谱资源进行数据发送，相比于只能使用主

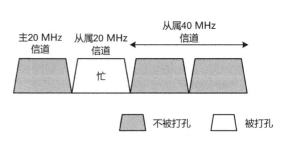

图 2-37　带宽字段设置为 4 的前导码打孔模式

20 MHz 信道的非前导码打孔模式，频谱利用率是原来的 3 倍。

带宽字段设置为 5，指示打孔模式的 80 MHz 带宽，其中，从属 40 MHz 信道

的两个 20 MHz 信道中只有一个
20 MHz 信道的前导码被打孔，
如图 2-38 所示。

　　可以从图中看出，当带宽
字段设置为 5 时，共存在两种
不同的打孔情况。接收端不需
要区分具体是哪一种，因为
接收端通过主 20 MHz 和从属
20 MHz 信道上的信令字段
（Signal Field，SID）已经可以获
取相应的资源分配信息，接收端

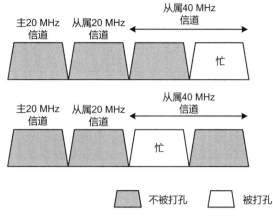

图 2-38　带宽字段设置为 5 的前导码打孔模式

可以进一步通过 HE-SIG-B 的 RU 分配子字段来获知 AP 具体分配了哪些 RU。

　　带宽字段设置为 6，指示打孔模式的 160 MHz 或 80 MHz+80 MHz 信道带宽，其中主 80 MHz 信道中只有从属 20 MHz 信道的前导码被打孔。带宽字段设置为 6 时，只明确了主 80 MHz 信道的前导码打孔情况，而对于从属 80 MHz 信道，则可以任意组合。如图 2-39 所示，其中斜线部分表示被打孔 / 不被打孔。

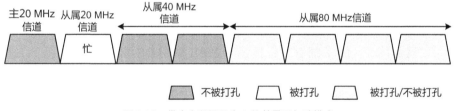

图 2-39　带宽字段设置为 6 的前导码打孔模式

　　带宽字段设置为 7，指示打孔模式的 160 MHz 或 80 MHz+80 MHz 带宽，其中主 80 MHz 信道中的主 40 MHz 信道不被打孔。如图 2-40 所示，对于主 80 MHz 信道中的从属 40 MHz 信道，共存在 3 种情况，而对于从属 80 MHz 信道，则可以任意组合。

　　802.11ax 标准针对 HE MU PPDU 的前导码打孔模式，相比于非打孔模式，每个站点仍然被分配在唯一一个 RU 中，很大程度上减少了接收端实现该功能的复杂度。

　　前导码打孔模式很大程度上提高了频谱利用率，对雷达信道及存在窄带干扰的信道尤为适用。

　　除了 HE MU PPDU，802.11ax 标准还针对用于进行信道测量的空数据报文（Null Data Packet，NDP）设计了前导码打孔模式，使得 AP 可以获取非连续信道下的信道状态信息。

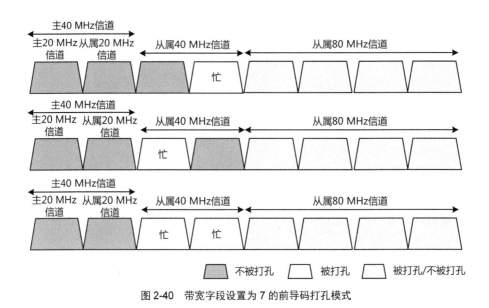

图 2-40　带宽字段设置为 7 的前导码打孔模式

2.4.3　新型多用户技术

1. 多用户技术简介

在现有的 Wi-Fi 系统中，包括基于 IEEE 802.11a 标准的系统、基于 IEEE 802.11n 标准的系统和基于 IEEE 802.11ac 标准的系统，上行数据传输都是单点对单点传输。802.11ax 标准首次在 802.11 标准中引入 OFDMA，上下行数据传输都将变成多点传输，并且从频率维度增加了传输机会（Transmission Opportunity，TXOP），从而提升密集部署场景下多用户接入能力和传输效率。

为了简化 OFDMA 调度，802.11ax 标准将现有的 20 MHz、40 MHz、80 MHz 及 160 MHz 信道带宽划分成若干个不同的 RU，每个用户只在其中一个 RU 上传输。在 802.11ax 标准中共有 7 种 RU 类型：26-tone RU、52-tone RU、106-tone RU、242-tone RU、484-tone RU、996-tone RU 和 2×996-tone RU。其中，484-tone RU 仅出现在 40 MHz、80 MHz 及 160 MHz 信道带宽中，996-tone RU 仅出现在 80 MHz 及 160 MHz 信道带宽中，2×996-tone RU 仅出现在 160 MHz 信道带宽中。图 2-41 展示了 20 MHz、40 MHz 和 80 MHz 信道带宽的 OFDMA RU 分配。

除了引入 OFDMA，802.11ax 标准进一步增强了下行 MU-MIMO，并引入了新的上行 MU-MIMO，如图 2-42 所示。

对于下行 MU-MIMO，802.11ax 标准除了支持 AP 在整个信道或者在某个 RU 中进行 MU-MIMO 传输，还支持同时调度不同的 RU 进行 MU-MIMO。另外，对比 802.11ac 标准，对于某组 MU-MIMO，802.11ax 标准支持的用户数量从 4 个增长到 8 个。

802.11ax 标准引入了上行 MU-MIMO，使得上行和下行的吞吐率达到了平衡。对于上行 MU-MIMO，与下行 MU-MIMO 类似，同样支持 AP 在整个信道或者在某个 RU 中进行 MU-MIMO，支持同时调度不同的 RU 进行多组 MU-MIMO。对于某组 MU-MIMO，802.11ax 标准支持的用户数量也是 8 个。

需要指出的是，上行和下行 OFDMA 的引入，分别有助于对下行 MU-MIMO 和上行 MU-MIMO 的确认信息的回复，减少了回复确认信息的开销，是 802.11ax 标准进行 MU-MIMO 的另一个优势。

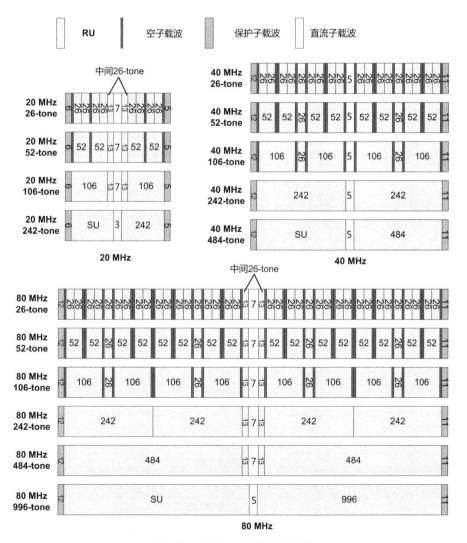

图 2-41 802.11ax 标准的 RU 分配

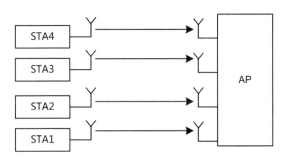

图 2-42　上行 MU-MIMO 的示例

2. 多用户传输

多用户传输是区分 802.11ax 标准和以往 Wi-Fi 标准的重要特性。与 802.11ac 标准仅支持下行 MU-MIMO 不同，802.11ax 标准能够支持上行、下行 OFDMA 传输，以及上行、下行 MU-MIMO。为了支持多用户高效传输，802.11ax 标准优化了缓冲区状态报告（Buffer Status Report，BSR）、分片传输聚合 MAC 协议数据单元（Aggregate-MAC Protocol Data Unit，A-MPDU）增强机制以及信道测量，提出了针对多用户传输的信道保护和多用户 EDCA 机制，还提出了基于 OFDMA 的随机接入机制。另外，为了高效地获取用户的传输需求，802.11ax 标准提出了基于触发帧的 NDP Feedback 机制，AP 可以一次性收集多个站点的传输需求信息，便于 AP 高效地进行多用户调度。

（1）下行多用户传输

下行多用户传输流程由 AP 发起。通常 AP 需要采用 HE MU PPDU 模式来发送下行多用户数据帧。站点接收到 AP 发送的数据帧后，按照指定的方式回复 ACK 帧。具体流程如图 2-43 所示。

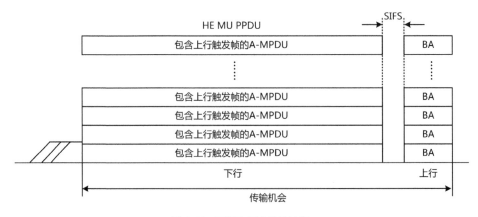

图 2-43　下行多用户传输流程

在下行的多用户传输中，AP 给多个站点发送数据帧，只分配给每个站点 1 个 RU 来传输数据，该 RU 还用来传输用作自动增益控制（Automatic Gain Control，AGC）的高效短训练序列字段（High Efficiency Short Training Field，HE-STF）、用作信道估计的高效长训练序列字段（High Efficiency Long Training Field，HE-LTF）。当带宽包含多个 20 MHz 信道时，RU 既可能小于 20 MHz 信道，也可能大于 20 MHz 信道。除了在主 20 MHz 信道上发送传统前导码 [包含传统短训练字段（Legacy Short Training Field，L-STF）、传统长训练字段（Legacy Long Training Field，L-LTF）和传统信令字段（Legacy Signal Field，L-SIG）、重复传统信令字段（Repeated Legacy Signal Field，RL-SIG）] 和 HE-SIG-A，在其他的 20 MHz 信道上也重复发送，这样可以保证 OFDMA 下行站点在带宽内的各个信道上不被突发的信号干扰。图 2-44 给出了 80 MHz 带宽下，下行多用户传输的 PPDU 格式。

	L-STF	L-LTF	L-SIG	RL-SIG	HE-SIG-A	HE-SIG-B1	HE-STF #1	HE-LTF #1	Data #1
							HE-STF #2	HE-LTF #2	Data #2
80 MHz 带宽	L-STF	L-LTF	L-SIG	RL-SIG	HE-SIG-A	HE-SIG-B2	HE-STF #3	HE-LTF #3	Data #3
	L-STF	L-LTF	L-SIG	RL-SIG	HE-SIG-A	HE-SIG-B1	HE-STF #4	HE-LTF #4	Data #4
	L-STF	L-LTF	L-SIG	RL-SIG	HE-SIG-A	HE-SIG-B2	HE-STF #5	HE-LTF #5	Data #5

图 2-44 下行多用户传输的 PPDU 格式

站点发送 ACK 帧的方式有以下 3 种。
- 由 AP 向站点发送触发信令，触发信令可以在下行数据帧的 MAC 帧头中携带或者以触发帧的形式与数据帧聚合在一起，如图 2-43 所示，使得站点以 OFDMA 方式发送块确认（Block Acknowledgement，BA）帧。
- 由 AP 发送块确认请求（Block Acknowledgement Request，BAR）帧来触发，相应的回复方式携带于下行数据帧的 MAC 帧头中。
- 由 AP 单独发送一个多用户块确认请求（Multi-User Block Acknowledgement Request，MU-BAR）帧来触发多个站点发送 ACK 帧。

（2）上行多用户传输

上行多用户传输流程由 AP 发送触发帧来发起。触发帧携带了站点的标识符信息和资源分配信息，站点在收到触发帧之后，采用 HE TB PPDU 在相应的 RU 上发送上行数据帧，并在 SIFS 之后接收 AP 发送的 ACK 帧，如图 2-45 所示。

在基于触发帧的上行多用户传输中，站点仅在所分配的目标 RU 上发送其数据部分（包含 HE-STF、HE-LTF 和 Data）。如果该目标 RU 在 1 个 20 MHz 信道内，如图 2-46 所示，STA2 的数据部分（包含 HE-STF#2、HE-LTF#2 和 Data#2）在 1 个目标 RU 发送，则 STA2 的传统前导码、RL-SIG 和 HE-SIG-A 在包含该

目标 RU 的整个 20 MHz 信道上发送。需要说明的是，其中传统前导码、RL-SIG
和 HE-SIG-A 发送的信道是以 20 MHz 为最小单位，并且仅在包含目标 RU 的
20 MHz 信道上发送，如果其他 20 MHz 信道上不包含目标 RU，则不发送。该方
法避免了单个站点发送的传统前导码、RL-SIG 和 HE-SIG-A 占用整个带宽的所
有 20 MHz 信道，可以让其他基本服务集（Basic Service Set，BSS）中的站点竞争上
述带宽内空闲的 20 MHz 信道，从而提高频谱利用率。如图 2-46 所示，其他站点传
输时所占用的频域资源以虚线框表示。

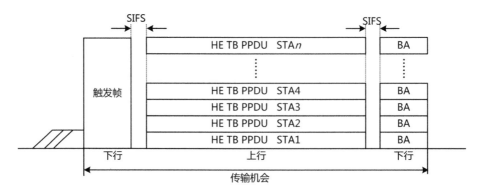

图 2-45 上行多用户传输流程

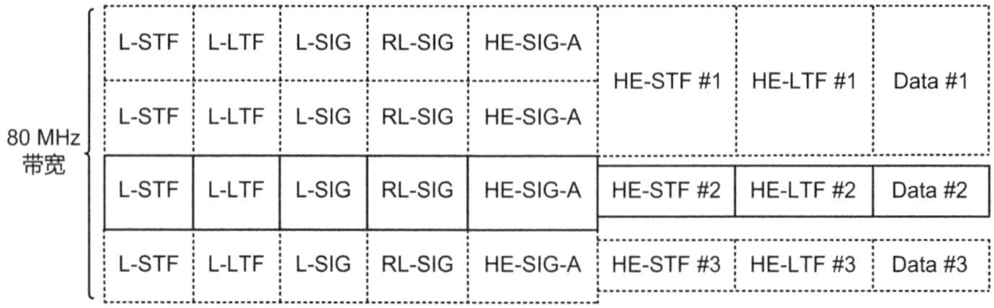

图 2-46 上行多用户传输的 PPDU 格式

　　对于 AP 发送的 ACK 帧，同样存在多种发送方式。AP 既可以采用 HE MU
PPDU 向多个站点同时发送 BA 帧，也可以发送一个广播的多站点块确认（Multi-
Station Block Acknowledgement，MBA）帧来携带所有站点的确认信息。

　　802.11ax 标准定义了多种不同类型的触发帧。用于触发上行多用户传输的触
发帧被称为基本触发帧（Basic Trigger Frame，BTF），除此之外，还有用于触发
多用户发送控制帧的其他触发帧类型，包括多用户请求发送（Multi-User Request
to Send，MU-RTS）、MU-BAR、波束成形报告轮询（Beamforming Report Poll，
BFRP）触发帧、BSR 轮询触发帧和 NDP 反馈报告轮询（NDP Feedback Report
Poll，NFRP）触发帧，相应的功能在后文会详细介绍。

3. BSR

在基于触发帧的上行多用户传输中，AP 需要给触发帧分配一定的资源量以供站点进行上行传输，而分配的资源量是由表示站点业务量的 BSR 决定的。在 802.11ax 标准之前的标准中，已经存在一种 BSR 的汇报方式，即站点可以在 QoS 控制子域中携带其队列长度信息来汇报其 BSR。然而，采用这种方式的时候，站点一次只能汇报一种业务类型的队列长度。当存在多种业务类型时，站点需要发送多个帧，效率较低。

为了使 AP 高效地获知站点缓冲区中的业务量大小，802.11ax 标准使用了新的 BSR 汇报方式，定义了 BSR 控制子域来携带 BSR 信息，其结构如图 2–47 所示，各字段的含义见表 2–4。

图 2-47　BSR 控制子域的结构

表 2-4　BSR 控制子域各个字段的含义

字段	比特数	描述
ACI Bitmap	4	用于指示站点的缓冲区中分别包含哪些 AC 的业务，每个比特分别指示一种 AC 的业务是否存在
Delta TID	2	用于确定缓冲区中一共有多少个业务标识符（Traffic Identification，TID）
ACI High	2	这两个子域用来指示站点认为的最高优先级的 AC 和相应的队列长度，AP 在获取此信息后可以在触发帧中优先调度最高优先级的 AC，从而提高站点的 QoS
Queue Size High	8	
Queue Size All	8	携带了站点缓冲区中所有队列的数据包的业务总量信息，便于 AP 计算站点所需的资源总数
Scaling Factor	2	用于指示 4 种 Queue Size 单位（分别为 16 byte、256 byte、2048 byte 和 32 768 byte）

引入 Scaling Factor 的原因是比特数受限（Queue Size High 和 Queue Size all 子域都仅有 8 bit），如果采用较小的固定单位，很难表示较大的业务量；如果采用较大的固定单位，又很难精细地表示较小或中等大小的业务量。如果采用变长单位，既可以在 Queue Size 较小时达到较高的精度，又可以在 Queue Size 较大时达到较大的广度。

除了定义了高效的 BSR 控制子域，802.11ax 标准中的 AP 还可以向多个站点发送 BSR 轮询触发帧来同时获取 BSR 信息，进一步提高获取 BSR 的效率。

4. 分片传输和A–MPDU增强

在介绍分片和聚合功能之前，首先介绍 802.11 标准中 MAC 层和物理层的几个相关概念。如图 2–48 所示，当 MAC 服务数据单元（MAC Service Data Unit，

MSDU）从逻辑链路控制（Logical Link Control，LLC）层传输到 MAC 层的时候，MAC 层会将其封装成 MAC 协议数据单元（MAC Protocol Data Unit，MPDU），其中包含 MAC 帧头信息和尾部帧检验序列（Frame Check Sequence，FCS）。另外，MAC 层中还有一个专门负责管理的 MAC 管理子层，这个子层封装出来的就是 MAC 管理协议数据单元（MAC Management Protocol Data Unit，MMPDU）。物理层也分两层：物理层汇聚过程（Physical Layer Convergence Procedure，PLCP）层和物理介质相关（Physical Medium Dependent，PMD）层。

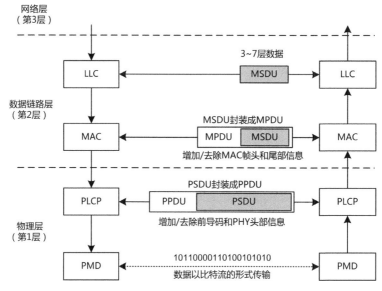

图 2-48　WLAN 报文发送和接收的基本过程

当 MAC 层的 MPDU 移交到 PLCP 层的时候，它就有了一个新的身份，即 PLCP 服务数据单元（PLCP Service Data Unit，PSDU）。其实 MPDU 和 PSDU 是同一个东西，只是叫法不一样而已。当 PLCP 层接收到 PSDU 的时候，它将给这个帧添加前导码和 PHY 头部，形成 PPDU。然后 PPDU 会被移交到 PMD 层，根据不同的算法调制成一串 0/1 比特流来发送。

分片技术是指将 MAC 层的 MSDU 或 MMPDU 分成多个大小相等的片段（最后一个片段例外），每个片段被称为 MSDU 或 MMPDU 的一个分片。当某个分片接收失败时，分片技术允许只重传这个接收失败的分片，而不需要重传整个 MSDU 或 MMPDU，由此可以提高网络的鲁棒性和吞吐量。

为了支持更高的数据传输速率，802.11n 标准中引进聚合 MAC 服务数据单元（Aggregate-MSDU，A-MSDU）。在 802.11 标准的 MAC 层协议中，有很多固定的开销，尤其是在两个帧之间的确认信息，802.11 标准规定每收到一个单播数据帧，都必须立即回应一个 ACK 帧。在最高传输速率下，这些多余的开销甚至比需要传输的整个数据帧还要长。A–MPDU 技术是将 MSDU 或 A–MSDU 封装后得到 MPDU，再将多个 MPDU 聚合为一个物理层报文，只需要进行一次信道竞争或退避，就可完成 N 个 MPDU 的同时发送，从而减少了单独发送其余 N–1 个 MPDU 报文所带来的信道资源的消耗，如图 2–49 所示（以 3 个 MPDU 为例）。聚合的 MPDU 之间采用 MPDU 分隔符进行区分，一个 A–MPDU 最多允许将 64 个 MSDU 封装后聚合在一起传输。

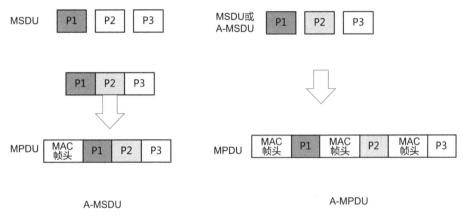

图 2-49　A-MSDU 和 A-MPDU

A–MPDU 的接收端在收到 A–MPDU 后，需要对其中的每个 MPDU 进行处理，因此同样需要对每个 MPDU 发送 ACK 帧。BA 机制通过使用一个 ACK 帧来完成对多个 MPDU 的应答，以减少这种情况下 ACK 帧的数量，如图 2–50 所示。

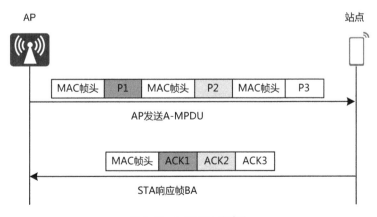

图 2-50　A-MPDU 块确认

在功能上，聚合技术和分片技术是互斥的。

802.11ax 标准引入了 OFDMA，采用 OFDMA 的多个站点在不同子信道上传输数据，如图 2-51 所示。多个站点在相应子信道上传输 A-MPDU，A-MPDU 中的每个 MPDU 由一个 MSDU 或一个 A-MSDU 封装而成，而不能由一个 MSDU 的分片封装而成。多个站点利用填充比特使得各自传输的数据在时间上对齐。

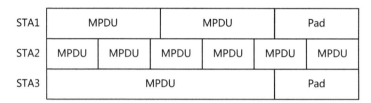

图 2-51　OFDMA 的 A-MPDU

为了进一步提高传输效率，802.11ax 标准提出了一种动态分片技术，允许对 MSDU、A-MSDU 和 MMPDU 进行动态分片，每个分片大小可以不同，并且支持在 A-MPDU 中聚合分片，从而提高 OFDMA 的传输效率。同时，也可以利用 Pad 比特占用的资源传输 MSDU 或 A-MSDU 的 1 个分片，提高传输效率。

802.11ax 标准的分片技术分为 3 个等级。

- 第一等级的分片技术允许单个MPDU（而非A-MPDU）携带MSDU的1个分片、A-MSDU的1个分片或MMPDU的1个分片，对应的响应帧为ACK帧。
- 第二等级的分片技术允许A-MPDU里携带多个分片。当存在多个MSDU或者A-MSDU时，A-MPDU可以携带每个MSDU的1个分片或者每个A-MSDU的1个分片，最多能携带MMPDU的1个分片。响应帧为BA帧，BA帧的位图中的每1 bit对应1个MSDU（或其分片）或者1个A-MSDU（或其分片）。
- 第三等级的分片技术允许A-MPDU里携带多个分片。当存在多个MSDU或者A-MSDU时，A-MPDU可以携带每个MSDU的1~4个分片或者每个A-MSDU的1~4个分片，最多能携带MMPDU的1个分片。此时响应帧存在两种情况：当收到的MPDU中至少有1个分片的字段值不为0（为0，则表示该MPDU携带1个完整的MSDU/MSDU的第1个分片，或者1个完整的A-MSDU/A-MSDU的第1个分片）时，响应帧为分片BA帧，分片BA帧的位图中的每4 bit对应1个MSDU（或其4个分片）或者1个A-MSDU（或其4个分片）；当收到的所有MPDU的分片字段值均为0时，响应帧为BA帧，BA帧的位图中的每1 bit对应1个MSDU（或其第1个分片）或者A-MSDU（或其第1个分片）。第三等级的分片技术提供了更大的灵活性，增强了OFDMA的传输效率。

由于传输效率的提高，802.11ax 标准针对 A-MPDU 进行了增强设计，主要体现在两个方面。一方面是长度的增加。在 802.11ax 标准之前，每个 A-MPDU 可聚合的 MPDU 的最大数目为 64 个，而 802.11ax 标准将这一数目提升至 256 个，使得站点可以一次性发送更多的数据包，从而提高传输效率。另一方面是聚合的业务类型多样化。在 802.11ax 标准之前，每个 A-MPDU 只能聚合某类 TID 的数据包，因此当站点有多种业务类型时，只能将所有的数据包聚合成多个较短的 A-MPDU 发送出去，效率较低。另外，在上行多用户传输中，需保证多个站点发送的上行数据帧长度相等，若每个站点发送的 A-MPDU 只能聚合一种 TID 的数据包，很可能出现各站点数据帧长度不相等的情况，只能通过增加 Pad 比特的方式来达到长度相等的目的，这样势必造成资源的浪费。因此，802.11ax 标准引入多 TID 聚合技术，站点可以将多种 TID 的数据包聚合到一个 A-MPDU 中，从而提高传输效率。

5. 信道测量

802.11ac 标准定义了一种信道探测协议——VHT Sounding Protocol。该协议可以使发送端通过报文交互从接收端获取 CSI，让接收端帮助发送端更好地进行波束成形。

该协议规定波束成形器首先发送 NDP 通告来初始化波束成形，即对需要 CSI 反馈的用户进行通告。紧接着会发送一个 NDP 报文，中间仅仅间隔 1 个 SIFS。NDP 报文是用来进行检测、信道估计和时间同步的。如果 NDP 通告包含不止 1 个站点字段，那么 NDP 通告必须以广播方式发送。第一个预定波束接收器将会反馈 VHT 压缩波束成形帧给发送端。VHT 压缩波束成形是由波束接收器计算出的波束成形权重值压缩后得到的，压缩的目的是节省系统开销。波束成形器收到 VHT 压缩波束成形帧后，通过调整发送参数完成波束成形。如果有多个预定接收者，其他预定接收者需等待轮询响应，如图 2-52 所示。

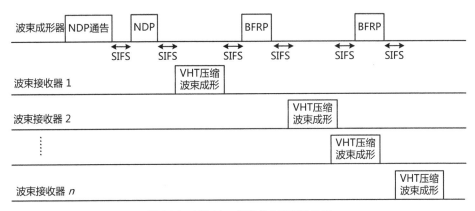

图 2-52　802.11ac 标准的信道测量机制

802.11ax 标准引入了 OFDMA，信道测量的需求进一步增加，发送端除了需要信道进行波束成形，还需要进行 OFDMA 的资源调度。信道测量的质量好坏直接影响系统吞吐率的高低。因此，802.11ax 标准中的信道测量相比 802.11ac 标准有了进一步改进，最明显的一点是 AP 可以向多个站点发送 BFRP 触发帧来触发多个站点同时反馈信道测量报告，如图 2-53 所示。

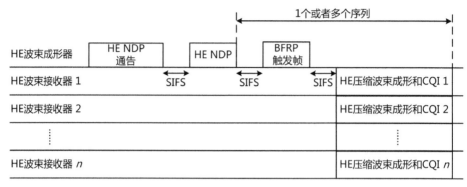

图 2-53　802.11ax 标准的信道测量机制

另外，为了有效地支持上行和下行 OFDMA 传输，AP 需要将站点调度至合适的 RU 上进行发送或接收。调度通常是基于站点的信道质量指标（Channel Quality Indicator，CQI）进行的，AP 需要将 CQI 较好的站点调度至相应的 RU。802.11ax 标准支持站点进行 CQI 反馈，便于 AP 更好地进行调度，提高资源利用率。

6. 信道保护

在 WLAN 环境中，为了避免信号传输中的碰撞，需要在信道竞争过程中采用 CCA 机制进行物理载波监听，来避免站点发起的传输干扰到其他正在进行数据发送的站点。然而，由于隐藏站点的存在，物理载波监听无法保证站点发起的传输不对正处于接收状态的站点造成影响。因此，早期的 802.11 标准引入了虚拟载波监听机制，通过设置 NAV 来保证传输的收发两端都不会受到其他站点的干扰。收发站点可以在传输开始前通过 RTS/CTS 帧交互来保护一个时间段，从而在该时间段内避免来自其他站点的干扰，如图 2-54 所示。

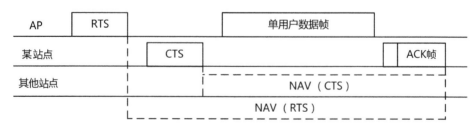

图 2-54　RTS/CTS 机制

在 802.11ax 标准中，多用户传输被广泛应用，如果在每次多用户传输之前，AP 都需要跟每个站点逐一采用 RTS/CTS 帧交互的方式来进行信道保护，那将是一笔很大的开销。因此，802.11ax 标准提出 MU-RTS 机制，AP 可以仅通过一次 MU-RTS/CTS 的帧交互就和多个站点同时完成信道保护，从而大大提高系统效率。

在 MU-RTS/CTS 机制中，AP 发送一个 MU-RTS 类型的触发帧，能够触发多个站点同时发送 CTS 帧。由于 AP 与多个站点的数据传输可能发生在相同的 20 MHz 信道上，因此 CTS 帧也需要在相同的信道上发送。为了使来自多个站点的 CTS 帧在叠加之后依然能够被 AP 正确接收，所有站点发送的 CTS 帧内容应当完全相同。除此之外，所有 CTS 帧的发送方式，包括调制编码方式、加扰方式等，也应当完全相同。为了满足这一点，AP 可以在 MU-RTS 帧中指定 CTS 帧的发送方式，所有 CTS 帧的发送参数将会被设置成相同值，加扰所用的扰码也统一采用 MU-RTS 触发帧所使用的扰码。

有了 MU-RTS 机制，不管是下行还是上行多用户传输，都可以使用 MU-RTS/CTS 帧交互来进行信道保护。如图 2-55 所示，以下行为例，AP 向 STA1 和 STA2 发送 MU-RTS 帧来保护下行多用户传输，其他站点在收到 MU-RTS 和 CTS 帧后都需要设置 NAV，从而确保在多用户传输结束之前不接入信道。

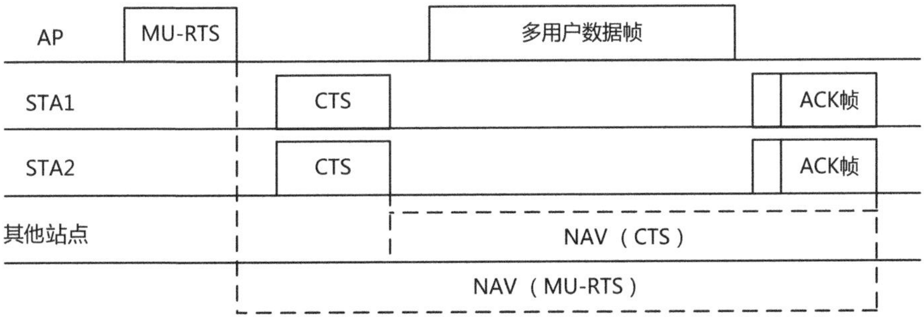

图 2-55　MU-RTS/CTS 机制

7. MU EDCA

相比于 802.11ac 及更早的标准，满足 802.11ax 标准的站点拥有两种上行传输方式：基于 EDCA 的竞争传输和基于触发帧的上行传输。两种传输方式的同时存在，使得支持 802.11ax 标准的站点比传统的站点拥有更多的信道接入机会，这对传统站点而言显然是不公平的。为了保持相对的公平性，802.11ax 标准引入 MU EDCA 机制，使得传统站点在进行信道竞争时不至于明显地处于下风。另外，由于基于触发的上行传输比基于竞争接入的上行传输效率更高，因此希望 AP 能够更多地接入信道、发送触发帧来调度上行传输，而 MU EDCA 机制同样能够做到这一点。

MU EDCA 机制的基本思路是当站点被 AP 触发进行数据发送后需提高传统 EDCA 接入的优先级。具体方法为支持 MU EDCA 的站点采用另一套 EDCA 参数集，即 MU EDCA 参数集，其竞争等待时间更长，退避时间也更长，因而相比传统的 EDCA 参数集来说优先级更低。

AP 会在 Beacon 帧或者关联响应帧中携带两组 EDCA 参数集，一组为传统的 EDCA 参数集，另一组为 MU EDCA 参数集。如前文所述，MU EDCA 参数集中的参数更为保守，即更大的仲裁帧间隙数（Arbitration InterFrame Spacing Number，AIFSN）、最小竞争窗口（Minimum Contention Window，CWmin）和最大竞争窗口（Maximum Contention Window，CWmax）。当站点未被触发时，可采用传统的 EDCA 参数集进行 EDCA 竞争，一旦收到 AP 发送的触发帧，进行上行数据传输后，则需要在一段时间内采用 MU EDCA 参数集来进行信道竞争，这里的一段时间的长度也是携带于 MU EDCA 参数集中的。若该站点在上述的一段时间内没有收到新的触发帧并成功地完成一次上行数据传输，那么该站点又可以退回到传统的 EDCA 竞争方式，采用最初的 EDCA 参数集进行信道竞争。MU EDCA 机制的工作原理如图 2-56 所示。

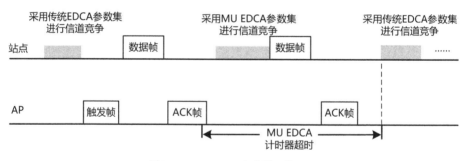

图 2-56　MU EDCA 机制的工作原理

8. OFDMA随机接入

802.11ax 标准引入上行 OFDMA 之后，第一步是通过 AP 发送一个触发帧来调度多个站点在不同的 RU 上同时进行上行发送。但是上行 OFDMA 调度在一些场景下不能够很好地工作，通过基于上行 OFDMA 随机接入（UL OFDMA-based Random Access，UORA）机制，则可以使 OFDMA 有效地在这些场景下工作。

- 场景一：站点的上行业务是非周期性的或者刚从睡眠状态中醒来，此时AP不知道有哪些站点需要进行上行发送。这种情况下，AP可以采用UORA，所有满足上行接入条件的站点都可以通过随机接入的方式来接入。UORA尤其适合站点进行BSR上报或者发送小包，因为在上行数据量很小的情况下，通过单用户模式发送前导码开销很大，而UORA可以给每个站点分配一个小的RU，所有用户共享一个前导码，从而提高传输效率。
- 场景二：在典型的工作场景中，AP发送功率大于站点的发送功率，从而导

致AP的覆盖范围大于站点的覆盖范围。当站点距离AP很远时，站点能接收
到AP发送的Beacon帧，但是上行的单用户发送的报文无法到达AP，从而无
法与AP进行关联。通过UORA则可以使站点把功率聚焦在带宽小于20 MHz
的RU上，从而提高发送功率，这样AP就可以接收到站点发送的上行流量了。
站点关联之后，则可以通过上行OFDMA调度或者UORA与AP进行通信。

- 场景三：802.11ax标准中采用了若干种预先定义好的RU分配方式，而每个
  站点只能分配1个RU，这导致多数情况下AP不能够分配完全部的RU，造成
  频域资源的浪费。例如，20 MHz的信道可以分为4个52–tone RU和1个26–
  tone RU，如果此时有3个站点有上行数据，AP可以给每个站点分1个52–tone
  RU，还剩下1个52–tone RU和1个26–tone RU无法分配。这种情况下，可以
  通过UORA将未分配的RU设置为随机接入，从而充分利用信道资源。

　　UORA 是一个纯 MAC 层的机制，对物理层没有改动。AP 通过触发帧来分配
随机接入的 RU，触发帧中包含一个或多个用户信息字段（User Information Field，
UIF）。UIF 中有个字段是"AID12"，这个字段通常携带的是站点的关联标识符
（Association ID，AID）的第 12 位。AID 是在站点和 AP 关联过程中，AP 发送给
站点标识唯一一个站点到 AP 的连接的 ID。当"AID12"子字段设置为 0 时，代
表该 UIF 对应的 RU 是分配给关联站点的；当"AID12"子字段设置为 2045 时，
代表该 UIF 对应的 RU 是分配给未关联站点的。使用触发帧调度的时候，每个
UIF 只能分配 1 个 RU 给 1 个站点。为了减少信令开销，在 UORA 中，每个 UIF
允许分配连续的多个大小相同的 RU 给多个站点，最多可以达到连续的 32 个 RU。
需要说明的是，在同一个触发帧中，可以将部分 RU 用于调度站点、部分 RU 用
于 UORA，而且针对关联站点的 UORA 和未关联站点的 UORA 也可以放置在同一
个触发帧中。如图 2–57 所示，AP 可以将 RU1 ～ RU3 分别分配给 3 个特定的关
联站点，AID 分别为 1、5 和 7，将 RU4 ～ RU6 分配给关联站点进行 UORA，将
RU7 ～ RU9 分配给未关联站点进行 UORA。接收到触发帧，经过 SIFS 之后，在
发送的 HE TB PPDU 中，被调度的 STA1 ～ STA3 在被分配的 RU 上进行上行发
送，关联站点中的 STA4 和 STA5 通过竞争分别在 RU4 和 RU6 进行上行发送，未
关联站点中的 STA6 通过竞争在 RU9 进行上行发送，RU5、RU7 和 RU8 由于没有
任何站点选择，因此在本次 HE TB PPDU 的发送中处于闲置状态。

　　为了支持 UORA，在站点侧引入了另外一套 UORA 的退避机制，传统 EDCA
的退避机制依然保留，这两套机制是相互独立的。

　　UORA 退避机制引入了 OFDMA 竞争窗口（OFDMA Contention Window，
OCW）和 OFDMA 退避（OFDMA Backoff，OBO）的概念。首先，AP 在 Beacon 帧
中携带 OCW 参数（OCWmin 和 OCWmax），当支持 UORA 的站点收到 Beacon 帧
之后，将 OCW 设置为 OCWmin，并随机选取 [0,OCW] 的一个整数设置为 OBO 计

数器的初始值。当有缓存数据的站点接收到一个包含随机接入 RU 的触发帧之后，将 OBO 计数器数值减去随机接入的 RU 的数目（关联站点只减去"AID12"设置为 0 的 RU，未关联站点只减去"AID12"设置为 2045 的 RU），如果结果为 0 或者负数，则随机选择一个接入 RU 上行发送；如果结果大于 0，则继续退避等待下一个包含随机接入 RU 的触发帧。假如站点使用 UORA 进行上行发送之后收到预期的响应帧（通常为 MBA 帧）或者不需要响应帧，则认为此次发送成功，该站点将 OCW 初始化为 OCWmin。反之，如果站点没有收到预期的响应帧，则认为此次发送失败，此时如果 OCW 小于 OCWmax，站点将 OCW 更新为 $2 \times OCW+1$；如果 OCW 等于 OCWmax，则保持 OCW 不变。

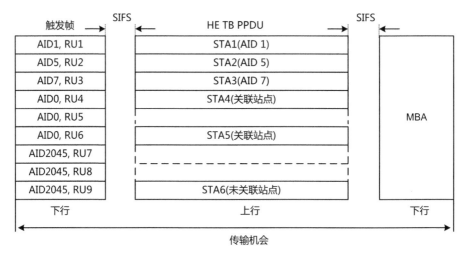

图 2-57　UORA 机制

9. NDP Feedback

WLAN 系统中有很多的反馈信息需要占用 1 bit 数据，例如是否有缓存、当前信道是否可用等。但是由于所有的信息都需要通过 MAC 帧来反馈，而 MAC 帧中至少包含帧控制字段、接收地址、FCS 等字段，因此用一个短帧来携带 1 bit 信息，开销也是很大的。如果可以使用物理层来携带这 1 bit 信息，则可以大大提高反馈的效率。

NDP Feedback 提供了这样一种高效的反馈机制，其原理是 AP 向关联站点发送一个 NFRP 触发帧，并在 NFRP 触发帧中携了初始 AID、带宽和 Multiplexing Flag 等信息；终端收到 NFRP 触发帧后，根据其携带的信息确定自己是否被调度并向 AP 反馈 NDP Feedback Report Response 帧，此时这个帧是以 HE TB PPDU 的形式传输的。

站点如何判断自己是否被调度呢？站点根据带宽和 Multiplexing Flag 计算出

被调度的站点数目 N_STA。20 MHz 信道内可以调度 18 个或 36 个站点，其调度的站点数目随着带宽的增大而线性增加。如果一个站点的 AID 大于或等于起始 AID 并且小于起始 AID+N_STA，那么它就是被调度的站点。每个被调度的站点根据自己在所有被调度站点中的排序，可以计算出它发送 HE NDP Feedback Report Response 帧的位置。

该机制已被 802.11ax 标准接纳，目前标准中只支持反馈资源请求（Resource Request，RR）一种类型。AP 向关联的站点发送类型为资源请求的 NFRP 触发帧，被调度的终端根据自己是否有数据需要发送来决定是否反馈 NDP Feedback Report Response 帧，同时 NDP Feedback Report Response 帧也携带了 Feedback 的状态。这个状态有 2 个值，状态 0 表示反馈的 RR 在 1 和 RR 缓存阈值之间，状态 1 表示反馈的 RR 大于 RR 缓存阈值，而 RR 缓存阈值是由关联 AP 的管理帧携带的 NDP Feedback Report Parameter Set Element 决定的。

标准中还讨论了将 NDP Feedback Report 机制扩展到非关联站点，但不少公司对这种扩展的复杂度和必要性还有质疑，目前还在讨论过程中。

2.4.4　抗干扰和空间复用

在引入空间复用机制之前，WLAN 系统采用的是 CSMA/CA 接入机制，即一个站点竞争到信道之后，在自身信号覆盖的范围内同一时间只有一个链路在进行传输。CSMA/CA 接入机制使得 WLAN 在冲突范围内的所有参与者能够公平地共享信道。但当参与者数量大幅增长时，特别是当网络中存在众多带有重叠服务区的 AP 时，传输效率就会下降。如图 2-58 所示，用户 1 关联在 AP1 上，从用户 1 的视角出发，AP1 的 BSS 即用户 1 的 MYBSS，用户 1 将与 MYBSS 中的另一个用户 2 争夺信道，然后与 AP1 进行数据交互。此时，用户 1 还在右侧重叠基本服务集（Overlapping Basic Service Set，OBSS）中，即用户 1 还能收到 AP2 的报文。此时，OBSS 的通信会引发用户 1 退避，使得其将会等待更长的时间才能获得传输机会，进而导致传输效率下降。在这个例子里，来自 MYBSS 的接收帧被称为 Intra-BSS 帧，来自 OBSS 的接收帧被称为 Inter-BSS 帧。

空间复用机制的设计思路是当一个链路（这里称为初始链路）发起传输之后，其他 OBSS 的站点判断自身是否满足一定的条件，以保证发起的并发传输对初始链路不产生影响或者影响很小，如果条件满足，则可以发起并发传输。

通过空间复用机制，一方面可以提高系统的吞吐率，另一方面可以尽早判断接收帧是来自 MYBSS 还是 OBSS，进而降低能耗。当一个站点接收到来自 MYBSS 的帧，但是接收地址不是自己的 MAC 地址时，可以在这个帧的传输时间内进入节能模式。

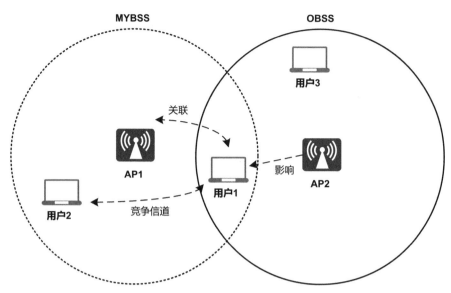

图 2-58　OBSS 引起的传输效率降低

　　空间复用机制的一个前提是要在 OBSS 的基础上发起并行传输，因此必须首先区分 Intra-BSS 和 Inter-BSS 帧。区分准则有以下 3 类。

　　（1）第一类是判断接收帧满足以下 3 个条件中任意 1 个，则接收帧为 Intra-BSS 帧，否则为 Inter-BSS 帧。

　　• 接收帧的 BSS Color 与自身所关联的 AP 的 BSS Color 相同。

　　• 接收帧发送地址/接收地址与自身所关联的 AP 的 MAC 地址相同。

　　• 接收帧的 Partial AID 与自身所关联 AP 的基本服务集标识符（Basic Service Set Identifier，BSSID）中 bit 39～47 相同。

　　（2）第二类是站点所关联的 AP 是 Multiple BSSID 集中的一个成员。一个物理 AP 虚拟成多个虚拟 AP，每个虚拟 AP 具有自己独立的 BSSID，这些虚拟 AP 的 BSSID 的合集叫作 Multiple BSSID。若接收到的帧的接收地址、发送地址或 BSSID 与 Multiple BSSID 集中的任何一个成员的 MAC 地址或 BSSID 相同，则判定接收帧为 Intra-BSS 帧，全不同则判定接收帧为 Inter-BSS 帧。

　　（3）第三类则通过一些特殊条件来判断，例如，当一个 AP 接收到一个 VHT MU PPDU 或者一个 UPLINK_FLAG 设置的 HE MU PPDU，则判定接收帧为 Inter-BSS 帧。

　　802.11ax 标准中同时接纳了两种空间复用机制，分别是基于重叠基本服务集数据包检测（Overlapping Basic Service Set-Packet Detect，OBSS-PD）的空间复用和基于空间复用参数（Spatial Reuse Parameter，SRP）的空间复用。

1. 基于OBSS-PD的空间复用

基于 OBSS-PD 的空间复用的基本原理是在站点收到一个帧后，当判断该帧为 Inter-BSS 帧，并且接收能量小于某个特定值（即 OBSS_PD）时，忽略该帧，意味着不将信道空闲评估结果设置为忙，也不基于该接收帧更新 NAV。基于 OBSS-PD 完成信道退避之后，就可以开始发送空间复用帧了。不过在发送空间复用帧时，发送功率要进行回退，功率回退的目的是防止对初始链路产生干扰。

根据 OBSS-PD 类型的不同，可以将基于 OBSS-PD 的空间复用分为空间复用组（Spatial Reuse Group，SRG）和非空间复用组（Non-SRG）两种类型。

（1）SRG OBSS-PD

引入 SRG 的原因是 OBSS-PD 机制对于 Intra-BSS 信干噪比（Signal to Interference plus Noise Ratio，SINR）远大于 Inter-BSS SINR 的场景最有效，因此 AP 可以将满足该条件的 OBSS 列入 SRG 集合。此时可以引入一个 OBSS_PD 最小值的偏移量，使得 OBSS_PD 最小值大于 –82 dBm。这样的结果是在 SRG OBSS-PD 机制中，当接收能量大于 –82 dBm 但小于 OBSS_PD 最小值时，可以不进行功率回退就能发送数据。而当接收能量大于 OBSS_PD 最小值但小于 OBSS_PD 时，才需要在功率回退的条件下发送数据。

（2）Non-SRG OBSS-PD

Non-SRG OBSS-PD 中，OBSS_PD 是介于 OBSS_PD 最大值和 OBSS_PD 最小值之间的一个值。OBSS_PD 最大值是 OBSS_PD 允许设置的最大值，以避免在接收帧的强度大于 –62 dBm 的情况下依然启动基于 OBSS-PD 的空间复用机制，其具体值为 –82 dBm 加上 AP 给站点下发的 OBSS_PD 最大值偏移量；而协议规定 OBSS_PD 最小值是 –82 dBm。站点在检测到接收能量大于 –82 dBm 但小于 OBSS_PD 的情况下，可以在进行一定的功率回退的条件下发送数据。

前文介绍过，发送空间复用帧时发送功率要进行回退，回退的数值等于 OBSS_PD 减去 OBSS_PD 最小值。功率回退如图 2-59 所示。

需要注意的是，即使信道退避时触发启动基于 OBSS-PD 的空间复用的帧已经传输完毕，而 CCA 门限小于 –82 dBm，发送功率还是要进行回退。另外，在一个从属信道退避的过程中，基于 OBSS-PD 的空间复用机制可能会被多个接收帧触发启动，这种情况下信道退避完成之后，发送功率要选取多个回退后的发送功率值中的最小值。

通过基于 OBSS-PD 的空间复用机制获取传输机会之后，在整个 TXOP 的时段内，发送功率都必须小于回退功率。但是，允许该 TXOP 时段的结束时间超过触发其启动基于 OBSS-PD 的空间复用机制的接收帧的结束时间。

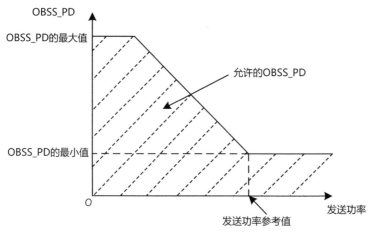

图 2-59　功率回退

2. 基于SRP的空间复用

基于 SRP 的空间复用的原理如图 2–60 所示，AP 首先发送触发帧，在触发帧中携带 SRP，SRP 的设置准则如下。

SRP= 触发帧的发送功率＋AP 在接收站点发送的 HE TB PPDU 时可以接受的干扰强度

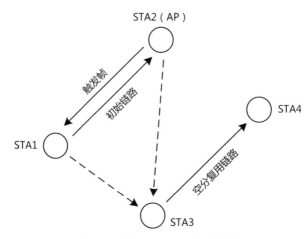

图 2-60　基于 SRP 的空间复用的原理

STA3 接收到 AP2 发送的触发帧之后，通过测量获得触发帧的接收功率（触发帧的接收功率＝触发帧的发送功率－路径损耗）。只要限制发送功率不超过 SRP 与触发帧接收功率的差值，就可以保证 STA3 发送的帧到达 AP 的时候，功率小于 AP 可接受的干扰强度。

启动 SRP 机制要满足以下两个条件。

- 在接收到触发帧之后的SIFS后，接收到一个被确认为Inter–BSS PPDU的HE TB PPDU。
- 该站点有缓存数据将要发送，并且准备使用的发送功率小于SRP减去接收功率电平（Received Power Level，RPL）。RPL是通过对触发帧的L–STF或L–LTF测量而得到的。

当站点进入 SRP 流程之后进行信道退避，信道退避是复用非 SRP 情况下的退避计数器。假如在站点回退的过程中又收到一个帧，则需要再次判断是否满足基于 SRP 的空间复用条件，如果满足条件，则继续退避；如果不满足条件，则设置信道为忙。当站点退避计数器数值为零，发送的空间复用 PPDU 的结束时间不能晚于多个 SRP_PPDU 中最早的结束时间，发送功率不能大于多个 SRP_PPDU 中最小的发送功率。

3. 两个NAV

802.11ax 标准中引入上行多用户调度之后，给 NAV 的设置带来了新的问题。当一个站点被 AP 调度的时候，如果该站点的 NAV 是由 MYBSS 设置的，站点是可以响应 AP 的调度的。但是在只有一个 NAV 的情况下，该站点可能是先由 OBSS 设置一个短的 NAV，然后又被更新为 MYBSS 设置的一个长的 NAV，这种情况下站点响应 AP 的调度时，会给 OBSS 带来干扰，从而使得 OBSS 设置的 NAV 保护失去效果。为了解决类似的问题，引入了两种 NAV，即 Intra–BSS NAV 和 Basic NAV。

当站点收到一个目标地址不是自身地址的 Intra–BSS 帧，并且该帧指示的占用信道的时长大于该站点当前的 Intra–BSS NAV，则更新 Intra–BSS NAV。当站点收到一个目标地址不是自身地址的 Inter–BSS 的帧或者无法区分是 Inter–BSS 或 Intra–BSS 的帧，并且该帧指示的占用信道的时长大于该站点当前的 Basic NAV，则更新 Basic NAV。当至少一个 NAV 设置为非零值的时候，该站点的虚拟 CS 的结果为忙；在两个 NAV 均设置为零的情况下，该站点的 CS 侦听的结果为闲。在两个 NAV 同时作为判别依据的情况下，就不会发生 Intra–BSS 和 Inter–BSS 的帧设置 NAV 时互相覆盖的问题。

基于类似的思路，业界也讨论过要为每个 OBSS 分别设置一个 NAV，但是这个做法由于复杂度太高而没有被标准采纳。

2.4.5　节能

根据 802.11 标准的工作机制，如果设备一直处于工作状态，那么功耗还是比较大的，尤其移动设备的电量有限，所以在提出 802.11 标准的初期就设计了相应的功耗管理机制，即引入了节能模式。802.11ax 标准同样也新增了几种新型节能模式。

1. TWT

TWT 是由 802.11ah 标准首次提出的，它的初衷是针对 IoT 设备尤其是低业务量的设备（例如智能电表等）设计的一套节能机制，使得 IoT 设备能够尽可能长时间地处于休眠状态，从而实现降低功耗的目的。建立 TWT 协议后，站点无须接收 Beacon 帧，而是经过一个更长的周期醒来。802.11ax 标准对其进行了改进，引入了一些针对站点行为的规则，在满足节能的前提下实现了对信道接入的管控。TWT 分为单播 TWT 和广播 TWT。

（1）单播 TWT

单播 TWT 是指 TWT 请求站点（简称请求站点）向 TWT 应答站点（简称应答站点）发送 TWT 请求消息，请求设定一个醒来的时间；应答站点在接收到 TWT 请求消息之后向请求站点发送 TWT 应答消息，交互成功后，请求站点与应答站点之间就建立了一个 TWT 协议。当 TWT 协议建立好之后，请求站点与应答站点都应该在约定好的时间段保持活跃状态，以便进行数据的收发。在上述时间段之外，站点可进行休眠以达到节能的目的。通常来说，是由站点向 AP 发送 TWT 协议建立请求，即站点为请求站点，AP 为应答站点，当然 AP 也可以向站点发起 TWT 协议建立请求。TWT 协议建立后，约定好的活跃时间段被称为 TWT 服务阶段。每个 TWT 协议可以包含多个周期性出现的等长的 TWT 服务阶段，如图 2–61 所示。

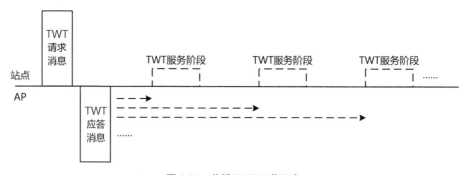

图 2-61　单播 TWT 工作示意

TWT 服务阶段的开始时间、持续时长及周期是由 TWT 参数集确定的，TWT 参数集由 TWT 请求消息和 TWT 应答消息携带。通过 TWT 协商，将 TWT 参数集确定后，站点和 AP 即可确定 TWT 服务阶段的时间，从而在相应的时间段内保持活跃状态。

在 TWT 协商过程中，TWT 请求站点有 3 种请求方式：请求 TWT 参数、建议 TWT 参数、要求 TWT 参数。不同请求方式下请求站点和应答站点的操作如表 2-5 所示。

表 2-5　不同请求方式下请求站点和应答站点的操作

请求方式	请求站点的操作	应答站点的操作
请求 TWT 参数	不指定 TWT 参数值	指定具体 TWT 参数值
建议 TWT 参数	提供一组 TWT 参数集的建议值	可根据自身的偏好修改 TWT 参数
要求 TWT 参数	提供一组 TWT 参数集的要求值，并且不接受修改	只能同意或拒绝 TWT 参数

对应答站点来说，在 TWT 协商过程中有 4 种应答方式：接受 TWT 参数、更换 TWT 参数、指示 TWT 参数、拒绝 TWT 参数。不同应答方式下应答站点的操作如表 2-6 所示。

表 2-6　不同应答方式下应答站点的操作

应答方式	应答站点的操作
接受 TWT 参数	接受请求站点的请求，建立 TWT 协议
更换 TWT 参数	不接受请求站点所提供的 TWT 参数值，而提供一组新的 TWT 参数值
指示 TWT 参数	不接受请求站点所提供的 TWT 参数值，并且提供一组唯一的 TWT 参数值，意味着只有采用这组 TWT 参数值才能建立 TWT 协议
拒绝 TWT 参数	拒绝跟请求站点建立 TWT 协议

在建立 TWT 协议之后，请求站点和应答站点只在 TWT 服务阶段进行通信，并且在 TWT 服务阶段之外关闭信道竞争功能。利用这一点，AP 可以在建立 TWT 协议时将不同站点的 TWT 服务阶段错开，从而降低同一时间内竞争信道的站点数量，实现对站点信道接入的管控。进一步地，在建立 TWT 协议时，有一个参数为"AP 是否会在 TWT 服务阶段发送触发帧"，若该参数的值为 1，那么在每一个 TWT 服务阶段，AP 至少会向站点发送一个触发帧来触发站点发送上行数据帧。由于站点已经预先知道自己可以通过触发帧进行上行传输，它在 TWT 服务阶段内将关闭自己的信道竞争功能，只需等待 AP 发送的触发帧来进行上行传输。根据这样的规则，站点可以按照 AP 的调度来进行传输，最终达到降低冲突概率、提升系统性能的目标。

（2）广播 TWT

与单播 TWT 不同，广播 TWT 提供了一种"批量管理"机制，AP 可以与多个站点建立一系列周期性的 TWT 服务阶段，在服务阶段中，上述多个站点需要保持活跃状态，从而与 AP 进行通信。

AP 可以在 Beacon 帧中携带一个或多个广播 TWT 的信息，每个广播 TWT 是由一个广播 TWT 标识符和 AP 的 MAC 地址组成的。站点在收到 Beacon 帧后，如果有加入广播 TWT 的意愿，可以向 AP 发送广播 TWT 建立请求消息，从而加入广播 TWT。在广播 TWT 建立时，需要指定广播 TWT 标识符来请求加入某个特定的广播 TWT。加入广播 TWT 之后，站点可以按照 TWT 参数集所指示的服务阶段唤醒，从而与 AP 进行通信。需要说明的是，若站点支持广播 TWT，但没有显式地加入某个广播 TWT ID，则默认参与广播 TWT 标识符为 0 的广播 TWT。

与单播 TWT 类似，广播 TWT 的参数集也指定了 TWT 服务阶段出现的周期及每个 TWT 服务阶段的持续时长。除此之外，广播 TWT 参数还包括广播 TWT 的生命周期，它以 Beacon IFS 为单位，表示所建立的广播 TWT 的持续时长。

在广播 TWT 建立的过程中，AP 会对 TWT 服务阶段中将会分配的资源进行简单的描述，例如是否会在 TWT 服务阶段发送触发帧，所发送的触发帧是否会分配用于随机接入的资源。另外，AP 可以对站点在 TWT 服务阶段发送的帧类型进行设置，例如只用于发送控制帧和管理帧，允许发送关联请求帧等。通过对发送帧类型的限制，可实现通过不同的 TWT 传输不同类型的帧，从而加强 AP 的资源调度能力。

2. OMI

TWT 是通过减少处于活跃状态的时间来达到节能的目的，而操作模式指示（Operating Mode Indication，OMI）则是尽可能降低设备处于活跃状态时的功耗。当站点加入 BSS 时，将向 AP 汇报它的传输能力，包括支持的最大带宽、最大发送流数和接收流数。当站点电量充足或处于插电状态的时候，它将尽可能地使用其最大的带宽和流数能力，然而，当站点电量不断减少时，为了提高续航能力，站点可以通过 OMI 来降低其通信的带宽和流数，从而达到节能的目的。

当站点想要通过 OMI 来调整其收发参数时，可以向 AP 发送一个带有操作模式控制子域的数据帧或管理帧，并在其中携带其希望被采用的收发参数。当 AP 回复 ACK 帧时，意味着站点的收发参数修改成功，可以在后续的 TXOP 中采用新的收发参数。对接收参数而言，这意味着 AP 向站点发送无线帧时，不得采用高于上述接收参数的带宽和空间流数；对发送参数而言，这意味着 AP 向站点发送触发帧时，所分配的 RU 的带宽和空间流数不得超过上述发送参数设定的带宽和空间流数。这样一来，即使站点处于活跃状态，也可以仅使用较小的射频通道及带宽，从而降低了功耗。

除了限制带宽和空间流数，站点还可以通过 OMI 临时关闭其上行多用户传输功能，这是因为目前主流的多媒体通信设备通常包括多个无线通信模块（例如 Wi-Fi 和蓝牙等），而多个无线通信模块是无法同时进行通信的，当设备正在利用蓝牙进行通信时，若 AP 向其 Wi-Fi 模块（即站点）发送触发帧，站点将无法应答。因此，当设备正在使用蓝牙时，其 Wi-Fi 模块可通过 OMI 临时关闭上行多用户传输功能，从而降低能耗。

3. 20 MHz-only站点模式

在现实网络中有一类站点功耗低，复杂度也低，例如可穿戴设备、IoT 设备等。对这类设备来说，数据量通常不大，因此对大带宽没有需求，而在 802.11ax 标准中，80 MHz 信道带宽是必须支持的，这就产生了矛盾。为了解决这个问题，802.11ax 标准中定义了两类站点：第一类是必须支持 80 MHz 信道带宽，可选支持 160 MHz 或者 80 MHz+80 MHz 信道带宽的站点；另一类是只支持 20 MHz 信道带宽的站点，被称为 20 MHz-only 站点。

20 MHz-only 的站点可以通过 40 MHz 或 80 MHz 信道的 OFDMA 与 AP 进行通信，但是由于 20 MHz 信道的子载波映射与 40 MHz 和 80 MHz 信道的子载波映射（包括直流子载波映射、保护子载波映射和导频子载波映射）不相同，因此会导致部分数据载波丢失。如果丢失的数据载波比例不大，接收端可以通过解码来恢复被影响的载波上的数据。但是如果丢失的数据载波比例过大，就会导致性能严重下降。依据链路仿真的结果，802.11ax 标准禁止 AP 将部分受影响严重的 RU 分配给 20 MHz-only 站点。

20 MHz-only 站点默认情况下工作在主 20 MHz 信道上，这将导致另外一个问题，即如果有大量的 20 MHz-only 站点，当所有的 20 MHz-only 站点都只能工作在主 20 MHz 信道时，从属信道的信道资源将会被浪费。如图 2-62 所示，当前 BSS 工作在 80 MHz，且此时 80 MHz 信道都空闲可用，但是当 AP 与 20 MHz-only 站点通信的时候，只能使用主 20 MHz 信道，从属信道上 60 MHz 的带宽被浪费了。为了解决这个问题，就需要一个机制可以让 20 MHz-only 站点工作在从属信道上。标准制定过程中讨论了两种思路。第一种思路是通过 AP 的调度让 20 MHz-only 站点可以长期地驻留在某个从属信道上。这种方法需要站点在从属信道上能接收到 Beacon 帧等管理帧，如果在从属信道上发送 Beacon 帧，部分公司担心功率分散在大带宽上会减小 Beacon 帧的覆盖范围。另外，支持 802.11a 标准的站点也可能会把收到 Beacon 帧的从属信道误认为是主 20 MHz 信道。第二种思路是通过 TWT 机制临时将 20 MHz-only 站点调度到一个从属信道上，20 MHz-only 站点首先工作在主 20 MHz 信道上，当接收到 TWT 调度之后，在该 TWT 周期内迁移到指定的从属信道上，当 TWT 周期结束之后，则重新迁移回主 20 MHz

信道。第二种思路对协议改动很小，也不需要修改管理帧的发送方式，最终标准采纳了这种方案。

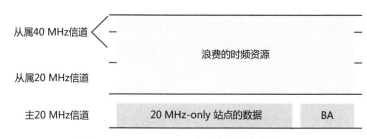

图 2-62　20 MHz-only 站点引发资源浪费的问题

需要强调的是，当 20 MHz-only 站点被调度到从属信道上之后，将被禁止 EDCA 功能，因为 20 MHz-only 站点在从属信道上的 EDCA 发送无法与主信道上的发送同步，从而导致 AP 不能正确接收。这也就意味着当 20 MHz-only 站点在从属信道上时，上行的发送只能等待 AP 发送触发帧来进行调度。

图 2-63 是当 20 MHz-only 站点可以工作在从属信道上之后的一个示例。AP 通过 TWT 机制将两个 20 MHz-only 站点分别调度到从属 40 MHz 信道的两个 20 MHz 信道上。在 80 MHz 信道都可用的情况下，可以通过一个 HE MU PPDU 在主 20 MHz 信道上给一个支持 20 MHz、40 MHz 或 80 MHz 带宽的站点发送下行数据，在从属 20 MHz 信道上给一个支持 40 MHz 或 80 MHz 带宽的站点发送下行数据，在从属 40 MHz 信道的两个 20 MHz 信道上分别给两个 20 MHz-only 站点发送下行数据，从而在服务 20 MHz-only 站点的同时充分利用 80 MHz 的信道资源。类似地，AP 可以在 80 MHz 信道上通过 non-HT duplicate 的方式发送触发帧，在主 20 MHz 信道上调度一个支持 20 MHz、40 MHz 或 80 MHz 带宽的站点的上行数据，在从属 20 MHz 信道上调度一个支持 40 MHz 或 80 MHz 带宽的站点发送上行数据，在从属 40 MHz 的两个 20 MHz 信道上分别调度两个 20 MHz-only 站点发送上行数据，从而在服务 20 MHz-only 站点的同时充分利用 80 MHz 的信道资源。

	20 MHz-only 站点的下行数据	BA1		触发帧	20 MHz-only 站点的上行数据	BA1
从属40 MHz信道	20 MHz-only 站点的下行数据	BA2		触发帧	20 MHz-only 站点的上行数据	BA2
从属20 MHz信道	40/80 MHz站点的下行数据	BA3		触发帧	40/80 MHz站点的上行数据	BA3
主20 MHz信道	20/40/80 MHz站点的下行数据	BA4		触发帧	20/40/80 MHz站点的上行数据	BA4
	下行	上行		下行	上行	下行

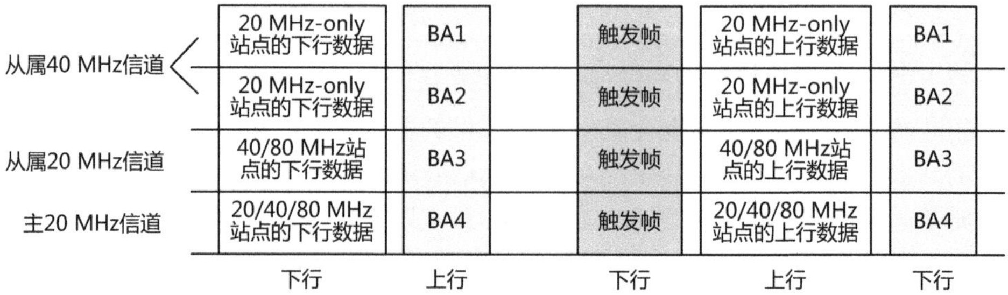

图 2-63　TWT 机制解决 20 MHz-only 站点的问题

4. 其他

很多业务的上下行负载是不对称的，例如在下行传输一个大的传输控制协议（Transmission Control Protocol，TCP）报文之后，还需要在上行发送一个 TCP 的 ACK 帧。由于 TCP 报文和 TCP ACK 帧是由不同的站点发送的，需要分别竞争信道获得 TXOP，这样一方面容易增加信道竞争次数而导致碰撞，从而降低系统效率；另一方面由于 TCP ACK 帧很短，不能够充分利用获取的 TXOP。

为了解决这个问题，802.11 标准中引入了一个反向授予（Reverse Direction Grant，RDG）流程，其基本原理是当一个站点（这里称为 RD 发起者）通过竞争获取 TXOP 之后，如果自身的数据传输完毕后，TXOP 还有剩余时间，则可以在最后一个帧中指示将该 TXOP 的使用权转让给指定接收站点（称为 RD 响应者），如图 2-64 所示。RD 响应者在剩余的 TXOP 时间内可以向 RD 发起者发送数据，从而更充分地利用信道。

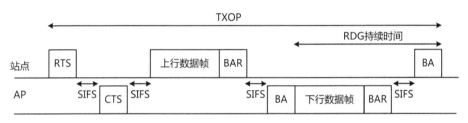

图 2-64　RDG 基本流程

在 802.11ac 标准中引入下行 MU-MIMO 之后，对 RDG 进行了扩展，即当站点作为 RD 发起者将 TXOP 转让给作为 RD 响应者的 AP 之后，AP 可以通过下行 MU-MIMO 的方式给多个站点发送下行数据，但是其中一个站点必须为 RD 发起者。在 802.11ax 标准中继续沿用了该方法。

802.11ax 标准除了下行 MU-MIMO，还支持上行 MU-MIMO，因此，该标准对沿用的 RDG 机制也做了相应的扩展。当站点作为 RD 发起者将 TXOP 转让给作为 RD 响应者的 AP，AP 可以通过发送触发帧来调度多个站点通过上行 MU-MIMO 的方式发送上行数据。在被调度的多个站点中必须包含 RD 发起者，并且保证给 RD 发起者分配的空间流数不小于 RD 发起者进行 TXOP 转让时的最后一个帧的空间流数，以保证对 RD 发起者的公平性。需要注意的是，当允许 AP 作为 RD 响应者进行上行 MU-MIMO 调度，站点获得 TXOP 之后可以尽早地把 TXOP 转让给 AP，这样在 AP 的上行和下行调度中可以更充分地利用信道资源。

下面举个例子帮读者理解上行 MU-MIMO 下的 RDG 机制。图 2-65 是 STA1 ~ 4 都只支持 1 个空间流而 AP 支持 4 个空间流的场景。在该场景中，如果 STA1 通过竞争获得一个 TXOP，则在该 TXOP 时间段内 STA1 和 AP 只能通过 1 个空间流进行通信。此时 AP 虽然可以通过多个接收天线来提供分集增益，但是无法通过多个空间流来增大吞吐率。

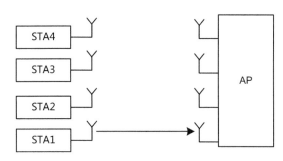

图 2-65   站点支持 1 个空间流和 AP 支持 4 个空间流的场景

如图 2-66 所示，在 RDG 中支持上行 MU-MIMO 后，STA1 ～ 4 都只支持 1 个空间流，当 STA1 通过竞争获取一个 TXOP 之后，可以通过 RDG 把 TXOP 使用权转让给 AP，此时 AP 可以通过上行 MU-MIMO 调度的方式同时调度包括 STA1 在内的多个站点，从而使用多个空间流来进行通信，在服务 STA1 的同时充分利用空间资源。

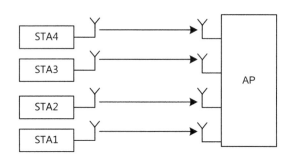

图 2-66   上行 MU-MIMO 的示例

在标准的制定过程中，还讨论了将 RDG 扩展到 OFDMA 的情况。目的是当站点作为 RD 发起者只获得了一个窄带的 TXOP，如果在 AP 端的可用信道更宽的情况下，AP 作为 RD 响应者通过 OFDMA 进行多用户调度的时候，可以将 RD 发起者调度到它的可用信道上，而将其他的站点调度到其他 RD 发起者不可用的从属信道上，从而提高系统的吞吐率。但是在讨论的过程中，多家公司对于通过 OFDMA 扩展带宽之后带来的不公平性和潜在干扰问题表示担心，这个做法最终没有被标准采纳。

| 2.5　802.11be 标准介绍 |

802.11be 标准是 Wi-Fi 7 的技术标准，也被称为极高吞吐量。802.11be 标准是继 Wi-Fi 6 之后提出的新的 WLAN 标准，旨在提供更高的传输速率和更低的时延，以满足日益增长的高带宽应用需求。它支持高达 23 Gbit/s 的峰值传输速率，这一性能的提升得益于采用了 320 MHz 信道宽度、灵活 OFDMA 的 MRU、4K-QAM 调制、多链路操作等技术。在这些技术的共同作用下，802.11be 标准不仅实现了传输速率的提高，还减小了时延，为高速无线连接树立了新的标准。因此，802.11be 标准被认为是下一代 Wi-Fi 技术的重大进步，可为用户提供更快速、更可靠的无线连接。

2.5.1　802.11be 标准的帧结构

Wi-Fi 设备工作在非授权频谱，采用基于 CSMA/CA 的空口侦听竞争接入的方式，协议代际演进需要考虑前向兼容，既要求新代际的 Wi-Fi 设备能够识别出不同代际的 PPDU，也要求老设备在接收新代际协议时，能够正确进行回退和忙闲判断。

在 802.11be 标准之前，802.11a/g/n/ac/ax 标准中的每一代协议都设计了新的满足前向兼容的 PPDU 格式，如图 2-67 所示。下面分别介绍前几代协议的 PPDU 格式演进和识别方法。

（1）802.11a/g 标准的 PPDU 格式 non-HT（High Throughput，高吞吐量）PPDU

non-HT PPDU 包含短训练字段（Short Training Field，STF）、长训练字段（Long Training Field，LTF）和信令字段。后续协议为了和 non-HT 兼容，保留了 STF、LTF 和 SIG 这 3 个字段，并在前面加上 "Legacy" 以示区别。后续协议的 SIG 中的 Rate 固定填 1101，通过 "LENGTH mod3" 作为后续各代际的一个区分点。

（2）802.11n 标准（Wi-Fi 4）的 PPDU 格式 HT-MF（Mixed Format，混合格式）PPDU

为了支持更大带宽、更高阶的调制速率和 MIMO 技术，HT-MF PPDU 新增加了高吞吐量信令字段（High Throughput SIG，HT-SIG）、高吞吐量短训练序列（High Throughput STF，HT-STF）和高吞吐量长训练序列（High Throughput LTF，HT-LTF）。HT-SIG 的两个 OFDM 符号采用 QBPSK+QBPSK 调制与 non-HT PPDU 进行区分。此外，802.11n 还定义了一种 HT-GF（Greenfield，绿地模式）PPDU 格式。因为这种格式不利于与 non-HT 共存，业界基本不使用，在此不做介绍。

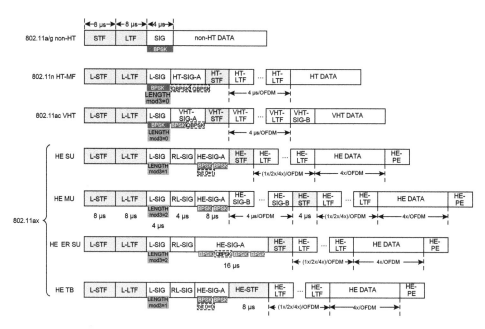

图 2-67　不同代际协议的 PPDU 格式

（3）802.11ac 标准（Wi-Fi 5）的 PPDU 格式 VHT PPDU

与 HT PPDU 不同，VHT PPDU 存在两个非常高吞吐量的信令字段：VHT-SIG-A 和 VHT-SIG-B。因为 802.11ac 标准支持 AP 给多个终端同时传输数据，即下行 MU-MIMO，所以额外的信令字段 VHT-SIG-B 用于传输多用户的信息。VHT-SIG-A 的两个 OFDM 符号采用 BPSK+QBPSK 调制，以与 HT-MF PPDU 和 non-HT PPDU 区分。

（4）802.11ax 标准（Wi-Fi 6）设计了 4 种 PPDU 格式

- 高效单用户PPDU（High Efficiency Single-User PPDU，HE SU PPDU）用于 AP 和单用户的数据传输。
- 高效多用户PPDU（High Efficiency Multi-User PPDU，HE MU PPDU）用于 AP 给多个终端传输数据。
- 高效扩展范围的单用户PPDU（High Efficiency Extended Range Single-User PPDU，HE ER SU PPDU）用于增加覆盖的单用户数据传输。
- 高效基于触发的PPDU（High Efficiency Trigger Based PPDU，HE TB PPDU）用于AP调度一个或者多个终端给AP传输数据。

相比 802.11ac 标准，802.11ax 标准既支持 MU-MIMO，也支持 OFDMA 多用户；既支持 AP 给多用户传输数据（对于下行多用户，利用 HE MU PPDU 传输数据），也支持 AP 调度多用户给 AP 传输数据（对于上行多用户，利用 HE-

TB PPDU 传输数据）。HE-MU PPDU 支持的用户数量更多，其高效信令字段 B
（High Efficiency Signal Field B，HE-SIG-B）支持更多的符号；HE-ER-SU PPDU
通过高效信令字段 A（High Efficiency Signal Field A，HE-SIG-A）符号的重复
来提升接收灵敏度，扩大覆盖范围；HE-TB PPDU 采用 8 μs HE-STF 符号满足
多个用户到达时间存在差异的处理需求。802.11ax 的 4 种 PPDU 格式都通过重
复传统信令字段（Repeated Legacy Signal Field，RL-SIG）以及传统信令字段
（Legacy Signal Field，L-SIG）中"LENGTH mod3"与以前的协议区分，4 种
帧格式之间通过"LENGTH mod3"为 1 或 2、HE-SIG-A 的 bit 0 和调制方式
区分。

　　此外，802.11ax 标准的子载波间隔调整成了前代协议的 1/4，调制阶数提高到
1024-QAM，一个 OFDM 符号承载的数据量是原来的 4.8 倍。所以标准的 PPDU
报文（下文简称 HE PPDU）格式额外在结尾增加了报文扩展（Packet Extension，
PE）字段。该字段不承载有效信息，仅仅用于占用空口时间，目的是提供更多的
时间给接收处理。

　　802.11be 标准（Wi-Fi 7）定义了两种 EHT PPDU 格式，如图 2-68 所示。与
HE PPDU 相比，EHT PPDU 格式种类减少为 2 种。其中，EHT MU PPDU 用于 AP
和终端之间主动传输数据，通过信令字段 U-SIG（Universal-Signal）中的参数区分
单用户还是多用户；EHT TB PPDU（Trigger-Based PPDU，基于触发的 PPDU）用
于 AP 调度一个或者多个终端给 AP 传输数据。EHT PPDU 通过"LENGTH mod3"
等于 0 和 RL-SIG 与前几代协议区分。从 802.11be 标准开始，此后的协议都使用
U-SIG 中一个独立的位域进行指示，这也是该信令字段被称为"U-SIG"的原因。

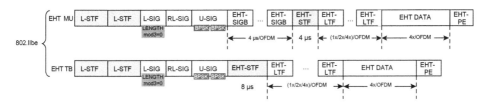

图 2-68　EHT PPDU 格式

2.5.2　802.11be 新特性

1. 320 MHz

　　为了实现系统数据吞吐量的提升，802.11ac 标准首次引入了 160 MHz 信
道，但在 5 GHz 频段上仅支持两个带宽为 160 MHz 的信道。为了进一步实现

数据吞吐量的显著提升，802.11be 标准在 6 GHz 频段引入了更宽的信道，即带宽为 320 MHz 的信道。大量常见的无线传输协议都没有使用 6 GHz 频段，因此该频段受到旧设备拥塞干扰的影响较小，可支持潜在的更高的数据传输速率。

其中，320 MHz 信道由 6 GHz 频段中的任意两个相邻的 160 MHz 信道组成。802.11be 标准定义了两种不重叠的 320 MHz 信道集合：320 MHz-1 和 320 MHz-2。320 MHz-1 为信道中心频率编号为 31、95 和 159 的 320 MHz 信道，320 MHz-2 为信道中心频率编号为 63、127 和 191 的 320 MHz 信道。如图 2-69 所示，802.11be 标准在 6 GHz 频段最多可同时支持 3 个 320 MHz 信道的数据传输。

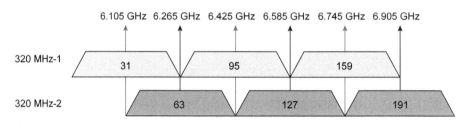

图 2-69　320 MHz-1 和 320 MHz-2

2. 4K-QAM

802.11be 标准不仅能够使用更大的 320 MHz 信道带宽，还引入了更高阶的 4K-QAM，以进一步提升数据吞吐量。

802.11ax 标准引入的 1024-QAM，其每个调制星座点可承载 10 bit 信息，即 10 bit / 调制符号，如图 2-70 所示，而 802.11be 标准引入的 4K-QAM，其每个调制星座点可承载 12 bit 信息，即 12 bit / 调制符号，因此数据传输速率相比 1024-QAM 提高了 20%，如图 2-71 所示。

802.11be 标准针对 4K-QAM 定义了 MCS 12 和 MCS 13。MCS 12 的编码调制组合为 3/4 编码率和 4K-QAM 调制方式，而 MCS 13 的编码调制组合为 5/6 编码率和 4K-QAM 调制方式。这样，在 320 MHz 带宽、8 个空间流、0.8 μs GI 和 MCS 13 的配置下，802.11be 标准的峰值数据传输速率可达 23 Gbit/s。

4K-QAM 相比 1024-QAM，调制符号排列更加密集，因此需要接收端具有非常高的信噪比。802.11be 标准中给出了发射端的误差向量幅度（Error Vector Magnitude，EVM）要求，当设备发射端发送 4K-QAM 调制信号需要满足小于 -38 dB 这一条件的 EVM 值。

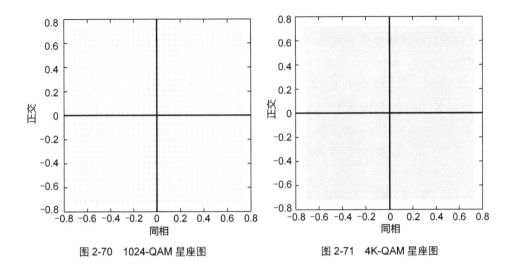

図 2-70　1024-QAM 星座图　　　　图 2-71　4K-QAM 星座图

3. MRU

802.11ax 标准首次引入 OFDMA，即在频域上将全带宽的所有子载波划分成多个 RU，并将它们分配给多个用户，以增加并行用户数量，提升密集部署场景下多用户接入能力和传输速率。在 802.11ax 标准中共有 7 种 RU 类型：26-tone RU、52-tone RU、106-tone RU、242-tone RU、484-tone RU、996-tone RU 和 2×996-tone RU。

802.11be 标准中 20 MHz 和 40 MHz 的 RU 划分与 802.11ax 标准完全一致，如图 2-72 所示。

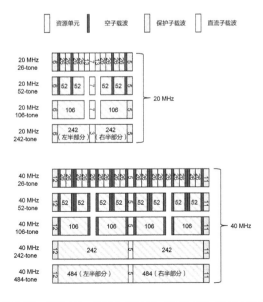

图 2-72　802.11be 标准中 20 MHz 和 40 MHz 的 RU 划分

802.11be 标准中 80 MHz PPDU 的 RU 划分与 802.11ax 不同，如图 2-73 所示，802.11be 标准不再划分中间 26-tone，RU 划分小于 996-tone RU 时，中间存在 23 个直流子载波。802.11be 标准中 160 MHz 和 320 MHz 的 RU 划分则是 80 MHz RU 划分的复制，即 160 MHz PPDU 和 320 MHz PPDU 中每个 80 MHz 的 RU 划分与图 2-73 所示的 80 MHz PPDU 的 RU 划分一致。

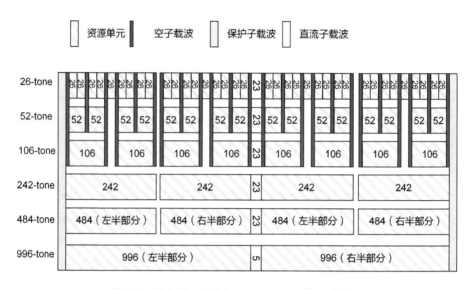

图 2-73　802.11be 标准中 80 MHz PPDU 的 RU 划分

为了进一步优化 OFDMA 的调度粒度和提升资源利用率，802.11be 标准还新定义了 MRU（Multiple Resource Unit，多资源单元），即将多个上述定义的 RU 组合成一个 MRU，例如将 52-tone RU 和 26-tone RU 组合成一个 52+26-tone MRU。MRU 的使用方式与 RU 相同，组合后的 MRU 仍然是一个资源块，可以被分配给单个用户。

为了减少组合数目，802.11be 标准只设计了小尺寸 MRU（Small size MRU）和大尺寸 MRU（Large size MRU）两大类，不支持小于 242-tone 的 RU 与大于 242-tone 的 RU 进行组合。

（1）小尺寸 MRU

小尺寸 MRU 是指小于 242-tone 的 RU 组合而成的 MRU。802.11be 标准只定义了两种：52+26-tone MRU 和 106+26-tone MRU。图 2-74 显示了 20 MHz PPDU 中 52+26-tone MRU 和 106+26-tone MRU 的所有组合。大于 20 MHz 的 PPDU 中，每个 20 MHz 上的小尺寸 MRU 与图 2-74 所示相同。从图中可以看到，如果 20 MHz PPDU 中只调度 2 个用户，那么 802.11ax 标准最大只支持调度两个 106-tone RU，中间 26-tone RU 的资源被浪费了。而 802.11be 标准定义了 MRU 后，即可调度一个 106-tone RU 和一个 106+26-tone MRU，从而提升了频谱效率。

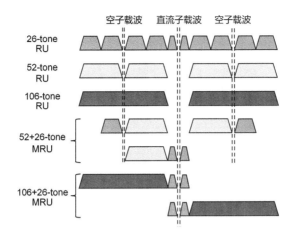

图 2-74　802.11be 标准中 20 MHz PPDU 中的小尺寸 MRU 划分

（2）大尺寸 MRU

大尺寸 MRU 是指大于或等于 242-tone 的 RU 组合而成的 MRU，802.11be 标准一共定义了 6 种：484+242-tone MRU、996+484-tone MRU、996+484+242-tone MRU、2×996+484-tone MRU、3×996+484-tone MRU 和 3×996-tone MRU。图 2-75 和图 2-76 显示了 80 MHz PPDU 中 484+242-tone MRU 和 160 MHz PPDU 中 996+484-tone MRU 的所有组合。其他 MRU 与之类似。从图 2-75 可以看到，如果 80 MHz PPDU 中一个 242-tone 存在干扰或者检测到空口忙，那么 802.11ax 标准单用户传输只支持缩小发送带宽以避开对应的 20 MHz 位置，而 802.11be 标准可以采用 MRU，在干扰 242-tone 位置之外的其他所有 242-tone 上传输数据，从而提高了频谱效率。其他带宽与之类似。

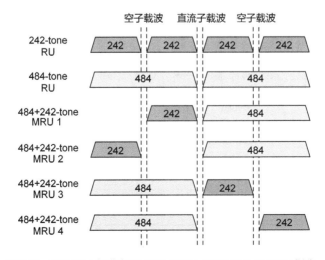

图 2-75　802.11be 标准中 80 MHz PPDU 484+242-tone MRU 划分

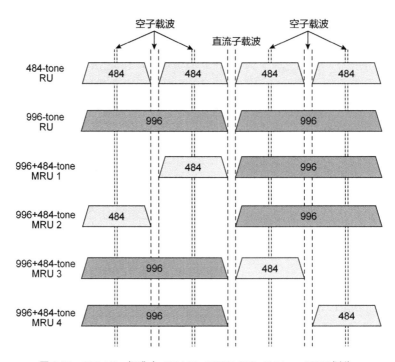

图 2-76　802.11be 标准中 160 MHz PPDU 996+484-tone MRU 划分

4. DCM和EHT DUP

　　DCM 是从 802.11ax 标准开始引入的一种调制技术。该技术通过对 HE–SIG–B 和 HE–Data 部分进行双载波调制，以增加 WLAN 覆盖范围以及增强系统在窄带干扰下的鲁棒性。一个数据流在经过信道编码处理后，先经过 DCM 将相同的信息调制在两个相隔较远的不同子载波上，实现类似频率分集的效果，再继续进行后续的 OFDM 调制，如图 2–77 所示。其中，K 表示第 K 个子载波，N 表示子载波总数。

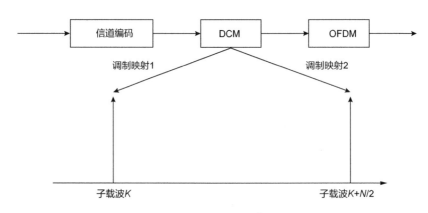

图 2-77　DCM 原理示意图

DCM 在 802.11ax 标准中是一种可选的调制方案，只支持 HE-MCS 和 HE-SIG-B-MCS 取 0、1、3 和 4。802.11be 标准进一步约束了 DCM，只支持 MCS 0、单流非 MU-MIMO 传输，这被称为 BPSK-DCM，实现方式与 802.11ax 标准一致。

802.11be 标准还新增了一种 EHT DUP（Duplicate）模式，即在不同频率上复制发送数据，以确保数据能够更可靠地被传输和接收。该模式只在 6 GHz 频段生效，并且只支持 EHT SU PPDU 和 80 MHz、160 MHz、320 MHz 带宽，必须配合 DCM 一起使用。EHT DUP 原理如图 2-78 所示，先在低一半子载波的 RU 上采用 BPSK-DCM 调制，然后将低一半子载波上调制的数据复制到高一半子载波上，并且让高一半子载波分别乘以 -1/1 进行符号调整。

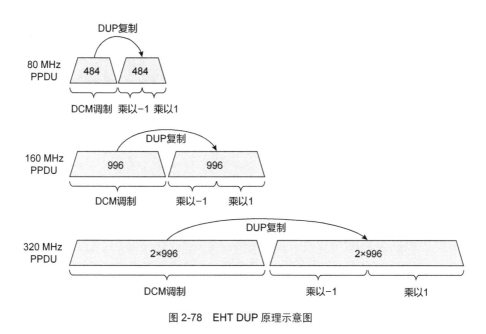

图 2-78　EHT DUP 原理示意图

2.5.3　EHT Trigger

在之前的标准中，终端进行上行数据传输前，通常通过信道竞争获得发送权，比如基于 EDCA 方式抢占信道。从 802.11ax 标准开始，引入了基于触发帧的调度式上行传输方法：AP 首先发送触发帧，其中包含一个或多个用户发送上行数据的资源调度信息和其他参数（如关联标识符、编码、调制策略等）；然后终端遵循 AP 的调度进行数据传输。

802.11be 标准的触发帧沿用了 802.11ax 标准触发帧的帧类型，并在此基础上进行了改进设计。在设计之初，计划利用一个触发帧同时调度 802.11ax 标准的

HE TB PPDU 和 802.11be 标准的 EHT TB PPDU。在最终标准中，虽然禁止了 AP 同时调度 HE TB PPDU 和 EHT TB PPDU，但是保留了相应的信令设计，并且保留了多个终端在后续被调度并分别发送 HE TB PPDU 和 EHT TB PPDU 的能力。此外，复用同一个触发帧的好处还包括节约为数不多的控制帧子类型，统一接收端对触发帧的解析，以及简化设计等。

触发帧包含公共信息（Common Info）字段和用户信息列表（User Info List）字段，其中公共信息字段包含所有用户都需要读取的公共信息，而用户信息列表字段由一个或多个用户信息构成。下面将对 802.11be 标准中各个字段的变化进行详细介绍。

1. 公共信息字段

802.11be 标准的触发帧中包含 EHT 变体公共信息字段，如图 2-79 所示。

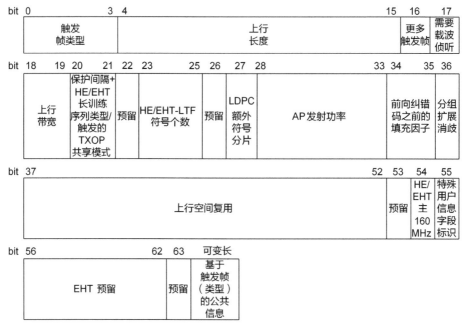

图 2-79　802.11be 标准的触发帧中的 EHT 变体公共信息字段

EHT 变体公共信息字段不仅能被 EHT 站点解析，也能同时被非 EHT 的 HE 站点解析。

对于非 EHT 的 HE 站点，因为其不会按照新的协议去解读，所以会默认触发帧的公共信息字段为 HE 变体。即使 AP 发送的是 EHT 变体的触发帧，非 EHT 的 HE 站点也会将其认作 HE 变体。

而 EHT 站点能够根据"HE/EHT 主 160 MHz"和"特殊用户信息字段标识"

子字段识别公共信息字段是 HE 变体还是 EHT 变体。如果两个子字段同时置 1，则表示公共字段为 HE 变体，否则认为其是 EHT 变体。

另外，对于 EHT 变体，还有很多信息在当前的公共信息字段无法承载，是通过特殊用户信息字段去承载的。这部分将在下一小节进行详细阐述。

与 HE 相比，EHT 变体公共信息字段的主要变化如表 2-7 所示。

表 2-7　EHT 变体公共信息字段相比 HE 的主要变化

比特位	子字段	含义
22	预留	删除 HE 变体中原有位置的 MU-MIMO HE-LTF Mode 字段
53	预留	删除 HE 变体中原有位置的多普勒（Doppler）字段
54	HE/EHT 主 160 MHz	用来指示主 160 MHz 调度的 TB PPDU 是 HE TB PPDU 还是 EHT TB PPDU
55	特殊用户信息字段标识	用来指示是否存在特殊用户信息字段
56 ～ 62	EHT 预留	EHT 变体下的预留字段

2. 特殊用户信息字段

特殊用户信息字段是 802.11be 标准中新引入的一种用户信息字段。其特殊之处在于，它并非携带用户特定信息的字段，而是作为公共信息字段的补充，提供了额外拓展的公共信息。特殊用户信息字段的内容如图 2-80 所示。

图 2-80　特殊用户信息字段的内容

下面对特殊用户信息字段的各个子字段进行简要介绍。

- 关联标识12：当该子字段被设置为2007时，表示该用户信息字段是特殊用户信息字段。
- 物理层版本标识：该子字段表示当触发的TB PPDU不是HE格式时对应的物理层版本，设置为0时，对应EHT版本；设置为其他值时，目前对应预留子字段（Reserved）。

- 上行带宽扩展：该子字段与公共信息字段中的"上行带宽"子字段共同用于表示EHT TB PPDU的上行带宽。之所以采用这种联合表示的方式，是因为目前EHT TB PPDU的带宽可对应6种状态（20 MHz、40 MHz、80 MHz、160 MHz、320 MHz-1、320 MHz-2），仅使用2 bit无法表示这6种状态，只有结合"上行带宽扩展"子字段才行，如表2-8所示。

表2-8 "上行带宽"与"上行带宽扩展"子字段联合表示的含义

"上行带宽" 子字段	HE TB PPDU 的带宽 /MHz	"上行带宽扩展" 子字段	EHT TB PPDU 的带宽 /MHz
0	20	0	20
0	20	1	预留
0	20	2	预留
0	20	3	预留
1	40	0	40
1	40	1	预留
1	40	2	预留
1	40	3	预留
2	80	0	80
2	80	1	预留
2	80	2	预留
2	80	3	预留
3	160	0	预留
3	160	1	160
3	160	2	320 (for 320 MHz-1)
3	160	3	320 (for 320 MHz-2)

- EHT空间复用n：该子字段对应EHT TB PPDU的U-SIG字段中的"空间复用n"子字段的值，从而实现空间复用。
- U-SIG忽视与验证：该子字段对应EHT TB PPDU的U-SIG字段中的"忽视与验证"子字段的值。
- 触发相关的用户信息：不同的触发帧变体对应不同长度或不存在，具体内容与触发帧变体相关。

3. 用户信息字段

802.11be 标准的触发帧中包含 EHT 变体用户信息字段。该字段的内容与 HE 变体用户信息字段非常相似，如图 2-81 所示。

图 2-81 EHT 变体用户信息字段的内容

EHT 变体用户信息字段和 HE 变体用户信息字段的主要区别如下。

- 增加"主从160"子字段：该子字段与前面的"资源单元分配"子字段可以共同表示对应站点分配的资源单元或多资源单元。
- 删除"上行双载波调制"子字段：EHT中将双载波调制信息融进"调制与编码策略"子字段中，不再单独表示是否存在双载波调制。
- 删除"随机接入资源单元信息"子字段：EHT中不再支持HE中支持的随机接入资源单元机制。

2.5.4 多链路操作

从 802.11n 标准开始，接入点和终端在软硬件上开始具备多频带接入能力。现在 802.11be 标准的接入点已经能够在 2.4 GHz、5 GHz 和 6 GHz 频带上分别建立一个 BSS。不同频带之间的 BSS 是独立的，但是终端只能工作在其中一个固定频带上，或者在多个频带上选择其一进行通信。因此，802.11be 标准之前的接入点的工作模式主要是一个路由器在多个频带上分别与多个不同的终端进行通信。

为了提高传输的效率和可靠性，业界尝试在多频带同时应用接入点，主要通过上层应用将一个业务的数据进行拆分，然后分别通过多个频带进行传输，最后在接收端通过上层应用进行合并，这样就能够使用多频带的物理层资源来传输同一个业务。但是这种做法不仅需要上层应用的支持，也带来了很大的延迟。

如果 WLAN 标准能够在 MAC 层将多个频带上的站点之间的业务打通，则可以让任何一个业务的数据在多个频带上自由传输。这样做既可以不再依赖上层应用的支持，也可以减小时延。在此背景下，一个支持数据在多个频带上传输的特性就产生了。在此之前，WLAN 中已经支持了多频带（Multi-Band）特性，用于一个设备的多个链路之间跨频带传输管理信息。为了避免与之前的多频带特性混淆，802.11be 标准在协议中将其取名为多链路操作（Multi-Link Operation，MLO）。如图 2-82 所示，802.11be 标准中将支持多链路操作的设备分类如下。

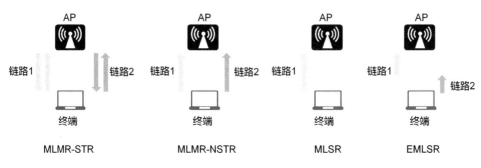

图 2-82　支持多链路操作的设备分类

- 同时发送和接收（Simultaneous Transmit and Receive，STR）设备的任意两个链路之间的隔离度足够高，均不会发生一个链路的发送干扰另一个链路的接收的情况，即两个链路上的发送和接收是相互独立的。
- 非同时发送和接收（Non-Simultaneous Transmit and Receive，NSTR）设备的两个链路之间的隔离度低，会发生一个链路的发送干扰另一个链路的接收的情况。因此两个链路上的发送和接收要进行PPDU对齐，以避免链路之间的干扰；或者如果一个链路先开始通信，则另一个链路暂停通信，以避免相互之间的干扰。
- 多链路多射频（Multi-Link Multi-Radio，MLMR）设备同一时刻可以在多个链路上工作。STR和NSTR设备就是典型的MLMR设备。
- 多链路单射频（Multi-Link Single-Radio，MLSR）设备同一时刻只能在一个链路上工作，但可以关联多个链路，借助功率节省机制，以时分方式在不同时间间隔依次在多个链路上工作。
- 增强型多链路单射频（Enhanced Multi-Link Single-Radio，EMLSR）设备具备在基础的MLSR操作上的增强模式，可以在不同链路上灵活切换。该设备初始状态是同时在多个链路上进行侦听，在侦听阶段可以进行CCA以及能力非常有限的帧接收和发送，但仅限于non-HT格式的MU-RTS和BSRP帧以及回复对应的响应帧。该设备被MU-RTS或者BSRP触发后进入传输状态，可以使用多流进行高速通信，通信结束后切换回多链路侦听状态。
- 增强型多链路多射频（Enhanced Multi-Link Multi-Radio，EMLMR）设备具备在基础的MLMR操作上的增强模式。该设备同一时刻只能在一个链路上进行高阶高流通信。它的初始状态是同时在多个链路上进行侦听，在侦听阶段，空间流数（Number of Spatial Streams，NSS）和MCS受限于单链路能力。该设备被初始帧触发后进入传输状态，可以使用更多的空间流进行高速通信，通信结束后切换回多链路侦听状态。

Wi-Fi 7 协议中对 MLO 的介绍可以提炼成 4 点：首先是多链路元素帧结构，

介绍了 AP 和 MLD 终端交互所需的所有信息；其次是多链路的发现和建立过程，介绍了 AP 和 MLD 终端如何在多个链路之间发现和建立链接；然后是块确认协议的建立和传输，介绍了数据面在多个链路之间如何高效传输；最后是 MLO 很重要的 TID 和链路之间的映射（TID–To–Link Mapping，TTLM）机制，不同优先级的业务灵活地选择多个链路传输，保障了数据的可靠传输。

1. 多链路元素的帧结构

开启多链路操作的过程中，多链路元素（Multi–Link Element，MLE）通告了终端能力、关键交互信息和规则等。多链路元素主要有基本多链路元素（Basic Multi–Link Element）、重配置多链路元素（Reconfiguration Multi–Link Element）、探测请求多链路元素（Probe Request Multi–Link Element）等，可以在 Beacon 帧、Probe Response 帧和 Association Response 帧等各种帧里携带。一个多链路元素的帧结构包含 Element ID、Length、Element ID Extension、Multi–Link Control、Common Info 以及 Link Info 6 个字段，如图 2–83 所示。

Element ID	Length	Element ID Extension	Multi-Link Control	Common Info	Link Info
1	1	1	2	可变长	可变长

（Octet）

图 2-83　一个多链路元素的帧结构

多链路元素帧结构中的 Element ID 为 255。Length 字段表示帧长度。Element ID Extension 字段用来细分不同类型的多链路元素，如果值为 107，则为多链路元素；值为 109，则为 TID 到链路映射元素（TID–To–Link Mapping Element）；值为 110，则为多链路流量指示元素（Multi–Link Traffic Indication Element）。

（1）Multi–Link Control 字段

Multi–Link Control 字段包含 Type、Reserved、Presence Bitmap 3 个子字段。Type 子字段定义了 5 种类型的多链路元素变体和 3 种保留类型，其中 5 种类型分别为：Basic(基础)、Probe Request(探测请求)、Reconfiguration(重配置)、TDLS（Tunneled Direct Link Setup，通道直接链路建立 ）和 Priority Access(优先接入)。当不同类型的多链路元素包含在同一管理帧或同一元素内的子元素中时，多链路元素应按其在 Multi–Link Control 字段（如图 2–84 所示）中的 Type 子字段所携带的值升序排列。Presence Bitmap 子字段指示了在 Common Info 字段中携带的内容，例如 Link ID Info Present、BSS Parameters Change Count Present、Medium Synchronization Delay Information Present 和 EML Capabilities Present 等。当 MLD（Multi–Link Device，多链路设备）的 STA 收到携带多链路元素的帧时，应根据 Presence Bitmap 子字段来确定 Common Info 字段中对应的子字段是否存在。

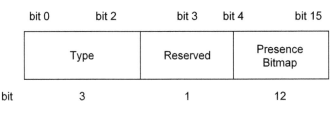

图 2-84　Multi-Link Control 字段对应的内容

（2）Common Info 字段

Common Info 字段携带除了 Link ID Present 子字段和 BSS Parameters Change Count Present 子字段的所有链路的相关信息，如图 2-85 所示，部分子字段具体介绍如下。

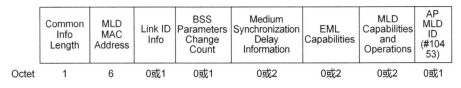

图 2-85　Common Info 字段对应的内容

- Common Info Length子字段存储当前字段的字节数。
- MLD MAC Address子字段指示发送该帧的STA所归属的MLD的MAC地址。
- Link ID Info子字段中的Link ID指示某个AP链路的标识，该子字段在non-AP STA发送基本多链路元素时不存在。
- BSS Parameters Change Count子字段携带一个初始值为0的无符号整数，当执行重要的更新（如TIM Broadcast和BSS Parameter Critical Update）后会加1，该子字段在non-AP STA发送基本多链路元素时不存在。
- Medium Synchronization Delay Information子字段与介质接入恢复流程相关。
- EML Capabilities子字段携带增强型多链路的相关能力信息，用于宣称EMLSR和EMLMR相关能力。
- MLD Capabilities and Operations子字段出现在Beacon、探测响应帧、（重）关联请求/响应帧中，指明了MLD对各种能力的支持情况。
- AP MLD ID子字段指示基本多链路元素中携带了哪些AP MLD的信息，在由non-AP MLD发送的帧中不给出。另外，Beacon、(Re)Association Response、Authentication、Probe Response帧以及non-Multi-Link Probe Response的Probe Response帧中不包含AP MLD ID字段。

（3）Link Info 字段

多链路元素帧结构中的 Link Info 字段若存在，则可能包含一个或多个 STA Profile，并且 Subelement ID 为 0。Link Info 字段对应的内容如图 2-86 所示，部分子字段介绍如下。

Subelement ID	Length	STA Control	STA Info	STA Profile
1	1	2	可变长	可变长

Octet

图 2-86　Link Info 字段对应的内容

- STA Control子字段包含Link ID、Complete Profile和Presence Bitmap子字段。Link ID指示被上报的STA所运行的链路的唯一标识；Complete Profile为1时，表示Pre-STA profile携带当前Link的全部信息，否则置0；当MLD的STA收到携带含Per-STA Profile子元素的多链路元素的帧时，应根据STA Control子字段的子字段来确定STA Info字段中携带的子字段是否存在。
- STA Info子字段包含STA MAC Address和Beacon Interval等子字段。STA MAC Address子字段携带当前Per-Profile所标识的Link上运行的从属于同一AP MLD的AP的MAC地址；Beacon Interval子字段携带被上报的AP的Beacon Interval值。
- STA Profile子字段包含Reported STA的全部或者部分信息，具体包含的内容与不同的管理帧类型相对应，并且为了减少管理帧的字节数，允许根据继承规则进行元素继承。

2. 多链路的发现和建立过程

（1）多链路的发现过程

多链路的发现过程主要分为被动发现过程和主动发现过程。

多链路的被动发现过程如图 2-87 所示。AP MLD 通过在 Beacon 中广播自身的信息来达到被动发现的效果，即 non-AP MLD 通过被动地接收 Beacon 帧就能获取 AP MLD 的信息，从而发现周围的 AP MLD。Beacon 帧中携带精简邻居报告（Reduced Neighbor Report，RNR）元素以及 MLE 来承载 AP MLD 的信息。RNR 元素会携带 AP MLD 中每个 AP 的简略信息，包括 AP MLD ID、Link ID 以及关键参数更新值等信息。MLE 会携带 AP MLD 中的 MLD 级别的信息，包括 MLD MAC 地址以及 MLD 能力信息等。为节省 Beacon 开销，Beacon 携带的多链路信息只包含了各链路的部分关键信息，未包含各链路的完整信息。

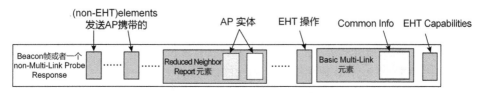

图 2-87　多链路的被动发现过程

多链路的主动发现过程如图 2-88 所示。在此过程中，non-AP MLD 可以向某个 AP MLD 发送 Multi-Link Probe Request 来主动获取该 AP MLD 的信息。Multi-Link Probe Request 是携带了探测请求多链路元素的 Probe Request 帧。non-AP MLD 可以在探测请求多链路元素中携带链路信息来指示所请求的 AP MLD 的全部或部分链路的信息，还可以在 Multi-Link Probe Request 帧的帧体或探测请求多链路元素中携带请求元素来请求传输链路或非传输链路的部分信息。在收到 non-AP MLD 发送的 Multi-Link Probe Request 帧后，AP MLD 会回复 Multi-Link Probe Response 帧，以此携带 non-AP MLD 请求的信息。Multi-Link Probe Response 帧会包含基本多链路元素，以此携带 AP MLD 的信息，其中的 Per-STA Profile 携带每一个链路的信息。

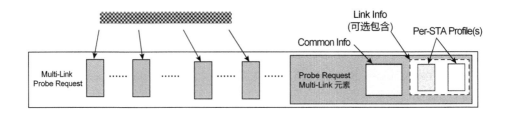

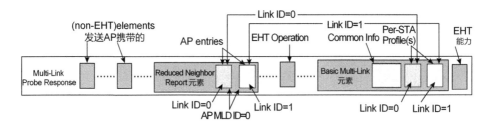

图 2-88　多链路的主动发现过程

（2）多链路的建立过程

多链路建立可以通过关联请求帧和关联响应帧交互完成 non-AP MLD 和 AP MLD 之间的链路建立来实现。仅当关联请求帧和关联响应帧都包含基本多链路元素时，关联请求帧和关联响应帧交互才用于多链路设置。在关联请求帧中，non-AP MLD 指示了想要建立关联的链路以及相关能力和工作参数。一个 non-AP MLD 可以请求与附属于 AP MLD 的 AP 的子集建立连接。在关联响应帧中，AP MLD 应该指明接受和拒绝建立的链路，以及被请求的链路的能力和工作参数。AP MLD 可以接受所有关联请求、接受部分关联请求或者拒绝所有关联请求。多链路的建立过程中，AP MLD 需要给 non-AP MLD 分配一个单一的 AID，所有附属于该 non-AP MLD 的 non-AP STA 均具有相同的 AID。non-AP MLD 和 AP MLD 只需在一个链路上进行关联，其他被接收关联的链路就会同样关联成功。密钥的协商与交互也同样只需在一个链路上进行即可，并按照 MLD 的粒度为单播帧进行密钥协商，按照链路的粒度为组 / 广播帧进行密钥协商。

如图 2-89 所示，在 non-AP MLD 和 AP MLD 之间的多链路建立成功后，共有 3 个链路，即 AP1 和 non-AP STA1 之间的 Link1、AP2 和 non-AP STA2 之间的 Link2、AP3 和 non-AP STA3 之间的 Link3。

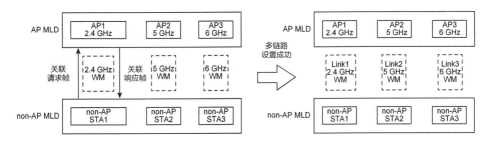

图 2-89　多链路的建立过程

上述关联请求帧包含以下内容。
- 指示 non-AP MLD 的 MLD MAC 地址的基本多链路元素以及 non-AP STA1 的完整配置文件，该内容在关联请求帧的帧主体中。
- non-AP STA2 的完整配置文件，该内容在基本多链路元素中携带的每个 STA 配置文件子元素中。
- non-AP STA3 的完整配置文件，该内容在基本多链路元素中携带的每个 STA 配置文件子元素中。

（3）链路重配置

除了多链路的建立功能，MLO 还定义了链路重配置（Multi-Link Reconfiguration）功能，以实现灵活、动态地管理链路。具体来说，链路重配置允许 AP MLD 可以添加或者移除一个或多个链路，也可以向已关联的 non-AP MLD 推荐多链路接入关系，同时允许 non-AP MLD 不经过重新关联即可动态为自身已建立的多链路接入关系增添或者移除链路。

如果要增加一个链路，AP MLD 只需在当前链路的 Beacon 帧中将 Capability Information 字段中的 Critical Update Flag 比特置 1，同时在 RNR 元素中携带新增链路的信息即可。如果要删除一个链路，那么 AP MLD 需要在所有链路的 Beacon 帧中携带重配置多链路元素，并通过 AP Removal Timer 字段来指示移除的时间。考虑到被移除的链路可能关联 Legacy 设备，被移除的链路可以通过广播一个 BSS 转换管理（BSS Transition Management，BTM）请求帧，并将 Request Mode 字段中新增的 Link Removal Imminent 比特置 1，以让 Legacy 终端进行 BSS 转移，而对于关联的多链路设备，则不必进行 BSS 转移。除此之外，AP MLD 也可以向关联的 non-AP MLD 发送单播的 Link Reconfiguration Notify 帧来推荐 non-AP MLD 增加或删除链路，其中每一个链路对应一个 Per-STA Profile 帧，此帧中的 MLD MAC Address Present、EML Capabilities Present 和 MLD Capabilities And Operations Present 字段均为 0。

non-AP MLD 在关联之后，可以根据自身业务或者其他因素，请求增加一条新链路或删除一条现有链路。考虑到重关联请求会导致 non-AP MLD 与 AP MLD 重新协商密钥，并影响已建立链路的数据传输，协议定义了多链路重配置请求 / 响应（Multi-Link Reconfiguration Request / Response）帧以及重配置变体多链路元素（Reconfiguration Multi-Link Element）来实现上述操作。如果增加一条新链路，由于 PTK 是多个链路共享的，所以不需要重新协商 PTK，那么 AP MLD 只需要告知 non-AP MLD 新添加的链路所使用的数据帧的组临时密钥（Group Temporal Key，GTK）、管理帧的完整性组临时密钥（Integrity Group Temporal Key，IGTK）和信标完整性组临时密钥（Beacon Integrity Group Temporal Key，BIGTK）。具体地，一个处于关联状态的 non-AP MLD 可以通过给 AP MLD 发送一个 Link Reconfiguration Request 帧，请求对自己建立的多链路链接进行重配置，该帧携带的重配置多链路元素使用 Per-STA Profile 标识此时试图增加或删除的链路。AP MLD 收到请求帧后应回复一个 Link Reconfiguration Response 帧，该帧需要在请求帧所在的链路上传输。同时 AP MLD 不得主动提供响应帧。

如图 2-90 所示，AP MLD 有 3 个链路，初始关联时，non-AP MLD 与 AP MLD 只建立了 Link1 和 Link2；non-AP MLD 在关联后可以根据自身需要或者 AP 的推荐，通过任意一个已建立链路发送 Link Reconfiguration Request 帧发起多链路重配置操作，从而删除 Link2 并增加 Link3。

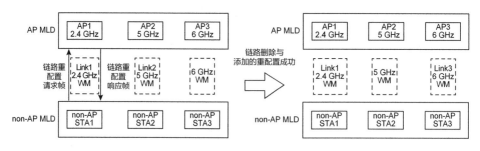

图 2-90　链路重配置示例

3. 块确认协议的建立和传输

MLD 允许跨多个链路进行数据传输，在此背景下，使用块确认机制发送数据的 MLD 被称为发起方 MLD，而接收该数据的 MLD 被称为接收方 MLD。这就需要在两个 MLD 之间建立块确认协议（Block Acknowledgement Agreement）进行数据传输，具体流程如下。

- 发起方MLD通过任何关联的STA在任何已启用的链路上向接收方MLD发送ADDBA（Add Block Acknowledgment，添加块确认）请求帧，ADDBA请求帧指示正在设置块确认协议的TID。发起方MLD可以在任何已启用的链路上重传ADDBA请求帧。
- 接收到ADDBA请求帧后，接收方MLD通过任何关联的STA在任何已启用的链路上发送ADDBA响应帧。接收方MLD可以在任何启用的链路上重传ADDBA响应帧。发送ADDBA请求帧和响应帧均需要所在链路上的non-AP STA处于活跃状态。
- 接收方MLD有权接受或拒绝请求。如果接收方MLD接受请求，则在ADDBA帧中指定的TID上建立发起方MLD和接收方MLD之间的块确认协议。当两个MLD之间为某个TID建立了块确认协议时，属于该TID的QoS数据帧可以处于将TID映射到的任何链接上，并在两个MLD之间进行交换。对于同一个TID，不同链路共享一个MLD级块确认协议，因此各链路共享同一发送/接收窗口。
- 如果在任何设置好的链路上，均未收到来自块确认协议下的对等方的BlockAck、BlockAckReq或MPDU，并且持续时间超过块确认协议规定的超时值，则两个MLD之间的、在该方向上基于TID映射的块确认协议可能会被"拆除"。

4. TID和链路之间的映射机制

如果业务数据属于不同的业务类别，就会被标记不同的业务标识。不同的业务类别和管理帧在不同的链路上如何传输（或者说如何分配）需要通过 TTLM 机制确定。TTLM 可以针对上行链路、下行链路或者同时针对上行链路和下行链路进行分配。在多链路建立配置或重配置的过程中，协议默认上下行所有的 TID 映射到所有的链路上，这也是最简单的实现方法，即对 TID 不进行任何分配上的优化。如果希望进一步通过 TTLM 对数据传输的业务进行优化，比如针对一些对 QoS 要求比较高的业务，限制它们只在信道状态比较好的 5 GHz 或 6 GHz 上进行传输；或者希望把一些"尽力而为"的业务限制在 2.4 GHz 上传输，一些重要的业务则可以在任何链路上进行传输，这些都可以通过 TTLM 机制完成。TTLM 包含两种机制，一种是 TTLM 协商；另一种是通过信标和探测响应帧中通告的 TTLM，来建立一种强制的 TTLM。

（1）TTLM 协商

在多链路建立或者重配置的时候，non-AP MLD 可以通过在（重）关联请求帧中携带 TTLM 元素来发起 TTLM 协商。TTLM 协商是一种可选能力，按支持程度可分为：不支持 TTLM 协商、支持所有的 TID 映射到同一个链路集合上和支持某个 TID 映射到指定链路上。在 non-AP MLD 发起协商以后，AP MLD 需要通过（重）关联响应帧去响应该请求，分为以下两种情况。

- AP MLD 已经通过信标和探测响应帧中通告的 TTLM 机制通告了一个已经建立的 TTLM。如果 non-AP MLD 没有在（重）关联请求帧中包含任何 TTLM 元素，或者发起协商的 TTLM 相比 AP MLD 通告的 TTLM 要求了并不支持的方向或者链路，那么 AP MLD 需要在（重）关联响应帧中包含携带在信标和探测响应帧中通告的 TTLM 元素，并在关联请求帧中修改为指示所接受的链路。此时 TTLM 成功建立，并且会在后续的传输中运用。

- AP MLD 没有通过信标和探测响应帧中通告的 TTLM 通告一个已经建立的 TTLM。如果 non-AP MLD 在（重）关联请求帧中包含 TTLM 元素，AP MLD 可以接受 non-AP MLD 请求的 TTLM，并且在（重）关联响应帧中不包含 TTLM 元素。此时 TTLM 建立成功。如果 AP MLD 不接受 non-AP MLD 请求的 TTLM，则需要将拒绝建议告知 non-AP MLD，并且在（重）关联响应帧中推荐一个 AP MLD 倾向的 TTLM。此时，TTLM 建立失败，双方继续采用缺省的 TTLM 机制。

TTLM 协商要服从于 AP MLD 已经通过信标和探测响应帧中通告的 TTLM 结果。如果请求的 TID 尚未映射到通告的 TTLM 的链路上，则 non-AP MLD 或者 AP MLD 不应该针对该请求发起 TTLM 协商。在协商过程中，AP MLD 是有最终决定权的。上文讲到关联过程中的 TTLM 协商机制，在关联后，两个 MLD 之间仍然可以通过使能的链路，通过单播传输的 TTLM 请求帧和 TTLM 响应帧去协商 TTLM。

另外，在没有收到 TTLM 请求的情况下，一个 MLD 可以向另一个 MLD 直接发送未经请求的（unsolicited）TTLM 响应帧去建议其倾向的 TTLM。如果是通过 TTLM 协商机制建立的 TTLM，即不是通过信标和探测响应帧中通告的 TTLM，一个 MLD 也可以向另一个 MLD 发送单播的 TTLM 拆除（teardown）帧来结束一个 TTLM。

（2）通过信标和探测响应帧中通告的 TTLM

AP MLD 也可以通过信标和探测响应帧中通告的 TTLM 建立一个强制的 TTLM。通常情况下，AP MLD 对整个 BSS 的情况了解得更加全面，因此在确定 TTLM 时拥有优先权。AP MLD 通过在信标帧或者探测响应帧中携带 TTLM 元素的方式通告一个新的 TTLM。此外，AP MLD 还需要指示目标映射切换时间，用于 non-AP MLD 做准备，特别是进行了节能操作的 non-AP MLD。如果 AP MLD 已经建立了一个通告的 TTLM，但希望更换成一个新的 TTLM，则需要在信标帧或者探测响应帧中携带两个 TTLM 元素，一个对应现有的 TTLM，不携带目标映射切换时间；另一个对应新的 TTLM，携带目标映射切换时间。

为了简化实现过程，并适配所有的 non-AP MLD，由 AP MLD 通告的 TTLM 需要保证所有的 TID 映射到相同的链路集合，并且同等对待上行链路和下行链路。如果之前协商的 TTLM 是通告的 TTLM 的子集，则之前协商的 TTLM 将被丢弃，以通告的 TTLM 为准。如果通告的 TTLM 相比之前协商的 TTLM 包含更多的链路，则该 non-AP MLD 忽略该通告 TTLM。

如图 2-91 所示，开始时 non-AP MLD 工作在缺省模式，向 AP MLD 发起 TTLM 协商请求，协商采用 TTLM A 进行后续的传输。然后 AP MLD 进行响应，回复 TTLM 协商成功。接下来，后续 non-AP MLD 和 AP MLD 通过协商的 TTLM A 去进行传输。在此过程中，AP MLD 通过信标帧通告了 TTLM A 的子集 TTLM B。在目标切换时间后，non-AP MLD 和 AP MLD 就会通过 TTLM B 进行通信。紧接着，non-AP MLD 进一步发起 TTLM 协商请求，协商采用 TTLM C，而 TTLM C 又是 B 的子集。AP MLD 进行响应，回复 TTLM 协商成功。后续 non-AP MLD 和 AP MLD 就会通过 TTLM C 进行通信。

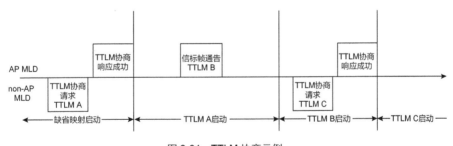

图 2-91　TTLM 协商示例

2.5.5　R-TWT

为了给低时延业务提供更好的服务，Wi-Fi 7 标准基于 TWT 协议框架定义了受限目标唤醒时间（Restricted TWT，R-TWT）。R-TWT 能够为实时应用（Real-Time Application，RTA）提供协商服务阶段（Service Periods，SP）内的专属信道接入。简单来说，R-TWT 允许 AP 使用增强的信道访问和资源保留机制，从而实现更低的时延，并为时延敏感型业务提供更高的可靠性。

R-TWT 是一种特殊的广播 TWT 类型，其定义的 R-TWT SP 用于服务低时延业务。AP 可以在信标帧中携带 TWT 参数信息来声明 R–TWT SP 的开始时间、持续时间、周期等信息。在图 2–92 所示的 TWT 元素结构中，一般将 TWT 参数信息中"请求类型"的"广播 TWT 推荐"字段取值 4，作为 R–TWT 的标识。

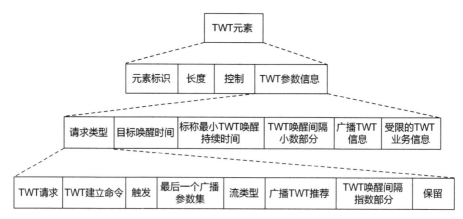

图 2-92　TWT 元素结构

　　AP 在信标帧中声明了 R–TWT 之后，站点可以向 AP 发送请求帧（如 TWT setup frame），请求加入 R–TWT，从而在 R–TWT SP 中发送低时延业务。站点会在发送的请求帧中指示低时延业务对应的上行 TID 和下行 TID。在 R–TWT SP 中，AP 优先向站点发送低时延业务对应下行 TID 的数据帧，或者优先触发站点发送低时延业务对应上行 TID 的数据帧。

　　为了使 AP 能够在 R–TWT SP 到来时顺利完成信道竞争并获得信道使用权，Wi–Fi 7 标准定义了一系列的信道接入规则，主要包括以下内容。

- 若站点在R–TWT SP到来之前获得TXOP，则必须在R–TWT SP到来之前结束TXOP。
- 若站点在R–TWT SP到来之前进行信道竞争，并将退避计数器退避到0，则需要判断在R–TWT SP到来之前是否能完成一次传输；如果不能完成一次传输，则不能发起传输。
- AP需要在Beacon中使用安静元素（Quiet Element）声明一个或多个长度为1TU的静默期，保证R–TWT SP在前1个TU处于静默期。

AP 会在 Beacon 中广播 R–TWT SP 的状态。可能出现的状态和含义如下。

- Inactive：表示目前还没有站点加入该R–TWT协议，因此站点也无须遵守上述有关"结束TXOP"的信道接入规则；只有广播为下面3种状态时，站点才需要遵守上述信道接入规则。
- Active：表示有一些站点加入了该R–TWT协议。
- Full：表示不允许更多的站点加入该R–TWT协议。

- Collocated OBSS：表示该R-TWT协议对应于与AP共站的其他AP的R-TWT SP，不允许本小区的站点加入，但需要遵守上述的信道接入规则。

2.5.6　触发的 TXOP 共享

Wi-Fi 7 支持触发的 TXOP 共享（Triggered TXOP Sharing，TXS）功能，并允许 AP 将已获得的 TXOP 内的部分时间分配给相关联的 non-AP STA，让 STA 传输更多的非 TB PPDU，这样就不需要在下一个 SP 唤醒它，从而更加省电。

EHT AP 通过发送 MU-RTS TXOP 共享触发帧来为单 STA 分配 TXOP 时间，STA 在该分配时间内发送数据。MU-RTS TXOP 共享触发帧的参数要求包括以下几点。

- MU-RTS TXOP共享触发帧只能有一个不是特殊用户信息（Special User Info）字段的用户信息（User Info）字段。
- 用户信息字段的地址是一个关联的non-AP STA。
- MU-RTS TXOP共享触发帧可以包含特殊用户信息字段。
- 分配给单STA的TXOP时间在MU-RTS TXOP共享触发帧的分配时长（Allocation Duration）子字段中指示。
- 在AP分配TXOP时间之后，如果还有剩余时间，并满足以下条件时，就可以发送PPDU。
  - 在分配时间结束之后的PIFS时间内，载波侦听信道处于空闲状态。
  - 在分配时间结束之前的少于PIFS的时间内，如果有PPDU传输结束，则在PPDU传输结束之后的SIFS时间内，AP可以再次发送PPDU。
  - 在分配时间结束之前的少于PIFS的时间内，non-AP STA发送给AP的PPDU中不包含任何需要即时响应的MPDU，则在PPDU结束的SIFS时间内，AP可以再次发送PPDU。
- 在触发的TXOP共享过程结束后，如果信道经检测显示忙，则AP需要等到信道空闲之后的TxPIFS时隙边界再发送PPDU，或者启动退避程序。

Wi-Fi 7 定义了两种触发的 TXOP 共享模式。STA 通过 EHT 能力元素（EHT Capabilities Element） 中 的 Triggered TXOP Sharing Mode 1 Support 和 Triggered TXOP Sharing Mode 2 Support 子字段来宣称自己对这两种模式的支持情况。下面将这两种模式分别简称为 UL 模式和 P2P 模式，并通过举例进行说明。

图 2-93 展示了 UL 模式的帧交换过程。在分配时间内，non-AP STA 可以向 AP 发送一个或多个非 TB PPDU，其中第一个 PPDU 需要包含 CTS 帧。此外，由于分配时间内 BA 帧传输之后信道空闲，AP 在 TxPIFS 时间后可以继续向另一个 non-AP STA 发送数据。

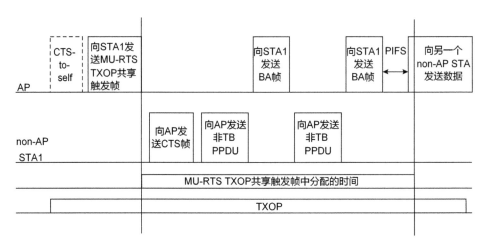

图 2-93　触发的 TXOP 共享模式 1（UL 模式）的帧交换过程

图 2-94 展示了 P2P 模式的帧交换过程。在分配时间内，non-AP STA 可以向 AP 或另一个 non-AP STA 传输一个或多个非 TB PPDU。此外，分配时间结束后的 PIFS 时间内，AP 可以向另一个 non-AP STA 发送数据。

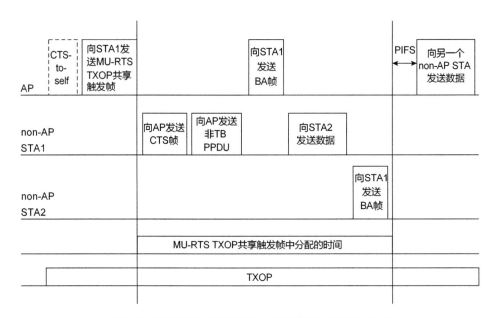

图 2-94　触发的 TXOP 共享模式 2（P2P 模式）的帧交换过程

之前标准采用的单用户调度需要 AP 侧精确控制，通过 BSR 上报计算长度以及其他参数，但这些计算的数据可能并不准确。而触发的 TXOP 共享过程中仅需为 STA 分配一段时间，最终发送多少数据由 STA 侧决定，从而降低了 AP 计算的复杂度。此外，STA 在分配时间内可选择上述的 UL 模式或 P2P 模式，具有较高的灵活性；且 STA 可提前准备好待发送的上行报文，避免了在 PIFS 时间内来不及回复触发帧的情况。

2.5.7　EPCS

EPCS (Emergency Preparedness Communications Service，应急准备通信服务) 用于对通信时延要求极高的业务，例如火灾、地震等危机场景中的通信服务。针对 EPCS，802.11be 标准定义了优先接入机制，旨在使 EPCS 站点能够尽快接入信道，保证紧急业务数据的优先传输。

在 802.11 标准中，基于 CSMA/CA 机制的 EDCA 和 MU EDCA 都是主流的信道接入机制。

EDCA 机制根据优先级将数据报文分为 4 个接入类别（下文简称 AC），并允许不同 AC 具有不同的 EDCA 参数集，包括 CWmin、CWmax、AIFSN 等。这套参数集决定了 AC 占用信道的概率，可以保证高优先级的 AC 队列占用信道的机会大于低优先级的 AC 队列。AP 会在 Beacon 帧中发送 EDCA 参数集。所有站点都采用 AP 在 Beacon 帧中发送的 EDCA 参数集进行信道竞争。

802.11ax 标准定义又引入了 MU EDCA 机制，用于保持 802.11ax 站点和传统站点在信道竞争中的公平性。MU EDCA 机制采用另一套 EDCA 参数集，即 MU EDCA 参数集。

EPCS 为特定的站点提供了优先接入机制，主要表现在为这些站点提供了优先级更高的 EDCA 参数集和 MU EDCA 参数集。这些站点可以向 AP 发送 EPCS 优先接入使能请求（EPCS Priority Access Enable Request）帧来请求 EPCS 优先接入机会；AP 向站点发送 EPCS 优先接入使能响应（EPCS Priority Access Enable Response）帧作为响应。EPCS 优先接入使能响应帧中携带 EDCA 参数集和 MU EDCA 参数集，之后站点将采用这两个参数集中的参数进行 EDCA 信道竞争和 MU EDCA 信道竞争。通常来说，EPCS 优先接入使能响应帧中携带的 EDCA 参数集比 Beacon 中携带的 EDCA 参数集的优先级更高，从而使得这些站点在 EDCA 竞争中获得更高的优先级。此外，EPCS 也可以由网络侧发起，即 AP 也可以直接向站点发送 EPCS 优先接入使能请求帧，并携带更高优先级的 EDCA 和 MU EDCA 参数集，来请求站点进入 EPCS 模式。在多链路通信场景下，non-AP MLD 也可以使用 EPCS 优先接入机制，即 non-AP MLD 中的一个 STA 发送请求，就可以使得 non-AP MLD 中的多个 STA 获得优先接入权。

| 2.6　802.11be 标准的性能评估 |

和 802.11ax 标准类似，我们通过系统级仿真来验证 802.11be 标准对比 802.11ax 标准的性能提升效果。仿真场景为典型的室内场景，仿真参数参考表 2-9，分别仿真 802.11be 和 802.11ax 的终端性能。

表 2-9　802.11be 标准性能的仿真环境

仿真环境的指标	指标选项
场景	室内环境
频段	5/6 GHz
带宽	20/40/80/160/320 MHz
天线数量	AP：4 个天线 终端：2 个天线
发射功率	AP：20 dBm 终端：15 dBm
流量模型	满流量下行
报文大小	1460 byte

该仿真环境是一个典型的室内办公场景，例如办公楼的某一层办公室、大型会议室或者具有间隔的开放办公区等。

1. 4K-QAM和320 MHz的性能增益

仿真模型配置 AP 的覆盖距离为 0.1m，终端为 Wi-Fi 7，统计 AP 在 802.11be 标准和 802.11ax 标准的不同协议模式下单射频单用户峰值速率并做对比，如图 2-95 所示。

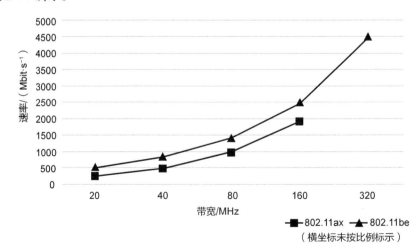

图 2-95　802.11be 标准与 802.11ax 标准下单用户峰值速率对比

在小带宽（20/40/80/160 MHz）场景中，因为 4K-QAM 带来的增益，802.11be 标准相较于 802.11ax 标准速率提升 20%，以 160 MHz 频宽为例，单用户速率从 1.9 Gbit/s 提升到 2.3 Gbit/s。

在最大带宽（320 MHz）场景中，由于 802.11be 标准支持 320 MHz 带宽，相较于 802.11ax 标准最大的 160 MHz 带宽提升一倍，所以单用户峰值速率提升了 137%，从 802.11ax 标准的 1.9 Gbit/s 提升到 802.11be 标准的 4.5 Gbit/s。

- 调试方式：802.11be 标准引入调试方式为 4K-QAM，相较于 802.11ax 标准的 1024-QAM，每个子载波携带的数据长度从 10 bit 提升到 12 bit，所以在带宽一致的情况下，建链速率提升 20%。
- 带宽：802.11be 标准的最大带宽为 320 MHz，在 6 GHz 频段上相较于 802.11ax 标准的最大带宽翻了一倍。而在 5 GHz 频段上受限于频谱资源，最大的单用户带宽均为 160 MHz。

2. 老旧终端接入 Wi-Fi 7 AP 的性能增益

受限于协议能力，老旧终端接入 Wi-Fi 7 AP 后的最大速率相较于 Wi-Fi 6 AP 没有提升。以 80 MHz 带宽为例，无论接入 AP 的协议代际为何种，终端的最大速率均为 1.2 Gbit/s。但是在覆盖性能上，因为 Wi-Fi 7 标准引入了 4K-QAM 调制方式，相较于 Wi-Fi 6 标准，协议要求的 EVM 从 -35 dBm 提升到 -38 dBm。这意味着对硬件的能力要求更高，所以在同样的 1024-QAM 调试方式下，Wi-Fi 7 可以提供更大的发射功率。以目前业界的 Wi-Fi 7 能力为例，EVM 和发射功率的对比如图 2-96 所示，可以看到，在同样为 -35 dBm 的 EVM 下，Wi-Fi 7 的 AP 发射功率比 Wi-Fi 6 的 AP 发射功率高 3 dB。

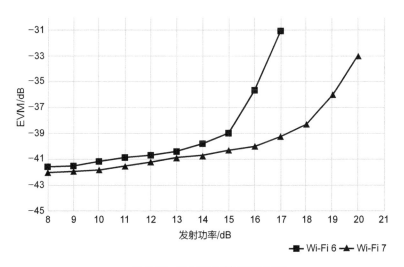

图 2-96　EVM 和发射功率的对比

仿真模型配置 AP 和终端的距离为 0 ~ 20 m，频段为 5 GHz，带宽为 160 MHz，终端为 802.11ax 标准，对比 AP 在 802.11be 标准和 802.11ax 标准下单链路单用户的下行吞吐率，如图 2-97 所示。

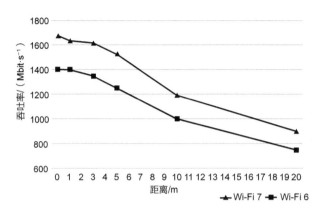

图 2-97　不同标准下的下行吞吐率

3. MLO的性能增益

Wi-Fi 7 引入了 MLO 技术，允许终端和 AP 同时建立 2 条链路，即同时使用 2 个频段进行数据传输。和 Wi-Fi 6 相比，提升了单终端的传输速率，增幅取决于链路上的传输速率。

仿真模型中将 AP 和终端的距离为 0.1 m，频段为 2.4 GHz+5 GHz，终端为 802.11be 标准，统计 AP 在不同频宽组合下，双链路与单链路的性能比较，2.4 GHz 的带宽固定为 20 MHz，将 5 GHz 的带宽分别配置为 40 MHz、80 MHz、160 MHz，可以看到在不同配置下，MLO 叠加了 2.4 GHz 和 5 GHz 的传输速率。以 2.4 GHz（20 MHz）+5 GHz（40 MHz）为例，双链路相较于 5 GHz 的单链路，传输速率提升了 50%，如图 2-98 所示。

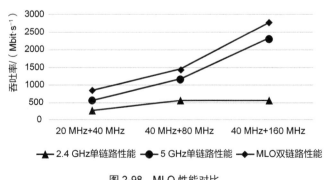

图 2-98　MLO 性能对比

MLO 技术除了可以叠加双链路获得更高的传输速率，还可以在双链路传输相同的数据，获得时延的收益，这也称为冗余复制模式。

在上述环境中加入一个同频 AP 和两个终端作为干扰源，两个终端分别关联同频 AP 的 2.4 GHz 和 5 GHz 信号，先在 2.4 GHz 下行方向持续发送 UDP 报文，使信道利用率达到 100%，再换到 5 GHz 执行相同操作，在两个频段交替进行。保持该高干扰环境，将被测 AP 的 MLO 设置为冗余复制模式，比较单链路和双链路上报文的平均时延和 P99 时延。平均时延（Average Latency）是一组报文中所有时延的平均值，用于评估整体性能；P99 时延（99th Percentile Latency）是一组报文中 99% 的时延都小于或等于的值，用于评估高负载下的稳健性。通过比较可以看出，双链路的时延远小于单链路，尤其是 P99 时延，很好地保障了用户的体验，如图 2-99 所示。

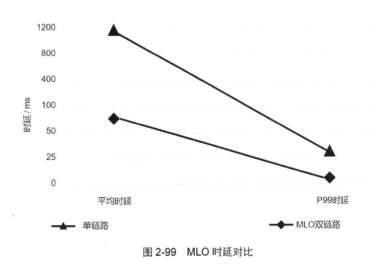

图 2-99　MLO 时延对比

| 2.7   802.11be 标准加速行业发展 |

如今的企业 WLAN 不再仅仅是通过无线信号提供快速安全的无线上网服务，随着越来越多的应用通过无线网络传输数据，特别是 AR/VR、4K/8K 视频、自动引导车（Automatic Guided Vehicle，AGV）等应用不断发展和演进，无线网络已成为承载企业存量业务和新业务的基础网络，需要具备更高的带宽、更低的时延和更多的接入终端数量。而支持 802.11be 标准的新一代无线网络就具备这样的能力，进而从基础网络上推动新技术在行业的应用，加速行业的数字化转型。

802.11be（Wi-Fi 7）标准让无线网络变得像有线网络一样可靠，这扩展了其在行业中的应用范围。例如，企业中的生产数据可以使用无线网络传输，建设无线生产网络，替代有线生产网络；制造行业中海量的物联设备可以使用无线网络连接，无人机器人作业可以使用无线网络操控。WLAN 已经在企业办公、教育、医疗、金融、机场、制造等领域或场景中得到了广泛的应用，802.11be 标准将进一步带来新的变革。

1. 企业办公

移动办公已成为企业的主要办公方式，因此，无线网络不仅要保证为每个用户提供足够的带宽，而且也要保证网络的可靠，不能影响办公效率。而企业为了追求办公效率的提升，会不断引入新的应用，改变办公方式，让员工能够高效地进行团队合作，随时随地处理事务。

企业的员工无须在固定位置办公，可以使用移动终端，在任意位置访问自己的云桌面处理事务，并能够和多人协同办公，共同处理同一份文件。员工遇到问题时，使用统一通信平台，和同事进行语音交流，如果需要更多的同事参与讨论，可以随时将同事加入讨论组。用语音难以说清问题时，还可以发起桌面共享，为多人同时演示，边画边讲。实时的视频画面和语音传输对无线网络的时延要求非常高，如果要达到和有线终端同样的体验，无线网络的时延需要低于 20 ms。

项目组召开会议时，无须等待各地的团队成员到达同一会议室内，可以使用 4K 智真会议平台召集在线会议，高分辨率的画面为团队成员带来身临其境的感觉，就像是在一间会议室面对面开会。4K 分辨率为 3840 像素 ×2160 像素，是 1080P 的 4 倍，不仅视频画面更加清晰，色彩也更加真实和自然，其视频流的传输需要大于 50 Mbit/s 的带宽和低于 50 ms 的时延。而更高分辨率的 8K 视频，不仅能带给用户广阔的视野和精细的画面效果，在画面层次和立体视觉方面都有较为独特的效果，需要大于 100 Mbit/s 的带宽，如表 2-10 所示。

表 2-10　4K/8K 视频分类和对无线网络的要求

分辨率	帧率 /（frame·s⁻¹）	色彩位深度 /bit	带宽 /（Mbit·s⁻¹）
入门级 4K	25/30	8	＞ 30
运营级 4K	50/60	10	＞ 50
极致 4K	100/120	12	＞ 50
8K	120	12	＞ 100

Wi-Fi 7 标准在抗干扰、多用户业务调度等方面进行了改进，并提供了更高的网络带宽，无疑能为这些新应用提供一个可靠的无线网络，让企业的办公效率得到进一步提升，推动着企业的办公网络向全无线化演进。

2. 教育行业

随着校园网络信息化的普及，智能移动终端和越来越多的创新应用正在改变教育行业。智能移动终端保有量迅猛增长，学生与教师的期望在不断提高，他们希望可以获得更丰富的多媒体应用，包括在线学习、社交娱乐、教学办公、科研管理、在线授课，并且希望在学校公共场所、教室、图书馆、礼堂、会议室、宿舍等地点，在任何时间都能获得相同的无线网络体验。

在学术报告厅、体育馆和食堂，人员密集度高，智能终端上的应用流量成倍增长，师生在校园网或者社交媒体应用上实时分享图片和视频，这要求 WLAN 具备高并发的用户接入能力，还要保证良好的网络体验。Wi-Fi 7 标准在保证相同业务体验的情况下，将并发用户的接入能力提升到原来的 4 倍，这彻底突破了传统Wi-Fi 技术的限制，让 1 个 AP 面对几百个用户也可以做到游刃有余。

在教室，教师将 VR 融入教学过程，给学生带来耳目一新的学习体验。基于全景视频技术的 Cloud VR 应用能够将视频体验从平面扩展到立体，但对无线网络的要求也非常高，在使用过程中，如果发生卡顿，容易导致使用者头晕目眩，反而带来不好的体验。如果要获得舒适的 VR 体验，需要保证大于 75 Mbit/s 的网络带宽和小于 15 ms 的网络时延，时延越低越好。还有一类基于计算机图形学的Cloud VR 应用是游戏和仿真环境，和全景视频不同，在使用过程中存在大量的交互，这需要保证大于 260 Mbit/s 的网络带宽和小于 15 ms 的网络时延。表 2-11 列出了一些 VR 业务在不同发展阶段对参数的要求。一直以来，如何提升 VR 终端的无线连接质量都是一个重要的研究课题。目前 Wi-Fi 7 标准能够将网络时延降到 20 ms 以内，为 VR 技术提供舒适体验打下了基础。

表 2-11　VR 业务和对无线网络的要求

业务	参数	不同发展阶段的要求		
		起步阶段	舒适体验	理想体验
Cloud VR 视频业务	带宽	> 60 Mbit/s	> 75 Mbit/s	>230 Mbit/s
Cloud VR 视频业务	时延	< 20 ms	< 15 ms	< 8 ms
	丢包率	< 0.09%	< 0.017%	< 0.0017%
Cloud VR 强交互业务	带宽	> 80 Mbit/s	> 260 Mbit/s	>1 Gbit/s
	时延	< 20 ms	< 15 ms	< 8 ms
	丢包率	< 0.01%	< 0.01%	< 0.001%

在办公室和会议室，大部分教师配备了笔记本计算机，使用无线网络办公、备课以及进行学习交流。而在学校的不同校区之间、学校和教育部门之间，也可以通过无线网络方便地协同办公，随时随地使用移动终端接入智真会议，让多人在异地通过高清的视频会议，面对面开会。

3. 医疗行业

设想有这么一个场景，患者在就诊过程中，免不了要做各项检查，等报告取报告都需要半天到一天的时间。在 Wi-Fi 7 时代，医生们可以借助高清医学影像存储与传输系统（Picture Archiving and Communication System，PACS），用手持移动终端随时随地调出计算机体层摄影（Computerized Tomography，CT）、磁共振成像（Magnetic Resonance Imaging，MRI）等高清检查报告，实时诊断；医生还可以通过电子病历（Electronic Medical Record，EMR），实时查阅和记录患者的病情，甚至在查房的过程中，也可以随时调取患者的 EMR，并根据患者的具体病情随时下医嘱。

而医疗物联网的普及也大大减轻了医护人员的工作负担。举个例子，以前我们在医院输液，医护人员为了避免医疗事故，总是要反复确认药品和患者的身份。而在 Wi-Fi 7 时代，移动输液管理系统可以处理所有的身份核实工作，医护人员通过手持移动终端扫描患者的身份条码，获取患者的用药信息，取药、配药、输液等所有流程都由专业系统支撑。移动输液管理系统可以有效杜绝人工产生的差错。除此之外，医疗物联网还提供诸如药品管理、病床监控等多种解决方案，可以确保正确的病人、正确的药品、正确的剂量、正确的时间、正确的用法。

此外，Wi-Fi 7 无线网络也可以助力医疗示教和教学。传统的手术示教由于采用了有线方案，手术室设备多、线缆也多，在繁忙的手术过程中网线很可能会绊倒医护人员，造成隐患。在 Wi-Fi 7 时代，通过部署 4K/VR 手术示教系统，可实现手术场景实时同步到各个教室，让更多的医务人员参与到观摩和学习当中，同时手术现场的医生可以通过高清视讯设备和远端会诊专家进行视频实时交流。

上述这些新技术只能通过 Wi-Fi 7 无线网络才能实现。同时，采用 Wi-Fi 7 标准的 TWT 技术也能有效降低物联网终端的耗电量，助力医疗物联网的发展。

4. 金融行业

银行的业务网点分布在城市的各个地方，随着移动互联网等电子渠道的兴起，众多物理网点所积累的规模竞争优势正在逐渐减小，这促使网点进行数字化转型，通过网络重构网点优势，将网点作为银行的移动互联入口，提升客户网络体验，提供丰富的个性化服务，树立起银行的品牌形象。

将新技术和新应用融合到网点，提升业务办理效率，无人智能网点成了一个发展趋势。客户在办理业务前，可以在手机上使用 App 查询附近的网点位置，查看网点的排队情况，提前预约取号，节约时间。客户到达网点后，通过手机扫码、公众号等多种方式接入网点提供的无线网络，排队期间可以浏览网页、观看在线视频，享受高速的上网服务，还可以和迎宾机器人进行互动，咨询业务、查询信息或者呼叫人工服务。

客户使用网点的 VR 终端，可以远程交互完成交易，还可以进行复杂投资的可视化操作。在虚拟空间内，将复杂的金融数据通过三维图表或动画呈现出来，让客户直观地对产品信息进行处理和分析。客户使用网点的高清大屏和高清摄像头，可以和银行的顾问专家或客服人员面对面交流业务、咨询问题。

网点可以自动识别出 VIP（Very Important Person，贵宾）客户，提供差异化的服务。例如，VIP 客户将享有更高的网络带宽，在网络拥挤时优先保障上网体验，VIP 客户购买网点的产品时，能得到更多的价格优惠。通过网点内的各类智能设备和终端，结合物联网和高精度定位技术，可以实现资产管理，保障银行资产安全。

在未来的银行网点中，WLAN 将成为连接网点和客户的主要通道，Wi-Fi 7 无线网络将加速新技术和新业务在银行网点中的应用，让无人智能网点的出现成为可能。

5. 机场

随着机场规模和机场业务的不断发展、扩大，无线网络早已成为机场基础网络的一部分，而人们对无线网络的要求也在不断提升。旅客希望得到愉悦的上网体验，及时获取机场各类信息；机场运营方希望提高运营效率和服务水平；航空公司的工作人员希望保持业务的稳定性，提高业务准确度，以及提升工作效率；机场商家和广告商希望增加销售收入，为旅客提供精准的商品和服务推送。

旅客到达机场时，使用自己的智能终端接入无线网络，或者使用机场的智能推车，根据导航指引快速到达值机处、商铺、餐厅、登机口等位置。旅客随着位置的移动，还能收到附近商铺的新上架商品和折扣活动等推送信息。旅客排队或候机时，可以浏览网页、进行视频通话或观看在线影视。当旅客的航班信息发生变化时，旅客可以第一时间收到信息推送，根据提示及时调整自己的计划。旅客到达目的机场后，根据导航指引到达行李区，拿取自己的行李。旅客和接机人员汇合后，接机人员也可以根据导航指引在停车场内找到自己的车辆。机场的旅客往往具有蜂群效应，让分布密集的旅客在等待、移动中都能得到良好的上网体验和使用丰富的增值服务，支持高并发和具备高效率的 Wi-Fi 7 无线网络无疑是最佳选择。

机场提供的无线高清视频广告、节目和航班显示系统，如果要升级为具有更高分辨率的 4K/8K，为旅客呈现超高清的画质，需要无线网络提供稳定可靠的传输。支持大带宽和低时延的 Wi-Fi 7 标准能够很好地保证画面实时传输，避免信号不稳造成的画面卡顿和缺失。

机场的行李运输系统使用 AGV 实现无人化的行李运输，能有效降低运营成本，提升运输效率。虽然 AGV 对带宽的要求非常低，但带来的挑战是需要为大范围、高速移动下的 AGV 提供低数据传输时延和高漫游可靠性。通常 AGV 对时延和漫游接入时间的要求是小于 50 ms，在只有一台 AGV 工作时容易实现，但当 1000 m^2 的空间里有 50 台甚至 100 台 AGV 同时工作时，要达到 50 ms 甚至是 10 ms 的时延要求，需要很好地规划无线网络，并且要求 AGV 的无线网卡有很好的兼容性。AGV 的功耗也很重要，功耗越小，工作时间越长，运输效率也就越高。Wi-Fi 7 标准的高可靠性以及在节能上的改进，为无人值守的行李运输系统提供了网络基础。

6. 制造业

在 Wi-Fi 7 时代，更多的新技术将会应用在制造业工厂规划、辅助装配、检测、智能物流等环节。

许多工业产品的制造流程都会非常复杂，这就要求工厂的厂房能够提供充足的空间和合适的基础设施。在设计厂房时，可以通过 VR 可视化技术，基于真实工厂进行高精度数字化重构，使得厂房内的设备，如产线、管道、机器人等，能够放置在合适的位置。还可以利用 VR 技术，模拟实际生产流程，在虚拟环境中观看各设备的运行状况。通过这种方式，绝大多数的问题能在工厂建设和设备安装开始之前得以解决。

在装配过程的各个环节，可以采用基于 AR 的协同装配方法，一方面为工人提供装配过程中的注意事项与细节操作的指导；另一方面也可以将工人看到的场景直接传递给工艺人员，工艺人员通过语音、标记等交互手段直观地指导工人。

在制造业中，各类检测技术变得越来越重要，而众多的检测技术都依赖于 8K 高清影像、图片。例如，在装配环节，工业摄影测量系统中的两台相机通过两个不同角度同步获取产品的外形特征数据，产品装配出现误差时，后台系统自动把分析报告发给对应站位的工程人员，从而保证现场处理问题；而以往类似的检测需要 2～3 人，一次测量需要 2 h，效率低下。复材拼缝及多余物智能检测，是指通过计算机视觉自主检测复材拼缝宽度是否达标，以及判断有无多余物，而传统的质检方法是由现场人员借助量具检查拼缝宽度，每次测量都需要耗费智能检测 3 倍的时间。

无人化是未来智慧工厂的大趋势，无论是替代人工完成包括物件运输、分拣等环节的机器人，还是生产线上加工零件的机械手臂，都依赖可靠的无线网络，而 Wi-Fi 7 无线网络无疑能让智慧工厂向着无人化更进一步发展。

第3章
空口性能与用户体验提升

Wi-Fi技术的生命力非常强大，一个重要的原因在于其超大的工作带宽，从早期802.11b标准的11 Mbit/s到最新的802.11be标准的23 Gbit/s，给用户的使用体验带来了极大的提升。然而，当接入WLAN的用户较多时，每个用户实际可获取的带宽会急速下降。在企业办公的高密环境中，用户对网速下降的感受尤为明显。本章将深入分析影响WLAN性能的关键因素，并介绍解决相应问题的技术手段。

|3.1 影响 WLAN 性能的关键因素|

WLAN 采用 CSMA/CA 信道访问机制，解决用户抢占无线信道资源的问题，能够尽量避免用户间的冲突。

当用户数量较少时，各个用户按需访问信道，产生冲突的概率较低，各个用户错峰使用网络，每个用户都可以使用完整的信道带宽，而不像一些蜂窝网络技术，每个用户被分配有限的信道带宽，所以用户少，冲突少，WLAN 性能就高。但当用户数量增多后，CSMA/CA 机制无法有效处理大量的竞争需求，导致 WLAN 性能大幅下降。

1. 用户占有的带宽资源减少

用户增多，平均每个用户发送报文的时间减少，用户的平均吞吐率降低。另外，用户同时抢占信道的概率增大，根据 CSMA/CA 机制，用户探测到信道忙的概率增大，用户的大量时间都用于等待信道空闲，发送报文的机会就会进一步减少，所以每个用户的实际吞吐率会更小。

2. 难以避免的用户冲突

用户探测到信道忙后，根据 CSMA/CA 机制会随机等待一段时间再发送报文。用户增多后，从统计角度看，两个用户的随机等待时间结束时刚好在同一个时间点，这种情况发生的概率增大，导致用户同时发送报文，产生冲突，如图 3-1 所示。

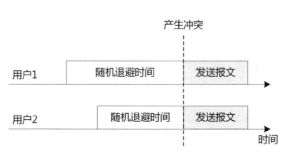

图 3-1　用户冲突

用户冲突产生后，一般会降低传输速率，重新发送报文，重传的过程也会重新竞争信道资源，造成信道资源的浪费。

3. 隐藏节点导致CSMA/CA机制失效

隐藏节点是指两个用户距离较远，无法接收对方发送的报文的情况。例如，两个用户向 AP 发送报文时，因无法探测到对方，都认为信道空闲，于是同时发送报文，导致产生冲突，AP 无法正确接收报文。隐藏节点让 CSMA/CA 机制失效，用户增多会让隐藏节点问题进一步恶化。

WLAN 终端的数量越来越多，WLAN 的规模和吞吐量也越来越大，虽然 802.11ax（Wi-Fi 6）标准通过引入 OFDMA 和基于触发帧的上行调度来解决 CSMA/CA 机制带来的问题，但实际网络中新旧标准是长期共存的，支持 Wi-Fi 6 标准的终端遵守新的调度机制，但仅支持 Wi-Fi 5/4 标准的存量终端还是工作在 CSMA/CA 的机制下，所以围绕多用户和站点间的冲突干扰来优化 WLAN 性能是非常关键的。

| 3.2　优化 WLAN 性能的方法 |

WLAN 的 CSMA/CA 机制来源于以太网的带冲突检测的载波监听多路访问（Carrier Sense Multiple Access with Collision Detection，CSMA/CD）机制，那么以太网是否有上一节提出的类似问题呢？如果有，又是如何解决的？解决方法对 WLAN 是否有参考价值？下面带着这些问题来了解一下 CSMA/CD 技术。

CSMA/CD 工作在以太网的 MAC 层，又被称为"先听后说，边听边说"。它的基本思路是：每个发送站点都在侦听信道（网线）。站点在发送数据前，先侦听信道是否空闲，如果空闲，则发送数据，并继续侦听；如果忙，就会立即停止发送，并在短时间内连续发送一个干扰分组，迫使产生冲突的另一个站点停止发送。

所以采用 CSMA/CD 发现冲突时，通过停止发送数据减少了干扰问题。

在 WLAN 中进行 CSMA/CD 是不可能的，因为无线站点的收发方式为半双工方式，站点无法在发送数据的同时侦听信道的使用状况，所以 WLAN 采用 CSMA/CA 机制，在检测到冲突时进行退避，延迟发送数据的时间，以避免产生冲突。

不难发现，以太网中也有"冲突"的概念，当一个二层网络中的节点数过多时，也会出现因冲突概率变大而导致网络性能下降的情况，这和 WLAN 极为相似。

以太网解决问题的关键思路就是"缩小冲突域"。例如，它通过交换机的硬件端口隔离，可以将不同终端分别放到几个小的冲突域内，这样发生冲突的概率就会大幅降低，如图 3-2 所示。

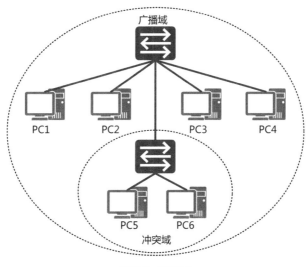

图 3-2　冲突域

按照这个思路，WLAN 可以部署多个 AP 对网络负载进行分流，把一个大的 WLAN 分割为多个小的 WLAN，每个 WLAN 下的用户数量大幅减少，用户冲突的概率也会减少。这就像把一个可以容纳很多人的超大房间分割成若干个较小的房间，每个房间的人数减少了，人与人之间的影响就会小很多。

相邻 AP 必须使用不同的信道才能达到分割冲突域的目的，相当于把用户分流到不同的频段上，如果使用相同的信道，会导致更严重的干扰和冲突。所幸 WLAN 的频谱资源较为丰富，尤其是 5 GHz 频段，提供了足够多的信道供使用。

WLAN 围绕着分割冲突域的思路，在调度用户、调度业务和减少干扰方面，从软件和硬件技术上做了较多的优化，如表 3-1 所示。

表 3-1　WLAN 性能优化技术及优化目标

性能优化技术		优化目标
软件	射频调优	合理分割冲突域，调整 AP 的信道和发射功率，使 WLAN 容量最大化
	用户漫游与调度	合理调度用户，调制各 AP 的用户数量，使其均衡
	抗干扰技术	减少干扰，提高干扰场景下的业务连续性及通信质量
	空口 QoS	合理调度业务，提升用户的音视频业务体验
硬件	天线技术	优化天线，更好地分割冲突域，减少干扰的影响

1. 射频调优

WLAN 的冲突域划分和 AP 使用的信道相关，冲突域的大小就是 AP 的覆盖范围大小，和 AP 的发射功率相关。为 AP 选择合适的信道和发射功率，就是射频调优技术要解决的问题。例如，发射功率偏高，会导致同频干扰严重，失去了部署多个 AP 的意义；发射功率偏低，会导致覆盖范围不足，部分区域的终端无法连接 WLAN。

2. 用户漫游与调度

WLAN 的冲突域划分完成后，还需要尽可能均衡每个冲突域中的用户数量，否则在部分冲突域中势必存在很多用户，划分冲突域也就失去了意义。但目前终端接入哪个 AP 一般由终端自己决定，所以很可能出现终端接入的 AP 并非最佳选择的情况。例如，用户没有接入最近的 AP，而是接入较远的 AP，信号弱，通信质量差；或者大量的用户都接入一个 AP，导致用户冲突的概率很大。

WLAN 使用智能漫游、零漫游、频谱导航和负载均衡技术，根据信号质量、负载和终端能力，合理调度用户，帮用户接入最合适的 AP，可使得整个网络得到充分高效的利用。

3. 抗干扰技术

在高密场景，由于 AP 部署的密度较高，采用 40 MHz 甚至 80 MHz 信道带宽后，同频 AP 之间的间距减小，同频 Wi-Fi 干扰不可避免；同时，由于 WLAN 使用的是 ISM 免费频谱资源，环境中可能存在蓝牙、ZigBee 等其他短距离无线通信设备及微波炉等电磁驱动的电器设备，非 Wi-Fi 干扰普遍存在。因此，如何避免干扰，减少干扰的影响，找到干扰源，是抗干扰技术要解决的问题。

4. 空口QoS

在冲突域内，还需要单独考虑语音视频类的业务，因为 CSMA/CA 机制追求的是"公平性"，但由于用户对语音视频体验非常敏感，这类业务报文需要更高的传输优先级。WLAN 引入了 EDCA 机制，将业务类型划分为 4 个优先级，如何根据实时负载灵活调整相关参数来优化业务体验，就是空口 QoS 要解决的问题。

5. 天线技术

天线是无线通信系统中的关键器件，良好的天线性能对提高 WLAN 的覆盖率、通信质量及抗干扰能力起着至关重要的作用。在干扰大的场景中，智能天线配合波束成形技术可以更好地抵抗干扰；在高密场景中，小角度的高密天线可以进一步减小冲突域的大小，减少 AP 间的同频干扰问题。

| 3.3　射频调优 |

为了解释射频调优，首先举一个例子。如图 3-3 所示，假设几百个人在一个很大的房间中同时交谈、讨论、演讲或开会，可能会有几个甚至几十个话题，讨论同一个话题的人可能距离 5 m 以上，也可能距离只有 20 ～ 50 cm。可以预见的是，有的人为了让距离远的人能够听到自己的观点，不得不用喊的方式，那么距离自己很近的人将会感觉非常吵闹；而为了让距离近的人不觉得吵，则需要降低音量，此时距离远的人会听不清。

在实际的房间中，该问题容易解决，让讨论相同话题的人自己组成一个小圈子，并且把这个大房间分割成多个"会议室"。这就是本节将讲到的射频调优技术：如何在这个固定的大房间中部署"会议室"，包括调整"会议室"的位置、面积、墙壁厚度，新增或撤销"会议室"。

图 3-3　不适当的发射功率导致距离近的人觉得很吵，距离远的人听不清

3.3.1　射频调优技术的背景

现在，把这个情景转换到 WLAN，本节开始讲述的例子意味着多个 AP 与大量终端随机分布在一片区域内。

假设多个 AP 部署在相同的信道，AP1 的发射功率过高，导致终端关联在远端的 AP1 上，且下行信号质量很好。但是受限于终端的发射功率，上行通信将变得极不可靠，高时延、接入困难等问题频发，严重影响用户的体验，如图 3-4 所示。

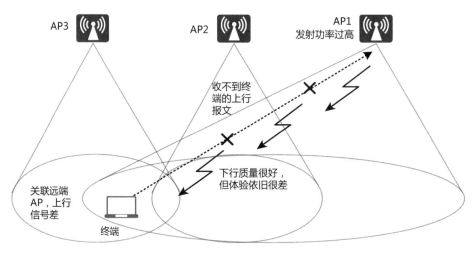

图 3-4　AP 发射功率过高

为了解决这些问题，在部署 WLAN 之后，往往需要人工对关键的射频参数进行调整，包括如下 4 个方面。

第一，发射功率（Transmit Power）：AP 的发射功率决定了射频的覆盖范围和不同小区之间的隔离程度，即"墙壁的厚度"。发射功率越高，下行 SNR 越高，越容易引导终端接入。但需要注意的是，终端的发射功率是有限的，并且显著低于 AP，如果 AP 的发射功率过高，则会导致终端能够收到 AP 发送的信息，但 AP 无法收到终端发送的信息。

第二，工作频段（Frequency Band）：AP 的工作频段决定了射频的容量与覆盖范围。WLAN 包括两个工作频段，分别是 2.4 GHz 频段和 5 GHz 频段。2.4 GHz 频段的信道资源较少、路径损耗显著低于 5 GHz 频段，因此在部署比较密集的情况下同频干扰比 5 GHz 频段严重得多；此外，2.4 GHz 频段上非 Wi-Fi 干扰（如来自无绳电话、蓝牙、微波炉等设备的干扰）较多，因此其上可以容纳的信息量显著低于 5 GHz。对同时支持 2.4 GHz 和 5 GHz 射频的 AP

来说，可以将 2.4 GHz 射频关闭、设置为监控模式或设置射频的工作频段为 5 GHz（仅限支持频段切换的 AP），甚至在超高密部署的情况下，可以将冗余的第二个 5 GHz 射频关闭（仅限双 5 GHz 射频的 AP）。通过这一系列的处理来提升容量或降低干扰，这一做法相当于"撤销小的会议室，新增较大的会议室"。

第三，工作信道（Channel）：AP 的工作信道即频点，如果两个物理距离很近的 AP 工作于同一信道，则它们和与之关联的终端会出现激烈的竞争，导致吞吐率下降，而且其他信道的资源也会被浪费。调整网络内 AP 的信道相当于"调整会议室的位置，防止会议室之间争夺投影仪、椅子等资源而互相干扰"。

第四，工作带宽（Bandwidth）：AP 的带宽决定了极限速率，即信道容量。20 MHz 带宽与 80 MHz 带宽的信道容量有很大差异，因此合理分配带宽是相当有必要的，相当于"把几个中等会议室合并起来，提供给 100 个人的会议使用，把 3 个人的会议安排到最小的会议室"。

在规划射频参数的时候需要清楚 AP 的位置分布情况、干扰情况、业务情况，这样才能合理选择发射功率、工作频段、工作信道与带宽。人工配置的成本高，且在突发干扰的情况下无法及时处理，为了解决这些问题，自动运行的射频调优技术应运而生，由网络自动检测 AP 之间的邻居关系、每个信道上的干扰情况、一段时间内的负载信息，在这些信息的基础上自动计算出射频参数并下发给 AP。本节将对射频调优中的关键技术进行介绍，并说明触发射频调优的各个场景。

3.3.2　自动射频调优技术

1. 网络状态信息获取

前文已经提到，在人工规划射频参数的时候需要确定 AP 的位置、干扰与业务情况，在自动射频调优的时候也需要这些信息，因此，获取这些信息的方法至关重要。

（1）射频拓扑与干扰识别

工程师为了获取拓扑与干扰的情况，设计了一个射频扫描的方案：在射频调优开始时让所有 AP 扫描一段时间，即切换到其他信道发送探测请求（Probe Request）帧，接收探测响应（Probe Response）帧，侦听 Beacon 帧和其他 802.11 帧，并且通过一定的手段同步发射功率（可以通过 WAC 下发、AP 自己建链互相通知，以及在这些帧中通过厂商自定义字段直接携带的方式实现），这个时候已经获取了发射功率和接收功率，两个功率之差即它们之间的路径损耗，简称路损。IEEE 802.llac 工作组（TGac）给出了路损的计算方式，可以计算出两个射频间的物理距离。

$$d=10^{\frac{L-20\lg f-p+28}{10D}}$$

其中，L为路损（单位是dB）；f为工作频率（单位是MHz）；D为衰减因子；d为距离（单位是m）；p为穿透因子。

在室内半开放环境下，一般采用下列参数进行近似计算。

• 2.4 GHz频段：衰减因子D=2.5，穿透因子p=6。

• 5 GHz频段：衰减因子D=3，穿透因子p=6。

可以看出，将工作频率f、路损L、衰减因子D代入公式后，即可得到物理距离d。两两AP都进行这一计算后，即可获取网络拓扑的情况（邻居信息）。

AP在射频切换信道扫描期间，通过侦听802.11帧，可以获取大量的报文，其中包括本WAC所管理AP的空口报文，还有其他AP（或无线路由器）的报文。此时，非本WAC所管理的AP/无线路由器的MAC地址、接收功率以及信道信息也会被作为外部的Wi-Fi干扰存储下来。

此外，AP在此期间还会开启频谱扫描功能（详见3.5.1节），通过时域信号采集、时域信号FFT及频谱模板匹配识别出非Wi-Fi干扰，与接收功率、信道信息一同存储下来。

每个AP会周期性地将采集的所有邻居信息、Wi-Fi干扰及非Wi-Fi干扰上传至WAC，WAC通过滤波等手段处理之后生成拓扑矩阵、Wi-Fi干扰矩阵及非Wi-Fi干扰矩阵，如图3-5所示。

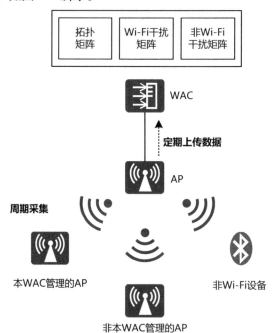

图 3-5　射频拓扑与干扰识别原理

（2）射频负载统计

负载信息是最容易收集的，这是因为 AP 本身会记录并上传一段时间内的无线与有线流量统计信息，同时 AP 也会将用户数量一并上传给 WAC，此时即可获取射频的负载信息。当然，这时候的负载信息还不能直接输入调优模块，这是因为射频调优的周期往往被设置为 24 h，而典型办公场所的流量在早上 8:00 ～ 9:00 开始上升，12:00 ～ 14:00 降到波谷，而后快速上升，在 18:00 以后又快速下降。

射频调优在统计流量时将忽略低于一定阈值的流量，既不将这些流量计入总流量，也不将产生这些流量的时间计入统计时间。例如，在统计周期为 24 h 的情况下，对某一 AP，只有 6 h 内的流量高于设定的阈值，因此只将这些流量计入总流量，统计时间取 6 h，由此计算得出此统计周期内的平均流量。这是一种归一化的手段。

通过上述扫描、解析 802.11 帧及频谱扫描的动作，获取拓扑信息、信道干扰信息及统计负载信息，即可分配信道与带宽。同时，在分配信道与带宽的时候，可优先为负载重的射频分配干扰最少的信道和最宽的带宽。

2. 自动发射功率调整

发射功率控制（Transmit Power Control，TPC）的主要目的是通过在多 AP 组网的场景下调整每个射频的发射功率，防止出现覆盖盲区和较大的重叠覆盖区，并且在射频出现异常时由邻居 AP 完成补盲。覆盖盲区容易理解，即终端在该区域内无法感知 Wi-Fi 信号，因此在实际使用中是必须避免的；而重叠覆盖区的影响主要在于产生信号干扰和影响漫游体验。

- 如果两个同频AP的覆盖面积较大，会导致同频干扰的问题更加严重，影响吞吐率。
- 终端的物理位置已经在另一AP的核心覆盖区内时关联的信号依然很强，如图3-6所示，导致终端不会主动漫游，但由于上下行功率不对等，AP基本无法收到终端的上行报文，导致终端的体验非常差。

出于这些考虑，TPC 的目标是避免 AP 在没有覆盖盲区的情况下有过大的覆盖面积。

华为 TPC 算法的效果如图 3-7 所示。在射频拓扑识别的基础上，按照一定的 SNR 指标确定本身的覆盖边界，进而调整自身的发射功率。一般来说，射频的发射功率与终端的发射功率相等是最合理的，此时不会出现上下行不对等的情况（即终端可以收到 AP 的下行报文，而 AP 无法收到终端的上行报文）。

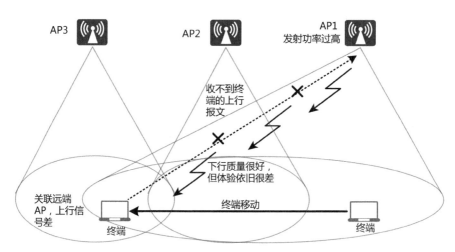

图 3-6　终端移动后仍关联远端 AP 导致体验差

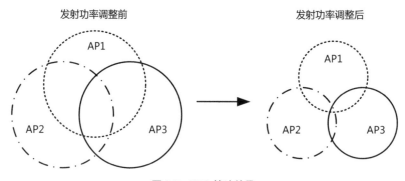

图 3-7　TPC 算法效果

　　如图 3-7 所示，在运行 TPC 算法前，左侧的覆盖情况为明显的重叠覆盖区域过大，导致终端在该网络中将难以漫游，且 AP 无法侦听到边缘终端的上行报文，用户体验较差。在运行 TPC 算法后，问题得以解决，终端在 AP 的覆盖范围内可以获得较高的 SNR，用户体验得以改善。

　　TPC 算法的另一个典型应用场景是出现异常射频时的补盲。如图 3-8 所示，由于设备掉电、异常重启等问题，AP4 一段时间内不在线，WAC 无法收到 AP4 的心跳报文，则认为 AP4 处于退出覆盖服务的状态，简称"退服"，因此自动发起一次局部的射频调优，以弥补此时出现的覆盖盲区。从图 3-8 中可以看到，AP2 和 AP3 的发射功率被调高以扩大其覆盖范围，此时，终端在原来由 AP4 覆盖的区域依然可以接入 AP2 或 AP3，业务受影响程度得以降低。

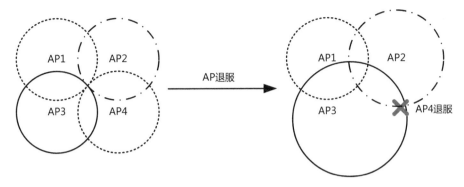

图 3-8　出现异常射频时的补盲

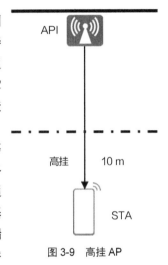

图 3-7 和图 3-8 所示的 AP 覆盖范围都被简化到了二维平面中，因此，TPC 算法对重叠和盲区的改善显得简单、直接。但在真实业务场景中，AP 与终端通常处于不同的高度，由此构成了三维空间。这对 TPC 算法提出了新的挑战，其中一个典型的问题就是高挂 AP，如图 3-9 所示。

不同于普通办公场景，如体育场馆、工厂车间等场景中的 AP 通常安装在较高的吊顶上，与所服务终端的直线距离可能达 10 m 以上。在这类场景中，普通的 TPC 算法为了避免 AP 覆盖范围过度重叠，通常基于 AP 平面规划覆盖范围，配置的 AP 发射功率对终端来说偏弱。这就导致传输速率下降，严重时会发生异

图 3-9　高挂 AP

常漫游甚至掉线。针对这种高挂 AP 问题，华为设计的 TPC 算法进行了特殊处理，主要分为自动识别和功率修正两个步骤。

步骤①：AP 通过 802.11k 协议中的链路测量（Link Measurement，LM）机制，与终端进行帧交互，以获取终端感知到的下行接收信号强度指示（Received Signal Strength Indicator，RSSI）信息，并结合 AP 发射功率计算 AP 与终端之间的路损。之后对终端路损样本进行排序，找到路损最大的 10% 样本中最小的路损值作为路损分位数，据此进行高挂 AP 判断。如果 AP 发射功率 − 路损分位数 < 预设阈值（预设阈值通常为 −65 dBm），说明该 AP 有 10% 以上的终端的下行信号强度较低，就标记该 AP 为高挂 AP。

步骤②：对于被标记高挂的 AP，TPC 算法在进行重叠覆盖和补盲的功率调整后，还要对功率值进行修正。如果调整功率 − 路损分位数 < 预设阈值，说明该功率对此高挂 AP 来说偏小，可能导致部分覆盖边缘终端的体验变差。此时，TPC 算法会选择修正功率，将其增大至等于预设阈值 + 路损分位数，以保障边缘终端

的信号覆盖。

3. 自动工作频段调整

在中高密场景中，为了应对客户更高的容量需求，一般会部署同时支持
2.4 GHz 和 5 GHz 的双频 AP，且 AP 的部署间距通常较小。由于 AP 之间
的间距较小，而 2.4 GHz 频段上可用的非重叠信道很少，大量 AP 工作在
2.4 GHz 频段相同的信道上，在制约系统容量提升的同时，致使 AP 间的同频干扰
更加严重，这种因 AP 密集部署导致同频干扰的射频称为冗余射频。

为此业界推出了支持双 5 GHz 的双频 AP。双 5 GHz AP 支持把工作频段从
2.4 GHz 切换到 5 GHz，使 AP 的射频同时工作在 5 GHz，避免了大量 AP 的
2.4 GHz 频段重叠在一起，提升了系统容量。而对不支持射频切换的款型来说，在
2.4 GHz 频段显著冗余的情况下，可以将 2.4 GHz 频段切换为监控模式或关闭，由此
降低系统的同频干扰。该技术被称为动态频率分配（Dynamic Frequency Assignment，
DFA）。

基于华为 DFA 算法进行的工作频段调整，如图 3-10 所示，针对 AP0 进行判
断，如果 AP0 的邻居可以在一定范围内增大覆盖面积来完成 AP0 的覆盖任务，那
么 AP0 就会被判断为冗余射频，AP 自动关闭该射频，切换至 5 GHz 或监控模式。

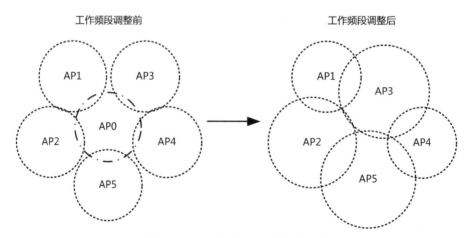

图 3-10　DFA 算法的工作频段调整示意

WLAN 部署的场景除了中密和高密场景，还有超高密场景，为此业界推
出了 2.4 GHz+ 双 5 GHz 的三射频 AP。在部署非常密集的区域内，除了冗余
2.4 GHz 射频，还有可能出现冗余 5 GHz 射频。该射频存在时不仅不能提升用户
体验，反而加剧了干扰，使用户体验变差。

对于这种情况，与 2.4 GHz 射频冗余识别的机制类似，DFA 算法会将冗余
5 GHz 射频切换至监控模式，专门用于检测附近区域的干扰。由于该射频还可用

于雷达检测，因此该 AP 可以不再用其他射频进行干扰与雷达检测。

4.　自动工作信道与带宽调整

在获得邻居关系拓扑、外部干扰和长时间统计的负载信息后，通过动态信道分配（Dynamic Channel Allocation，DCA）算法可以为 AP 分配信道与带宽。该算法中，由于 2.4 GHz 频段的信道数量较少，一般固定使用 20 MHz 带宽。而在 5 GHz 频段的信道逐步开放、信道资源丰富、802.11 标准支持更大带宽的情况下，AP 应该充分利用信道资源，尽可能增大系统带宽，提升系统吞吐量、满足客户需求。因此，DCA 算法还会根据拓扑、干扰及负载的情况，动态地为 AP 分配 5 GHz 频段的信道带宽。

调整工作信道与带宽的目的主要是避免邻近区域之间产生强干扰，从而改善用户体验，同时尽可能更好地利用高带宽来满足终端的业务需求。而做出这些调整的主要依据是邻居拓扑、网络中的干扰情况及 AP 对带宽的需求。对网络中可能存在的成百上千甚至上万个 AP 来说，收集上述信息并通过计算为每个 AP 选择合适的信道与带宽，将带来指数级增长的运算量，这样的计算开销是不可接受的。

因此，华为采用"区域分割 – 局部调整"的策略，首先将整个网络划分为若干个区域，然后依次对这些区域内的 AP 进行信道与带宽的调整，通过限制每次调整的 AP 的数量，可大大降低计算量。同时，前一调整区域将影响后一调整区域，这使得华为局部化的信道带宽调整可以达到同时计算整个网络 AP 数据的效果。

区域划分的基本原则是将距离近、干扰关系强的 AP 划分到同一区域中，而将距离远、干扰关系弱的 AP 划分到不同区域中。区域划分虽然可以简单地由网规专家手动进行，但更经济、智能的方案是利用分组算法，根据 AP 的空间拓扑或干扰信息进行自动划分。

在进行网络部署时，施工方不一定会将所有 AP 的位置坐标记录下来，而 AP 款型也并非都支持 AP 间的距离测量，这导致 AP 的空间拓扑通常难以获取。因此，华为在对 AP 进行区域分割时，使用了适用性更强的"基于路损关系的图分割算法"，其主要步骤如下。

步骤①：测量 AP 间路损。目前，主流 AP 款型均支持通过信道扫描的方式，测量其与邻居 AP 之间的互听接收信号强度。再根据发射信号的功率强度，折算出 AP 间的路损关系。该指标不仅表征了 AP 间互相干扰的强弱，一般也与 AP 间的距离大致呈正比。将参与区域分割的任意两个 AP 之间的路损关系记作 $PL_{i,j}$（单位为 dB），其中 i、j 为 AP 编号。

步骤②：生成干扰特征向量。对于编号为 x 的任意 AP，设其干扰特征向量 $\boldsymbol{G}_x = [I_{x,1}, I_{x,2}, \cdots, I_{x,y} \cdots, I_{x,N}]$，其中，$N$ 为 AP 总数，$I_{x,y} = \beta \cdot 10^{-\frac{PL_{x,y}}{10}}$，$\beta$ 为根据 AP

发射功率做的调整系数。相比于单一的路损值，组合的干扰特征向量将偶发的单点测量误差分散至整个向量，从而使影响程度变得较小。

步骤③：基于相似度构造有权图。将每个 AP 作为点，点与点间用边连接，并用 AP 间的相似度作为边的权值，将待分割的 AP 转换成一个典型的"有权无向图"（一般认为 AP 间的路损关系是对称的）。相似度的定义为 $\dfrac{G_i \cdot G_j}{\|G_i\|\|G_j\|}$，即特征向量间的余弦相似度。余弦相似度越大，代表两个 AP 在网络中的相对位置越近，干扰越强。

步骤④：聚类分割。使用聚类算法将图分割为若干点簇后，相似度大的点会在相同的簇中。例如使用层次聚类法，先将每一个点初始化为单独一簇，然后在每一次算法迭代中，将相似度最高的两个簇合并为一个新的簇，接着使用新簇的平均中心作为新的点，并更新边权值。重复该过程，直到满足迭代终止条件。

图分割算法的效果如图 3-11 所示，其中，每个点位对应一个 AP，点位的形状对应该 AP 被划分的区域。可以看到，该网络中的所有 AP 被划分到了 5 个区域中，每个区域中的 AP 数量相对均匀，位置也相对集中。依照该区域划分，依次对每个区域内的 AP 进行信道和带宽的调整，可以同时满足计算开销和调优效果两方面的需求。

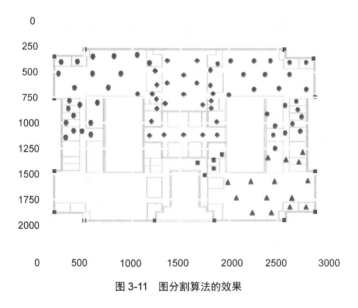

图 3-11　图分割算法的效果

一个区域内的 2.4 GHz 频段的信道调整如图 3-12 所示。可以看出，调整前，工作在信道 6 的两个 AP 距离很近，会产生较强的同频干扰。调整后，网络会变成图中右侧的形式，工作在信道 6 的两个 AP 的距离显著增加，达到了使整个网络干扰最低的目的。

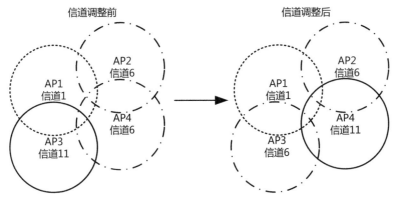

图 3-12 信道调整

为了说明信道调整与带宽调整的区别，首先从信道调整讲起。在运行 DCA 算法后，以 7 个 AP 连续组网为例，它们的 2.4 GHz 和 5 GHz 频段的信道自动分配结果如图 3-13 所示。可以看出，2.4 GHz 和 5 GHz 频段的信道经过自动调整后，2.4 GHz 频段的同频干扰与邻频干扰的问题得以减轻，5 GHz 频段的同频干扰与邻频干扰的问题得以避免。DCA 算法基本达到了预期要求。并且，历史负载信息也在这一过程中得以体现：负载更高的射频倾向于被分配到干扰低的信道。

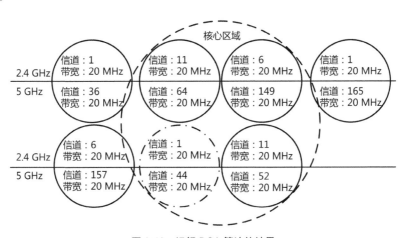

图 3-13 运行 DCA 算法的结果

但是，假设图 3-13 中的信道 44 的射频在过去一段时间内都达到了流量的极限，而且在未来一段时间内还会有较高的流量。同时，核心区域的流量显著高于边缘区域。显然，DCA 算法已经无力应对这种场景。应对的方法是在 DCA 的基础上提供带宽调优功能，即动态带宽选择（Dynamic Bandwidth Selection，DBS），可以根据射频的历史流量信息来动态地为射频分配带宽。

通过 DBS 功能再次对上述 7 个 AP 进行射频调优，它们的 2.4 GHz 和 5 GHz 频段的信道带宽分配结果分别如图 3–14 所示。

如图 3–14 所示，处于信道 44 的射频，其带宽变为 80 MHz，这样，该射频承载业务的能力大大提升，不会再出现流量逼近极限的情况了。扩展开来，对用户而言，可以在 AP 不那么密集的情况下实现核心区域容量提升。同时，根据业务需求，核心区域其他射频的带宽也从 20 MHz 提高到 40 MHz，此时按照中国国家代码，5 GHz 频段的 13 个信道全部得到利用。

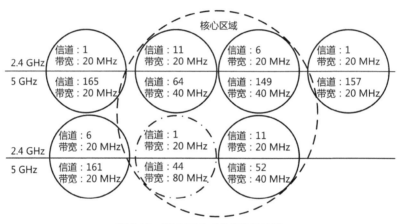

图 3-14　通过 DBS 功能调优的结果

可以看出，华为的自动工作信道与带宽调整技术可以尽可能地降低干扰——将同频或邻频的频段分配给物理距离较远的 AP，并且充分利用频谱资源。

3.3.3　射频调优的应用与价值

为了满足网络开局部署、网络维护、网络变化等实际应用场景对射频调优的不同需求，华为设计了多种调优机制与方案。

针对调优范围，华为将射频调优分为全局调优和局部调优两类。全局调优是指对所有 AP 进行射频资源参数的调整。这类调优时间长、代价高，可能导致整网的业务暂停，但可以得到接近全局最优的调优方案。全局调优主要在网络开局部署阶段或周期性地在业务波谷期进行。局部调优只调整某个或某几个 AP 及其邻居 AP 的射频资源参数，这类调优的时间短、代价小，不影响大部分业务，但可能只解决个别 AP 的问题，对于全网整体性能没有明显提升。局部调优一般由识别到 AP 故障、非法干扰等事件触发。

针对调优时机，华为设计了 3 种基础的触发机制（手动触发、定时调优及事件触发调优）和 1 种继承性调优方案（继承性调优），下面对这部分内容进行详细讲解。

1. 手动触发

开局部署时，通常在所有 AP 上线后，手动触发一次调优。开局部署阶段运用自动调优无须人工规划信道和功率，由网络自己完成各个 AP 的信道和功率调整。某办公场所规划部署大量 AP，人工进行信道和功率规划费时费力，通过自动调优为每个 AP 分配信道和功率，在降低开局成本的同时，保证网络处于良好的状态。

2. 定时调优

仍以部署大量 AP 的办公场所为例，系统持续监视网络环境变化，周期性的调优可以保证 WLAN 性能处于最佳状态。由于频繁进行调优会对用户业务产生影响，例如，有些终端的兼容性与协议遵从性较差，在 AP 发送切换信道的指示后可能出现掉线的问题，因此，对运维中的网络而言，调优的周期需要适当拉长，或者直接设定为定时模式，在流量波谷期（例如夜间的某个指定时刻）进行调优。采用定时调优时，设备仅在每天指定时刻触发调优。由于网络会采集两次调优之间的流量、终端数量信息等有效数据，因此即便在流量波谷期间进行射频调优，也能够为流量波峰期间的高流量射频分配高带宽。

3. 事件触发调优

假设某公司办公室已建设 WLAN，在该网络运行一段时间后，随着越来越多 Wi-Fi 终端的接入，运维人员会发现现有的 AP 已无法满足网络容量需求和覆盖要求。此时需要增加 AP 来增加容量并保证 Wi-Fi 信号的深度覆盖。通过自动调优，扩容后不需要重新规划新增 AP 的信道和功率，将会由网络自动为其分配信道和功率。

WAC 在检测到 AP 上线后，会自动延迟一段时间进行信道和功率的分配，这样做的目的是让 AP 有一段时间来探测和收集邻居信息。在延迟后，根据收集的邻居信息运行 DCA 和 TPC 算法，再将算法计算的结果下发到 AP，让 AP 使用分配的信道和功率运行。

另外，以下场景也会触发调优。

· 某个 AP 在运行中出现故障导致退服，原来该 AP 覆盖的区域出现覆盖盲区。自动调优特性可以通过调整周边 AP 的功率，填补出现的覆盖漏洞，以保证网络的可靠性，减少退服带来的影响。

· 网络中存在非法 AP，并且使用了与网络中的合法 AP 相同的信道，对合法 AP 产生了干扰。自动调优可以及时进行调整，规避或减少非法 AP 对合法 AP 产生的干扰。

· 办公室里有微波炉，当使用微波炉时会对 AP 产生严重干扰。开启自动调优，在检测到微波炉干扰时，及时触发调优，规避或减少微波炉对 AP 产生的干扰。

上述所有事件触发的调优均为局部调优，不会影响整个网络的正常运转。

4. 继承性调优

射频调优算法会根据信道扫描收集到的邻居干扰和自身负载等信息，调整 AP 的信道、带宽、频段等射频参数。而由于现实网络环境不稳定，信道扫描的结果往往存在波动，这可能导致每次触发调优后，大多数被调优的 AP 都会发生信道、带宽等的切换，这会涉及链路通道的变更。当 AP 和终端都支持信道切换公告（Channel Switch Announcement，CSA）功能时，AP 在切换信道之前会发送 Action 帧通知终端在若干个 Beacon 周期后进行信道切换；终端得到通知后，会在相应时刻和 AP 同时切换信道，避免重新关联，从而快速恢复业务。但如果终端不支持 CSA 功能，AP 切换信道会导致终端下线和重关联，并中断业务。在工业场景中，通常存在需要 7×24 小时在线的专业设备，而信道切换会影响其稳定性；在办公场景中，信道切换可能会触发海量的 Wi-Fi IoT 设备离线告警。

基于上述原因，华为在周期性定时调优的基础上，设计了继承性调优方案，用来增强调优结果的稳定性。该方案的基本思想是在触发定时调优后，通过判断每一个 AP 是否可以继承当前工作信道来划分调优 AP 集和非调优 AP 集，进而决定是进行全局调优 / 局部调优，还是全网继承前一天的定时调优结果。继承性调优方案可以针对不同网络场景进行灵活配置。例如在学校场景下，因为用户流动性较大，可以设置更严格的继承条件，接近传统的周期性调优方案；在工业场景下，要求信道趋于稳定，则更多采用继承结果。

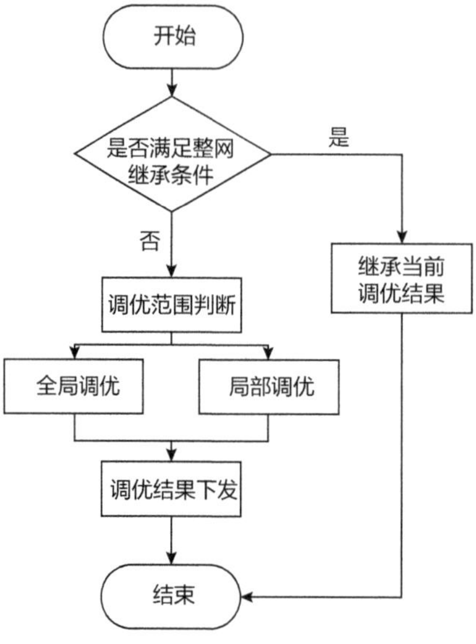

继承性调优的基本流程如图 3-15 所示。首先遍历所有 AP，进行上一次调优结果的继承条件判断。如果满足整网调优结果继承条件，则直接继承当前调优结果，即所有 AP 保持当前的工作信道和带宽。如果不满足整网继承条件，则针对调优范围进行判断，将整网 AP 划分为调优集和非调优集，调优集为不满足继承条件的 AP 集合，非调优集为满足继承条件的 AP 集合。如果调优集中的 AP 数量在整网 AP 总数中的占比超过一定比例（例如超过 75%），则进行全局调优；否则，对调优集中的 AP 进行局部调优。最后下发调优结果。

图 3-15 继承性调优的基本流程

根据上述流程可知，继承性调优的关键在于继承条件，即如何判断一个 AP 是否可以继承当前的信道带宽。在华为设计的继承性调优方案中，继承条件判断的主要指标是同频干扰占比，计算方式为

$$同频干扰占比 = \frac{同频干扰率}{信道利用率} = 1 - \frac{自信道利用率}{信道利用率}$$

其中，信道利用率为统计周期内接收链路 CCA 繁忙的时间加上 AP 自发包时间的占比，而自信道利用率为统计周期内 AP 自发包时间加上自收包时间的占比。如果同频干扰占比过大，说明该 AP 在当前工作信道和带宽遭受的同频干扰太强，需要进行一次信道调整。

除了上述对调优集合的判断，继承性调优还在具体实施的调优算法中加入了继承指数，以进一步增强射频调优结果的稳定性。继承指数用来从多个性能表现（干扰、覆盖、容量等）相同或相似的调优方案中，选择与上一次调优结果更相近的作为优先方案。举例来说，在某次信道调优中，算法计算出某个 AP 在信道 1 和信道 6 上受到的干扰相同或差距不大，如果上一次调优为该 AP 选择了信道 1，则这次调优也会为该 AP 优先选择信道 1，以避免信道的频繁切换。

射频调优在 WLAN 中的应用越来越广泛，尤其是大型园区如大学、医院等场景，其在网络性能、运维成本和可靠性方面带来的价值也越来越明显，主要体现在以下几个方面。

- 保持最佳的网络性能状态。射频调优能够实时智能地管理射频资源，使 WLAN 能够快速适应环境的变化，保持最佳的网络运行状态。
- 减少部署和运维的人力成本。射频调优是一种自动的射频管理方式，使用射频调优可以降低对运维人员技能的要求，并减少人力的投入。
- 增加 WLAN 的可靠性。射频调优能够及时修复网络性能恶化带来的影响，提供自动监视、自动分析和自动调整功能，可提升系统可靠性，给用户带来更好的体验。

| 3.4 用户漫游与调度 |

众所周知，WLAN 基于无线介质传播，它帮助用户摆脱了位置不可移动的限制，但同时引入了一个问题：如何保证用户在移动时仍然有良好的网络使用体验。

良好的网络使用体验最基本的要求是信号质量好。用户与 AP 基于无线介质传播信息类似与人隔空对话，距离近则听到对方的声音更清晰，信号质量好；随

着距离的增加，对方的声音听起来会越来越小，同时也越来越模糊，往往需要重复对话才能保证双方听清楚，此时信号质量差。"智能漫游"与"零漫游"可以实现终端在移动时通过不断切换到附近的 AP 来保证时刻具有良好的信号质量。除此之外，WLAN 与道路交通具有一定的相似性：终端共享 WLAN 就像汽车共享道路。交通可能出现拥堵，尤其是在调度系统出现问题的时候。WLAN 同样会出现网络拥堵问题，而本章中介绍的"频谱导航"和"负载均衡"技术可以帮助用户选择最佳的网络，规避拥堵。

3.4.1　漫游技术概述

1. 用户漫游技术的背景

终端在移动过程中，如果逐渐远离接入的 AP，链路的信号质量就会逐步下降。当终端感知信号质量降低到一定程度（漫游门限）时，终端会主动漫游到附近的 AP 来提高信号质量。

如图 3-16 所示，漫游一般包括如下动作。

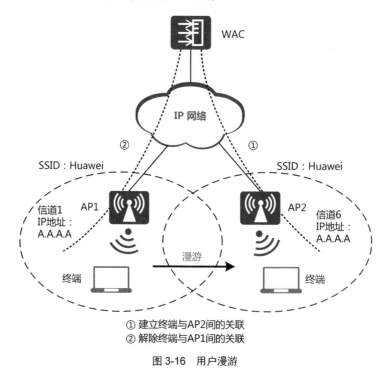

图 3-16　用户漫游

- 终端已经与AP1建立连接，终端在各种信道中发送探测请求帧。AP2在信道6（AP2使用的信道）中收到请求后，通过在信道6中发送应答来进行响应。终端收到应答后，对其进行评估，确定与哪个AP关联最合适。此时通过评估，终端与AP2关联最合适。

- 如图3-16中的①所示，终端通过信道6向AP2发送关联请求，AP2使用关联响应做出应答，建立终端与AP2间的关联。
- 如图3-16中的②所示，解除终端与AP1现有的关联。终端通过信道1（AP1使用的信道）向AP1发送解除关联的信息，解除终端与AP1间的关联。

上述过程完成后，如果用户使用的是开放的或有线等效保密（Wired Equivalent Privacy，WEP）协议共享密钥认证的安全策略，则用户漫游已完成；如果用户使用的是 Wi-Fi 保护接入（Wi-Fi Protected Access，WPA）/Wi-Fi 保护接入第二版（Wi-Fi Protected Access 2，WPA2）+ 预共享密钥（Pre-Shared Key，PSK）/Wi-Fi 保护接入第三版（Wi-Fi Protected Access 3，WPA3）+ 对等实体同时验证（Simultaneous Authentication of Equals，SAE）的安全策略，则还需要完成密钥协商；如果用户使用的是 WPA/WPA2/WPA3+802.1X 的安全策略，则用户仍需要完成 802.1X 认证过程及密钥协商才能完成漫游。

对 WPA/WPA2+PSK、WPA3+SAE 或 WPA/WPA2/WPA3+802.1X 的安全策略而言，终端每次接入 AP 时都需要进行密钥协商或者认证交互，导致终端漫游切换时间变长，增加用户业务中断、语音视频业务卡顿的风险。本节中介绍的快速漫游功能与 802.11k 辅助漫游功能可解决上述问题。

用户漫游除了需要解决漫游的认证，还需要解决黏性终端问题。由于终端厂商对漫游门限设定并不一致，部分终端在漫游过程中表现比较迟钝。如图 3-17 所示，这种迟钝表现为当可以接入信号更好的 AP 时，终端却一直关联在原来接入的 AP，哪怕原来接入的 AP 信号质量已经非常差。这种现象被称为黏性，发生这种行为的终端也被称为黏性终端。

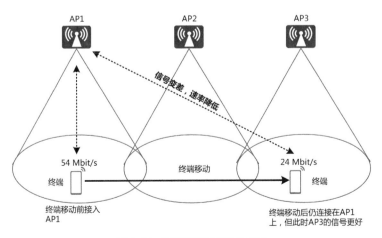

图 3-17　移动场景下的黏性终端

一方面，由于信号质量差，黏性终端的业务体验无法保障；另一方面，黏性终端由于糟糕的信号质量，只能在低速率下传输数据，因此必然会消耗更多的空口资源，进而影响其他用户。本节中介绍的智能漫游与零漫游功能可以帮助用户解决该问题。

2. 快速漫游技术的原理

快速漫游技术通过简化 WPA2 或 WPA3 接入方式中的终端身份认证交互或（和）密钥协商过程，缩短了终端漫游到新 AP 的切换时间。本节将以可扩展认证协议 – 受保护的可扩展认证（Extensible Authentication Protocol–Protected Extensible Authentication Protocol，EAP–PEAP）、高级加密标准（Advanced Encryption Standard，AES）为例来介绍快速漫游的原理。

当终端以普通方式漫游接入新的 AP 时，整个报文交互过程包括链路认证过程、重关联过程、终端身份认证过程、密钥交互过程，如图 3-18 所示。可以看到，后两个交互过程占到切换时间中的大部分。

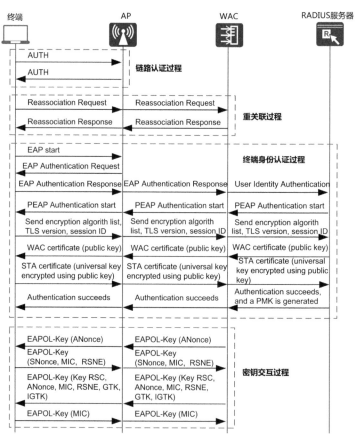

注：RADIUS即Remote Authentication Dail In User Service，远程用户拨号认证服务。

图 3-18 终端漫游接入新 AP

目前有两种技术可以满足快速漫游的要求，分别是成对主密钥（Pairwise Master Key，PMK）快速漫游和 802.11r 快速漫游。

（1）PMK 快速漫游

在制定 802.11i 标准时，考虑到完整的 802.1X 认证耗时长，会影响漫游业务体验，协议规定采用 PMK Caching 技术以省略 802.1X 认证。采用该技术的漫游过程一般称为 PMK 快速漫游。PMK 快速漫游只应用于 WPA2/WPA3+802.1X 认证方式。

PMK 快速漫游的原理是终端在关联 / 重关联请求中携带 PMK 标识符（PMK Identifier，PMKID），PMKID 是终端的 PMK 标识，具有唯一性、不可逆性；AP/WAC 收到请求后，根据自有的 PMK 算出 PMKID，如果 2 个 PMKID 一致，则认为已与终端进行过完整的 802.1X 认证，回复关联响应后直接发起密钥交互过程。这样就省去了终端身份认证的过程。

（2）802.11r 快速漫游

802.11r 标准于 2008 年 7 月 15 日发布，标准的名称为 "Fast Basic Service Set Transition"，简称为 FT。遵守该标准的网络设备具备快速、安全的漫游切换方式，被称为 802.11r 快速漫游。802.11r 快速漫游可应用于 WPA2+PSK、WPA3+SAE 和 WPA2/WPA3+802.1X 认证方式。

802.11r 快速漫游的原理是终端在链路认证和关联阶段的报文交互中完成了身份认证及密钥交互。这样省去了漫游过程中的终端身份认证过程和密钥交互过程。

以上 2 种漫游方式需要 AP 和终端同时支持对应的漫游功能。

（1）PMK 快速漫游关键技术

如前文所述，PMK 快速漫游的核心是 PMKID。

在终端初次接入或以普通方式漫游至需要 WPA2+802.1X 认证的网络时，终端和 WAC 在身份认证过程中会生成 PMK，PMK 用于在其后的密钥交互过程中生成成对临时密钥（Pairwise Transient Key，PTK），PMK 和终端 MAC 地址、BSSID、PMK 生命周期共同组成 PMK 安全关联（PMK Security Association，PMKSA）。PMKID 由 PMKSA 生成，具体计算方式如下。

PMKID = HMAC-SHA1-128(PMK , "PMK Name" │ BSSID │ MAC_STA)

其中，HMAC-SHA1-128 是 Hash 函数（又称哈希函数），由此函数计算出的 PMKID 具有唯一性和不可逆性；"PMK Name" 是一个固定的字符串。

根据此公式，只要 PMK 和 MAC 地址不变，PMKID 的值就不变。终端漫游时发出的关联 / 重关联请求会携带 PMKID。当目的 AP 收到关联 / 重关联请求后，会将 PMKID 上报至 WAC，WAC 本身也会按照同样的方法计算出 PMKID，如果两个 PMKID 相同，则认为该终端合法，即通知目的 AP 回复成功的关联响应。至此，PMKID 校验成功，后续终端与 AP 跳过身份认证过程，直接进入密钥交互过程。

（2）802.11r 快速漫游关键技术

802.11r 标准中规定了两种协议，分别为 FT 协议和 FT 资源请求协议，后者相比前者多了资源确认报文交互过程，即如果目的 AP 没有资源可供终端接入，则拒绝终端漫游接入。每种协议又分为 Over-the-Air 和 Over-the-DS 两种方式，前者只是终端和目的 AP 之间进行报文交互，后者还会有当前 AP 参与报文交互。802.11r 漫游的核心是三级密钥体系。

三级密钥体系支撑终端在关联过程中完成密钥协商。该密钥体系分为三级，认证端（WAC+AP）和认证申请端（终端）分别有各自的密钥体系，分别如图 3-19 和图 3-20 所示。

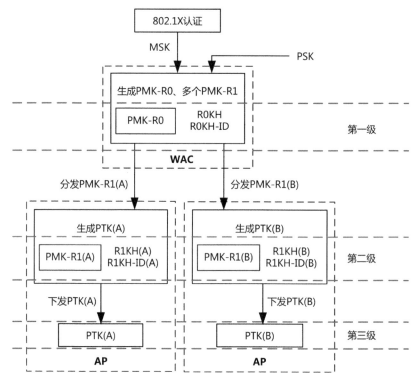

注：MSK即Master Session Key，主会话密钥。

图 3-19　认证端的密钥体系

三级密钥体系中涉及的相关概念如下。

（1）PMK-R0

这是体系中的第一级密钥。它以 PSK 或 802.1X 认证产生的 PMK 为基础生成，其标识为 PMK-R0 Name，保存在 PMK-R0 Key Holder 中。认证端和认证申请端的 Key Holder 分别被称为 R0KH、S0KH。相应地，R0KH-ID、S0KH-ID 分别是 R0KH、S0KH 的标识。

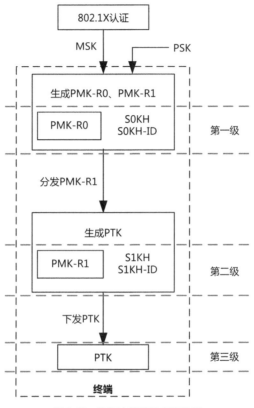

图 3-20　认证申请端的密钥体系

（2）PMK-R1

体系中的第二级密钥。它以 PMK-R0 为基础生成，其标识为 PMK-R1 Name，保存在 PMK-R1 Key Holder 中。认证端和认证申请端的 Key Holder 分别称为 R1KH、S1KH。相应地，R1KH-ID、S1KH-ID 分别是 R1KH、S1KH 的标识。可以存在多个 PMK-R1，由 PMK-R1 的生成者分发给各个 Key Holder。在实际应用场景中，WAC 生成一个 PMK-R0、多个 PMK-R1，然后将 PMK-R1 分发到不同的 AP。认证申请端各有一个 PMK-R0、PMK-R1 和 PTK。

（3）PTK

体系中的第三级密钥。它以 PMK-R1 为基础生成。两端都生成 PTK 后，就可以实现加密通信了。

为了让读者更好地理解三级密钥体系，下面举一个实际的例子来说明。假设终端从 AP1 快速漫游到 AP2，网络采用 WPA2+802.1X 认证方式，如图 3-21 所示。

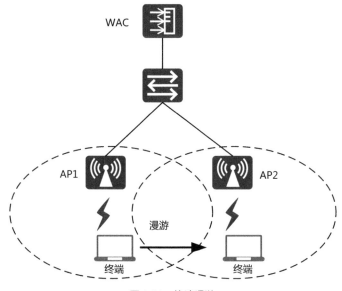

WAC

AP1

AP2

漫游

终端

终端

图 3-21　快速漫游

（1）终端初始接入 FT 网络

WAC 通过 Beacon 帧和探测响应帧告知终端本 WAC 支持 802.11r 标准，并通告自己的漫游域 ID（Mobility Domain Identifier，MDID）。如果终端也支持 802.11r 标准，则在收到上述的 Beacon 帧或探测响应帧后，发起接入过程。

首先，完成普通的链路认证过程。

其次，终端会向 AP1 发出带有 MDID 的关联请求（Association Request）帧。AP1 收到关联请求帧后，会判断终端发来的 MDID 是否与自己的一致，不一致则向终端回复拒绝的关联响应（Association Response）帧；如果一致，则将关联请求帧上送给 WAC。WAC 会通过 AP1 回应带有 MDID、R0KH-ID 和 R1KH-ID 的关联响应帧。其中，R0KH-ID、R1KH-ID 分别为 WAC 的 MAC 地址、AP1 的 BSSID，它们在终端身份认证过程中用于终端侧生成 PMK-R0、PMK-R1。

再次，终端和 RADIUS 服务器之间完成 EAP-PEAP 认证，认证成功后生成 PMK。WAC 根据 PMK 可以生成 PMK-R0 和 AP1 对应的 PMK-R1，并将 PMK-R1 下发给 AP1。PMK-R1 的计算方法如下。

PMK-R1=KDF-256（PMK-R0, "FT-R1", R1KH-ID||S1KH-ID）

其中，KDF-256 为密钥计算函数，R1KH-ID 为 BSSID，S1KH-ID 为终端 MAC 地址。

最后，终端和 WAC 之间经过 4 次握手，生成了 PTK，用于数据加密。整个过程如图 3-22 所示。

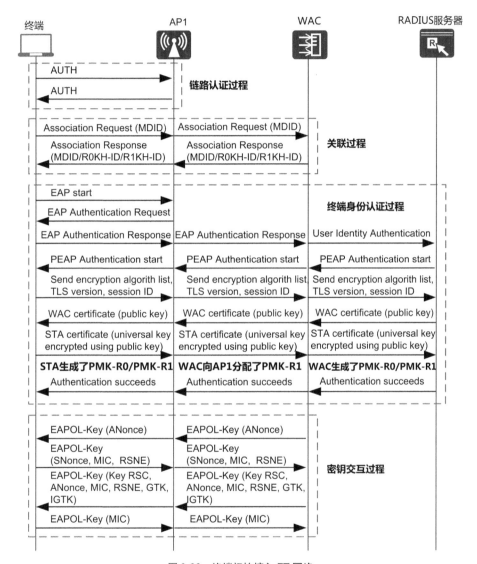

图 3-22　终端初始接入 FT 网络

（2）终端漫游

已接入 FT 网络并与 AP1 建立连接的终端向 AP2 漫游的过程如下。

首先，终端向 AP2 发送携带 MDID、PMK-R0 Name、SNonce、R0KH-ID 的认证请求（Authentication Request）帧。

其次，AP2 收到认证请求帧后，校验 MDID 是否与本身具备的一样，如果一样，则将帧里的信息取出，与自身的 ANonce、R1KH-ID、终端 MAC 合并上送到 WAC。

再次，WAC 收到消息后，校验 PMK-R0 Name 是否与本身具备的一样，如果一样，则利用消息的剩余信息生成 PMK-R1、PTK，再将二者分配到 AP2。AP2 收到 WAC 下发的 PMK-R1、PTK 后，认为认证请求帧通过认证，便向终端回复携带 R1KH-ID、ANonce、MDID、PMK-R0 Name、SNonce、R0KH-ID 信息的认证响应（Authentication Response）帧。

最后，终端收到认证响应帧后，利用帧中的信息，生成 PMK-R1 及 PTK。至此，快速漫游认证的交互结束。

终端与 AP2 之间进行重关联交互，过程如下。

终端发出携带消息完整性校验（Message Integrity Check，MIC）信息的重关联请求（Reassociation Request）帧；AP2 收到后，使用已生成的 PTK 校验 MIC 信息，如果正确，则向终端回复带有 MIC 信息的重关联响应（Reassociation Response）帧。终端收到后，同样使用已生成的 PTK 校验 MIC 信息，如果正确，则认为交互完成，断开与 AP1 的连接。

至此，快速漫游完成。整个过程如图 3-23 所示。

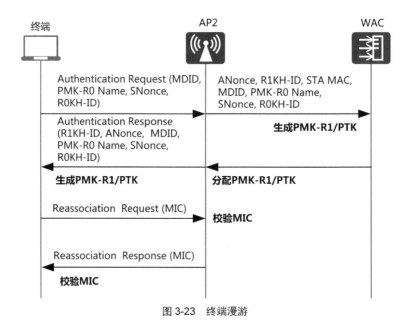

图 3-23　终端漫游

3. 802.11k/v 辅助漫游技术的原理

802.11k 标准主要定义了在 WLAN 中进行无线资源测量的机制，支持 AP 或终端感知所处无线环境的信息。本部分以华为公司的产品为例，描述如何利用协议测量机制辅助终端漫游，这里不会对 802.11k 标准进行全面介绍。

802.11k 标准允许终端向 AP 发起请求，获取周边同一扩展服务集（Extended Service Set，ESS）中的邻居 AP 列表，包括 BSSID 和信道数（Channel Number）等，如图 3-24 所示。

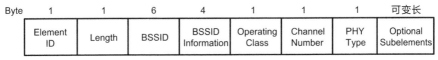

图 3-24　邻居 AP 信息

如图 3-25 所示，对于支持 802.11k 标准的终端，在拥有邻居列表信息后，由于已经获得周边 AP 的信道信息，因此不需要探测所有的 2.4 GHz 和 5 GHz 频段的信道来找漫游目标，在大大减少扫描时间的同时，也减少了扫描报文对信道资源的开销。减少漫游扫描时间，一方面可以更快地完成漫游，改善漫游时的业务体验；另一方面，由于终端减少了扫描信道的次数，因此也会减少不必要的信道切换及探测请求报文，延长终端设备电池的使用寿命。

信号强度为-70 dBm
需要漫游了，扫描所有信道36、40、44、48、52、56、60、64、149、153、157、161、165…

总时长：6 s

不支持802.11k标准

信号强度为-70 dBm
需要漫游了，扫描最优信道40、48、157。找到可用AP了吗？是→漫游

总时长：200 ms
没找到可用AP？扫描所有信道

支持802.11k标准

图 3-25　802.11k 标准辅助漫游原理

如图 3-26 所示，终端获取的邻居 AP 列表是动态生成的，与不同 AP 连接的终端会获取不同的邻居 AP 列表。同理，终端接入不同 AP 后也会获取不同的邻居 AP 列表。

802.11k 标准允许 AP 向终端发起测量请求，从而获取终端的下行信号强度作为漫游判断的依据。终端向 AP 反馈的测量结果信息包括接收信号强度指示（Received Channel Power Indicator，RCPI）、接收信噪比指示（Received Signal-to-

Noise Indicator，RSNI）、发射功率（Transmit Power）、链路余量（Link Margin）等，如图 3-27 所示。

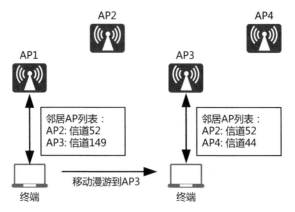

图 3-26　接入不同 AP 可获取不同的邻居 AP 列表

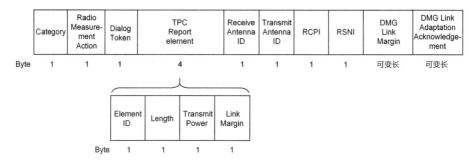

图 3-27　终端测结果信息

如图 3-28 所示，对于支持 802.11k 标准的终端，其收到支持 802.11k 标准的 AP 的测量请求后，会主动测量 AP 的下行信号质量并反馈给 AP。多数场景以下行业务为主，由于 AP 能够及时感知终端的下行链路质量，减少了因终端上行报文不足或者上下行发送功率差异导致的漫游决策滞后或者漫游决策错误，因此可以更快地感知需要漫游的终端并辅助 AP 的漫游决策，改善终端的漫游体验。

802.11v 标准主要定义了控制终端漫游切换的机制，支持终端按照关联 AP 推荐的漫游目标 AP 进行漫游切换。关联 AP 利用漫游算法选择最佳漫游目标 AP，通过 802.11v 标准向终端发起引导漫游请求，并引导漫游请求信息携带漫游目标 AP 的 BSSID、工作信道数（Channel Number）等信息，如图 3-29 所示。

图 3-28　802.11k 标准辅助测量原理

Element ID	Length	BSSID	BSSID Information	Operating Class	Channel Number	PHY Type	Optional Subelements
Byte 1	1	6	4	1	1	1	可变长

图 3-29　802.11v 标准引导目标信息

当关联 AP 判断终端需要漫游时，向终端发起 802.11v 引导请求。终端响应引导并漫游到指定的目标 AP，漫游后的信号质量提升明显，如图 3-30 所示。

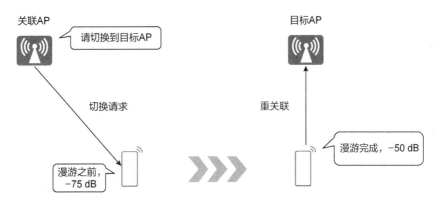

图 3-30　802.11v 标准引导终端漫游原理

802.11v 标准的引导过程如图 3-31 所示，AP 和终端通过 BTM 请求帧和响应帧完成引导漫游。

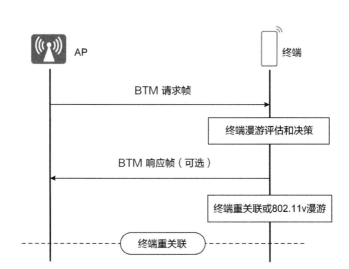

图 3-31　802.11v 标准的引导流程

3.4.2　智能漫游

1. 智能漫游技术的原理

黏性终端在网络中的占比并不大，但其带来的危害却是巨大的。

（1）降低了吞吐率

终端选择信号更好的 AP 漫游，意味着终端能够得到更好的覆盖，以更高的速率收发数据。但黏性终端破坏了这一点，使用低速率收发数据意味着需要更长时间占用空口，一方面影响了整个 AP 下其他终端用户（尤其是高速率用户）的吞吐率，另一方面也影响了整个 AP 的系统吞吐率。

（2）影响了用户体验

在终端移动的场景下，终端不及时切换到信号更好的 AP，"黏"在某个 AP 上，信号越来越差，速率越来越低，用户体验越来越糟糕。

（3）破坏了信道规划

为了获得更大的容量，网络规划时需要对布放的多个 AP 做信道规划，以信道复用的方式减少 AP 间的无线干扰。但终端的黏性破坏了信道规划。将本不属于该区域使用的信道引入了该区域，而引入的信道可能与该区域规划使用的信道之间产生信道干扰。信道干扰也降低了网络容量，影响了用户体验。

智能漫游通过识别黏性终端，并选择匹配的方式，主动引导终端选择更合适的 AP 接入，消除黏性终端的负面影响。智能漫游的基本流程如下。

（1）第一步：识别黏性终端

在无线网络规划中，每个 AP 都有一个核心的覆盖区域。根据边缘吞吐率的要求规定的边缘信号强度确定覆盖边缘。如图 3-32 所示，边缘信号强度为 −65 dBm。而每个服务区域都应该属于至少一个 AP 的覆盖范围（当存在多个 AP 时，覆盖范围会有一定的重叠）。当 AP 收到的终端信号强度低于该 AP 的边缘信号强度时，意味着终端进入其他 AP 的覆盖范围，只有此时才会触发漫游。对黏性的识别可以通过关联 AP 上收到的终端的信号强度信息进行。

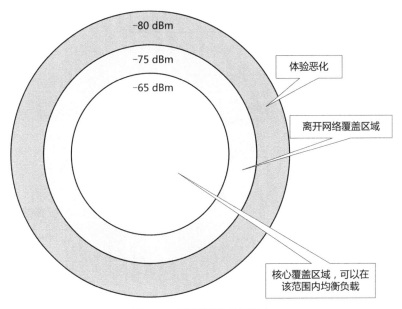

图 3-32　覆盖范围与信号强度

（2）第二步：收集邻居 AP 信息测量结果

被识别出的黏性终端需要网络帮助其选择更合适的 AP，这就需要网络收集终端周边的 AP 的信息。这个信息需要通过测量来收集，802.11k 标准提供了相应的测量和收集机制。对于支持 802.11k 标准的终端，可以直接使用这个测量机制。对于不支持 802.11k 标准的终端，则需要 AP 通过主动扫描侦听的方式测量。

对于被识别出的支持 802.11k 标准的黏性终端，在当前关联 AP 检测到终端为黏性时，主动触发终端进行基于 802.11k 标准的邻居测量。如图 3-33 所示，在 802.11k 标准的通告机制下，终端会向 AP 通告自己监听到的周边 AP 的信号强度。

对于被识别出的不支持 802.11k 标准的黏性终端，网络会使用 AP 扫描的数据作为参考。通常该数据是各 AP 一段时间内扫描结果的汇总。各 AP 扫描结果存在时间上的差异，如果终端处于移动状态，该信息往往具有误导性，如图 3-34 所示。

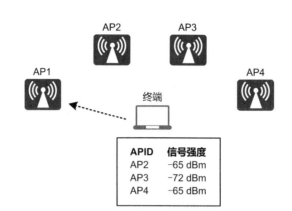

图 3-33　802.11k 标准的通告机制

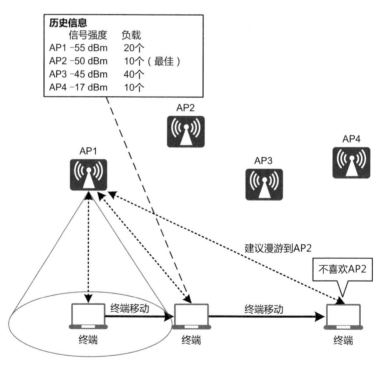

图 3-34　终端移动状态下导致信息具有误导性

在遇到这种情况时，网络通过网元（AP）间的协作机制来解决该问题。通过在网元间相互通告自己的信号强度和负载，从而为迁移的终端选择一个最合适的目标 AP，如图 3-35 所示。需要说明的是，网元间协作机制是建立在 AP 切换信道扫描的基础上的，为了避免语音、视频等时延敏感类业务的体验受损，如果 AP 存在以上业务，则不会参与扫描。

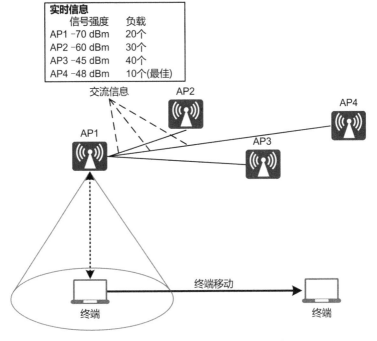

图 3-35　通过网元间协作机制获取最合适的目标 AP

（3）第三步：为黏性终端选择合适 AP

基于 802.11k 标准的扫描结果（支持 802.11k 标准的终端）或者网元间协作（不支持 802.11k 标准的终端）收集的信息，网络最终会生成一张黏性终端当前邻居 AP 的列表。网络会在其中选择一个目标 AP 引导终端去漫游，选择的目标 AP 需要符合以下要求。

· 过滤掉不满足负载均衡的AP。具体参见3.4.5节。

· 优先选择5 GHz频段。具体参见3.4.4节。

将满足以上条件的信号最强的 AP 作为目标 AP。

（4）第四步：引导黏性终端漫游

802.11v 标准扩展了设备的网络管理功能，其中包含了 AP 通知终端进行漫游切换的机制，具体流程如下。

首先，AP 主动向终端发送 BTM 请求帧，该帧中可以携带建议漫游的目标 AP 的信息。

其次，终端在接收到 BTM 请求帧后，决定是否切换，并通过 BTM 响应帧告知 AP 决策结果。终端侧接受 AP 迁移建议的流程，如图 3-31 所示。

前述的智能漫游技术聚焦如何帮助网络侧及时发现黏性终端，并通过智能漫游算法引导终端正确漫游，消除黏性。然而，漫游的效果是由终端最终决策的，终端的厂商、硬件型号、操作系统版本等五花八门，这导致终端在漫游过程中的行为存在诸多差异。

首先，对于终端自主漫游，不同厂商的终端触发漫游的时机千差万别，如图 3-36 所示，其自主漫游时机主要依赖终端感知的下行信号强度，自主漫游阈值越低，其终端越容易产生黏性，进而影响体验。

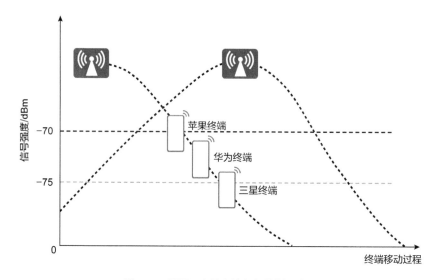

图 3-36　不同厂商的终端自主漫游的时机

其次，对于不同厂商的终端，网络侧设备基于智能漫游引导的效果参差不齐（如有的过早、有的过晚等），漫游引导成功率较低，无法有效保障漫游体验，不同终端主要表现为协议能力的差异与漫游触发条件的差异。

（1）终端协议能力

网络侧对终端漫游的正确引导离不开 802.11 测量协议与引导协议的支持，首先通过测量协议持续监测终端的信号质量，然后在合适的时机通过引导协议引导终端漫游。常用的测量协议有 802.11k（如链路测量）与 802.11h（如 TPC 测量），例如当前的主流商用手机（华为、苹果、三星等）支持以 802.11k 标准完成下行信号强度的测量，笔记本计算机等使用 Intel 网卡的终端支持以 802.11h 标准完成下行信号强度的测量。同时，选择正确的引导协议也至关重要，当前主流的终端（包括手机、平板计算机、笔记本计算机等）均支持 802.11v 协议进行漫游引导，但是，不同款型的终端需要设置合适的引导参数方能成功引导。如图 3-37 所示，苹果、华为等的终端适合设置引导参数组合 A，三星等的终端适合设置引导参数组合 B。选用合适的测量协议与引导协议可以促使网络侧做出正确的终端漫游引导决策。

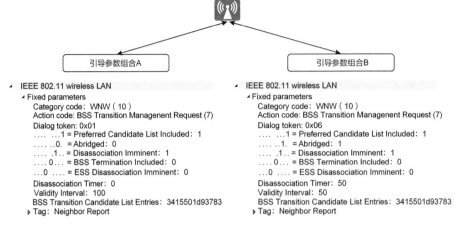

图 3-37　802.11v 协议引导参数组合

（2）终端漫游触发条件

终端在接收到关联 AP 发起的智能漫游引导后，会对关联 AP 推荐的目标 AP 进行探测和漫游决策。此时，不同款型的终端对漫游目标 AP 的选择有着差异化的处理策略。例如，有的终端仅需要目标 AP 的下行信号强度高于一定阈值就可以成功漫游，如图 3-38 所示，典型终端为华为的终端；有的终端不仅需要目标 AP 的下行信号强度高于一定阈值，也要满足目标 AP 的下行信号强度大于当前关联 AP 的信号强度，如图 3-39 所示，典型终端为三星的终端。因此，如果要提高 AP 的引导漫游成功率，就需要准确测量终端感知的 AP 下行信号强度，并在满足对应终端漫游触发条件时进行漫游引导。

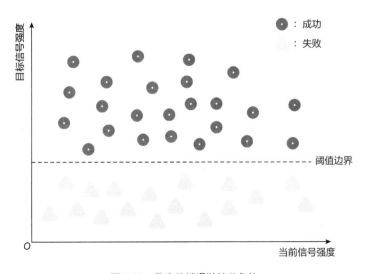

图 3-38　华为终端漫游触发条件

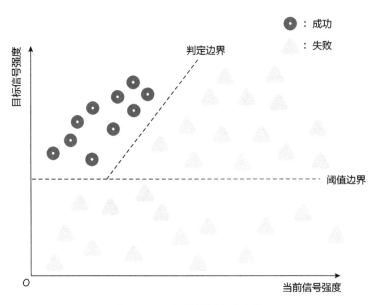

图 3-39   三星终端漫游触发条件

AI 漫游作为一种增强版的智能漫游技术，创新地结合了 AI 的强化学习（Reinforcement Learning）算法与 802.11k/v/r 标准加速漫游技术，能够面向不同类型的终端提供个性化的漫游引导策略，并通过协同测量机制在合适的时机进行漫游引导。该技术改进了终端识别、终端画像（能不能被引导）、协同测量（引导到哪个 AP）、终端运动趋势识别（什么时候引导）等关键的漫游算法，解决了漫游成功率低、切换慢、业务中断等问题，有效提升了漫游体验。

（1）终端识别

AI 漫游技术需要根据终端款型的差异感知终端漫游行为，学习对应终端的漫游行为画像。如图 3–40 所示，终端上线之后，AP 可以根据终端的特征报文进行特征提取，并利用终端识别引擎快速识别终端款型。款型识别结果可以服务于对终端进行分类漫游画像学习、漫游画像匹配等。

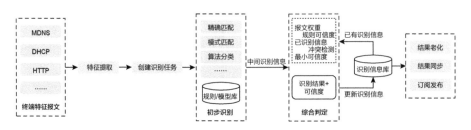

注：mDNS 即 multicast DNS，多播域名系统。

图 3-40   终端识别引擎

（2）终端画像

随着各种新款终端产品不断面世，如何兼容并适配新的终端型号是终端画像机制要面临的重要问题。新的终端款型以及终端厂商操作系统（Operating System，OS）版本的变化是未知的，我们无法事先获取终端的行为样本，这就需要在环境交互中获取终端行为样本更新画像。通过 AI 的强化学习功能，持续学习和训练进化，识别终端的漫游行为，将终端漫游参数抽象为终端漫游画像（包括该终端的协议能力、漫游条件等），进而形成终端画像库，如图 3-41 所示。此外，还能协同分析器（如华为的 iMaster NCE-CampusInsight）进行大数据学习，持续在线训练和更新终端漫游画像，以适应各种环境下不同的终端漫游场景。

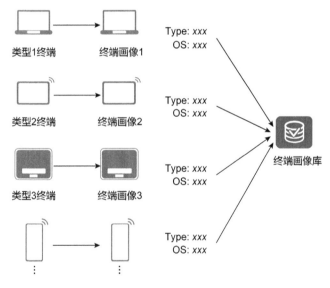

图 3-41　终端画像库的形成

在构建终端画像库时还需要考虑以下问题。

- 安全可靠性。如果盲目地使用强化学习，在学习阶段随机、长时间探索试错，将给用户的体验以及网络的可靠性造成很大影响，甚至带来用户投诉。需要从业务约束以及算法等层面加速模型的收敛与学习。
- 可解释性。基于强化学习的终端画像原理如图3-42所示，根据状态（State）以及动作（Action）反馈的奖励（Reward），通过基于监督学习（Supervised Learning，SL）的集成学习（支持向量机、逻辑回归、决策树）来更新Q值（即终端漫游触发条件阈值），达到可解释性高、专家可以预判、风险可控的目标。

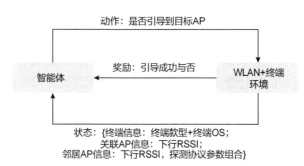

图 3-42　基于强化学习的终端画像原理

（3）协同测量

传统的漫游基于 802.11k 标准，在终端感知信号变弱后，再扫描和搜索附近的 AP。此时，终端需要暂时停止业务进行全信道扫描，这不仅会导致终端业务在扫描期间无法使用，还耗费了时间，以致错失漫游的最佳时机。协同测量可以很好地解决这个问题，其工作流程如图 3-43 所示，具体说明如下。

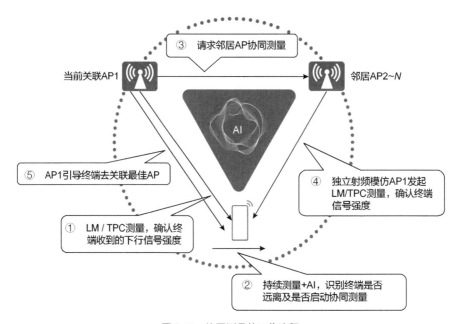

图 3-43　协同测量的工作流程

① 关联 AP 通过 802.11k/h 测量终端收到的下行信号强度。

② 用"基于大数据 AI 分析终端远离触发"代替"终端感知变弱触发"，确保在最佳时机启动测量信号，这比终端感知触发漫游的方式快一步。

③ 用"多 AP 协同测量终端 RSSI"代替"单终端遍历探知 RSSI"，确保通过

最少的耗时选择最佳的目标 AP。

④ 用"AP 独立射频扫描"代替"终端扫描",确保终端业务不中断。

⑤ 保证在不影响业务的前提下,用最小的消耗,确定漫游最佳时机和最佳 AP 引导终端,提升漫游的及时性、准确性。

(4)终端运动趋势识别

为了确保引导时机的精准,基于终端画像的引导需要的特征数据较多,其中获取邻居 AP 信号质量时需要协同测量,这会给整网带来资源开销。如果全程扫描,即使每个终端仅对筛选过的几个邻居 AP 进行信号质量测量,对整个网络的射频资源来说也是难以承受的。为了减少不必要的邻居信号质量测量,需要对漫游时机进行初步筛选。大多数的漫游需求由终端移动导致,因此通过增加运动趋势识别模块,识别出每个终端当前的运动状态,并仅对处于运动中甚至正在远离当前 AP 的终端启动 AI 漫游引导机制,这种方式可以显著降低对邻居 AP 信号质量的测量需求。

通过关联 AP 持续检测终端接收到的信号强度(下行 RSSI)变化,可以预测终端漫游趋势。如图 3-44 所示,终端的位置移动伴随着信号强度的变化,当终端远离或者靠近关联 AP 时,其连续一段时间内的信号强度呈下降或上升趋势;当终端静止在 AP 附近时,其信号强度应该保持较为稳定的状态。利用神经网络 AI 算法,可以对信号强度的变化趋势与终端的运动状态进行关联预测学习,进而实时识别在线终端的运动状态。当终端需要漫游时,其信号强度的变化必然与远离的运动状态强相关,因此,利用终端运动状态识别结果,可以准确识别出需要漫游的终端,并及时进行协同测量与引导漫游,进一步精确漫游的时机,减小 AP 空口的测量开销。同时,利用运动状态识别结果,如果判别为无须漫游的终端存在异常漫游行为,则可以得到更及时、准确的控制。总之,终端运动趋势识别辅助 AI 漫游算法可以更好地改善用户的漫游体验。

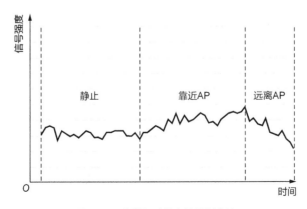

图 3-44　终端运动状态的识别方法

2. 智能漫游技术的应用

以往的漫游技术，或者无引导机制，或者受限于私有协议和特定终端，均存在一定的局限性。而华为智能漫游将 AI 算法和学习能力引入漫游技术，不需要私有协议，不限定终端的品牌和型号及软件版本，可以智能识别各类漫游场景。在连续组网的前提下，任意终端在任意场景、任意时间都可以及时、快速地完成漫游，保证业务不发生中断。

智能漫游技术是针对存在黏性终端的场景设计的，实际上黏性终端可能存在于任何一个场景中。这些黏性终端虽然不多，但是对网络带来的影响却是很大的。尤其在对空口非常敏感的高密场景下，个别黏性用户对 WLAN 性能的影响会被加倍放大。

因此，智能漫游技术可以应用于任何一个存在黏性终端的场景，尤其适合开放式办公（无固定工位）企业以及流动性强的公共场所（机场、车站等）。

在一些大型的发布会，例如华为公司每年举办的 HC（全联接）大会上，主办方会为参会的现场嘉宾和媒体提供免费且高质量的 Wi-Fi 接入服务，深受参会人员的好评。但在使用过程中也发现了一些由终端黏性引起的体验问题。例如，某位嘉宾在一个分会场的讨论结束后去参加另一个分会场的讨论，这两个分会场不在一个会议室。嘉宾到新的分会场后，发现使用 Wi-Fi 访问网络的速度变得非常慢，甚至网络不可用。这个时候终端显示的信号强度非常弱，但在这个会议室内也部署了 AP，Wi-Fi 覆盖信号本身非常好。出现这种情况是由于终端的漫游出现了问题，"黏"在原来的 AP 上了，而不是漫游到信号更好的新 AP 上。智能漫游技术能将网络中的黏性终端及时识别出来，并且根据不同的终端选择不同的方式，帮助黏性终端接入更合适的 AP，避免出现终端"舍近求远"，连接到远处的 AP，从而减小或消除黏性终端带来的影响，提升终端用户的体验，提高网络容量。

智能漫游不仅适用于典型的办公园区，保障随时随地无线办公，还可以拓展到千行百业的移动机器人工作场景，例如物流仓储（如 AGV）、工厂生产（如自动化流水线机器人）、能源开发（如矿井采矿机器人）、交通运营（如地铁巡检机器人）、医疗服务（如送药机器人）等，保证智能机器人运行全程无缝漫游、实时回传数据（定位、导航、工作等数据），从而实现生产的无人化、自动化、远程化，进一步提高生产效率。

3.4.3 零漫游

1. 零漫游技术的原理

在传统的漫游切换过程中，无线终端重关联到新 AP 前，需要断开与原 AP 的连接，并在新 AP 上重新完成认证流程。从老 AP 断开连接到新 AP 重新建立连接的时间，就是无线终端的漫游切换时间。漫游切换时间内可能出现业务丢包问题，如果切换时间长，就会影响用户使用体验。因此出现了一种新的 WLAN 架构演进方向——实现终端零漫游，即终端在 WLAN 中移动时，不感知漫游过程，终端侧认为整个无线网络是由一台"超大 AP"完成覆盖的"超大小区"，只需要完成一次接入，后续终端即可畅享整个无线网络，无论终端移动到任何位置，其物理链路始终保持连接，进而保证终端的低时延和高可靠的要求。从技术原理上看，当前有两类实现零漫游的组网架构方案，分别是分布式 Wi-Fi 方案与虚拟同频组网（Same Frequency Network，SFN）方案。下面对这两种方案进行详细介绍。

（1）分布式 Wi-Fi 方案

零漫游分布式 Wi-Fi 方案以分布式 AP（Distributed Access Point，DAP）、光射频单元（Optical Radio Unit，ORU）和天线单元（Antenna Unit，AU）作为核心设备，通过零漫游分布式架构，实现诸如房间密集型场景或仓储场景中移动终端零漫游、信号覆盖范围广、三网（内网、外网和物联网）融合部署且物理隔离的无线网络。如图 3-45 所示，在分布式 Wi-Fi 网络架构中，分布式 AP、光射频单元和天线单元配套使用。光射频单元和天线单元由分布式 AP 集中管理、控制，连接线缆后无须额外配置即可使用，可被看作一套具有远距离覆盖能力的天线，可以形成大范围的内网 Wi-Fi 覆盖区域。这 3 种设备的具体用途如下。

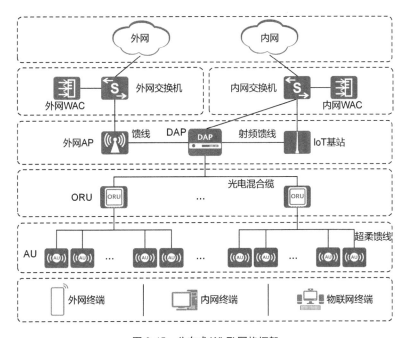

图 3-45　分布式 Wi-Fi 网格框架

- 分布式AP：实现AP转发、射频处理、光射频单元管理等功能。分布式AP支持工作在FIT模式，受内网WAC集中管理和控制，也支持单台分布式AP工作在FAT模式。分布式AP下行连接光射频单元，实现信号拉远。此外，分布式AP可连接外网AP和IoT基站，并提供"射频信号—光信号"转换能力。
- 光射频单元：实现射频信号在远端放大，通过超长光电混合缆连接分布式AP，能实现500 m超远距离部署。
- 天线单元：用于收发信号，通过超柔馈线直连光射频单元。

根据实际应用场景的需要，用户可以融合部署外网和物联网。

- 外网：沿用传统的WAC+FIT AP组网架构，使用外网WAC管理和控制外网AP。只要将一个外网AP通过射频馈线直连到分布式AP，就可以共用分布式AP的天线，形成与内网相同的外网Wi-Fi覆盖区域。
- 物联网：使用IoT基站为IoT业务提供服务。分布式AP最多支持连接4个2.4 GHz频段的IoT基站和2个433 MHz频段的IoT基站。将IoT基站通过射频馈线直连到分布式AP后，分布式AP将物联网信号转换为光信号并拉远传送到光射频单元。之后，2.4 GHz IoT基站可直接共用分布式AP的天线单元；433 MHz IoT基站需要在光射频单元上独立部署433 MHz天线。

如图 3-46 所示，在零漫游分布式 Wi-Fi 方案中，分布式 AP 及其配套的光射频单元、天线单元可以被看作一台有 64 根天线的 AP。如图 3-47 所示，零漫游分布式 Wi-Fi 与传统漫游最大的区别在于，传统漫游过程是在多个 AP 之间移动，会触发信道切换和重新认证流程。而在零漫游分布式 Wi-Fi 解决方案中，终端无论是跨 AU 移动，还是跨 ORU 移动，整个移动过程实际上都是在由相同信道组成的连续覆盖区域内移动，不会触发重认证流程，从根本上解决了漫游可能导致的丢包问题。

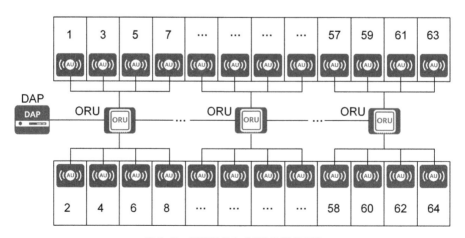

图 3-46 零漫游分布式 Wi-Fi 覆盖示意

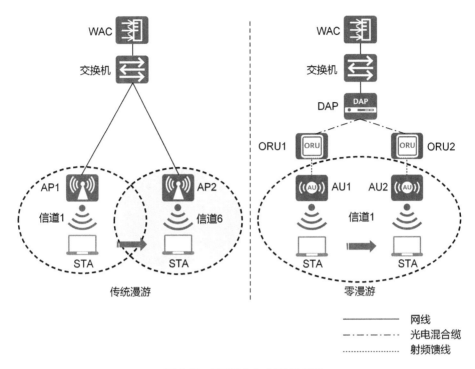

图 3-47　零漫游分布式 Wi-Fi 原理

以分布式 AP 为核心的零漫游分布式 Wi-Fi 网络架构不仅可以实现终端在房间之间移动时不发生漫游，还能降低网络建设和运维成本。当需要同时部署内网、外网和物联网时，如果三网分别独立部署，则建网成本高、运维困难。分布式 AP 在转发内网数据的同时，为外网和物联网提供了射频信号合路的能力；将一个外网 AP 和一套 IoT 基站直连在分布式 AP 上，可以使三网共用一套天线，即三网融合部署，从而大大降低了成本。同时，由于分布式 AP 信号合路时并不会使用 CPU 处理外网和物联网数据，因此即使共用天线，三网数据实际也是相互隔离的，可以保障网络的安全性。

如图 3-48 所示，在零漫游分布式 Wi-Fi 方案中，同样复用了 MU-MIMO 的技术，使得分布式 AP 可以同时与多终端进行数据传输。传统的 MU-MIMO 技术首先通过 AP 对要发送的数据进行预编码计算，然后将预编码的信号通过每根天线发出，这导致所有天线的数据到达每个终端时，仅包含本终端的数据，消除了其他终端的数据，就像形成了指向每个终端的定向波束。而在零漫游分布式 Wi-Fi 方案中，下行 MU-MIMO 采用光射频单元和终端 1 对 1 绑定的方式，分布式 AP 通过光电混合缆将不同终端的数据发给对应的光射频单元，光射频单元再广播到下挂的天线单元，最终发送到各终端。

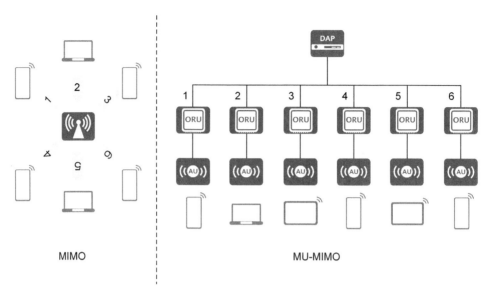

图 3-48　分布式 Wi-Fi 多终端数据传输示意

同时，零漫游分布式 Wi-Fi 基于 Wi-Fi 6 实现了对 OFDMA 技术和 1024-QAM 编码方式的支持，大幅提升了吞吐量。

（2）虚拟 SFN 方案

在传统 WLAN 中，组成无线网络的每个物理 AP 对应不同的 BSSID，终端根据信号强度选择合适的 AP 进行漫游。漫游过程中，因为在不同的 BSSID 间切换，终端需要断开与原关联 AP 的物理链路，再向新的 AP 发起重关联请求，并重新协商密钥与数据聚合窗口信息。此外，传统办公网络多为异频组网，终端还需要在漫游过程中处理信道切换。因此，传统终端漫游过程很难达到低时延的性能要求。

为了解决终端在不同 BSSID 间漫游的问题，业界采用了新的组网架构，即虚拟 SFN 方案。虚拟 SFN 内，所有 AP 均使用相同的 BSSID 和终端通信。终端在这些 AP 间移动时，通过软切换的方式实现零漫游效果。下面将详细介绍该方案的实现原理。

- AP 同 BSSID 组网。如图 3-49 所示，在不改变传统网络部署方案的前提下，设置覆盖范围内的所有 AP 发送携带相同 BSSID 的 Beacon 报文。终端接收到这些 Beacon 报文后，认为网络中只存在一个逻辑上的大 AP，该 AP 可以完成全部区域覆盖。事实上，终端的实际业务仍然根据其实际位置，由距离最近的物理 AP 承载。

- AP 间协同测量。由于实际为终端提供上下行业务的 AP 是真实存在的物理

AP，终端在移动过程中仍然可能随着远离实际接入的AP而出现丢包、卡顿等体验问题。虚拟SFN方案通过AI漫游技术中的协同测量技术，利用各AP的同频优势进行上行报文实时检测，为终端选择最佳的接入AP。通过实时收集邻居AP的信号强度测量结果，终端实际接入的AP可以及时选择目标AP进行软切换处理，从而保证终端在移动过程中始终接入最佳AP，保障上下行业务的用户体验。

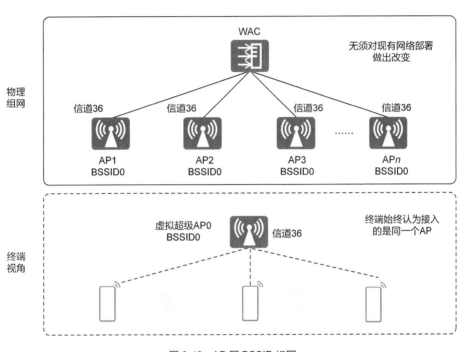

图 3-49 AP 同 BSSID 组网

- 软切换零漫游。终端切换并接入AP时，由网络侧设备（WAC和AP）完成软切换。如图3-50所示，软切换的过程中，网络侧设备将终端当前接入AP中的上下文信息（用户表项、聚合窗口、数据报文等）准确转移到待接入AP中；转移完成后，由新接入的AP完成终端数据报文的接收和发送。软切换过程中，终端对切换过程无感知，终端链路始终保持连接，从而实现零漫游效果。
- AP上行分集接收。为了降低上行数据报文的丢包率，虚拟SFN方案中，终端的数据报文可以由附近的多个AP实现分集接收，在网络侧完成去冗余的处理。具体过程如图3-51所示。

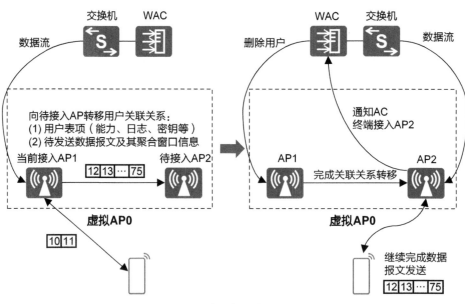

图 3-50　软切换零漫游的过程

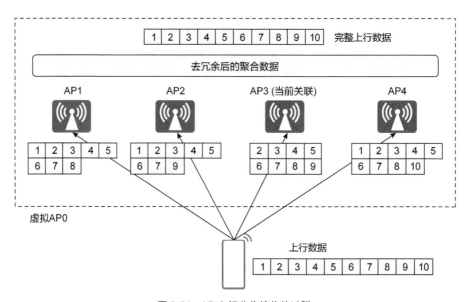

图 3-51　AP 上行分集接收的过程

2. 零漫游技术的应用

漫游连续性和移动业务稳定性主要受 Wi-Fi 终端的多样性和兼容性问题的影响；虽然 AI 漫游等技术对漫游体验有所优化，但无法彻底解决漫游过程中的问题。

在医疗、工业等场景中，客户往往对无线网络提出低时延、高可靠的诉求。零漫游组网方案可以为这些场景带来更优质的无线网络。

（1）房间密集型场景（以病房为例）

在部署了 Wi-Fi 的房间密集型场景中，当用户在多个房间之间移动时，其携带的无线终端会频繁发生漫游，导致业务容易丢包甚至中断。医院病房区就是一种典型的房间密集型场景。医护人员穿梭于病房工作时，也会遇到上述问题。比如，医生在查房时使用平板计算机查阅包含高清医学影像的病人信息，护士在病床护理时使用扫码枪领取和确认药品，这时的平板计算机和扫码枪都会在 AP 间频繁漫游。零漫游分布式 Wi-Fi 网络架构可以实现终端在房间之间移动时不发生漫游，从而解决漫游丢包问题，提高医疗护理效率。

（2）特殊行业场景（以工厂为例）

在工厂车间和仓储环境等特殊行业场景中，移动终端和移动机器人贯穿生产和管理的全过程，对数据获取的实时性和有效性有很高的要求。移动终端和移动机器人经常开展的业务有 PDA 扫描条形码、二维码，AGV、无人叉车运输货物等，这些业务高度依赖无线网络。在这类场景中，生产区域环境复杂，仓储和分拣、出入库区域内货架林立；与此同时，业务不能中断，要求无线网络高可靠、低时延，移动终端和移动机器人漫游时不连续丢包。而利用虚拟 SFN 的零漫游架构，可以在保持原有网络部署方案、不升级网络硬件架构的同时，获得零漫游体验。

（3）高密办公场景（以企业园区为例）

在企业中，保障 VIP 用户（例如公司董事会成员）的音视频业务连续性体验是公司网络运维团队的首要任务。然而，在高密办公场景下，普通用户与 VIP 用户使用无线网络时相互干扰，VIP 用户的网络确定性受到挑战。利用虚拟 SFN 方案，可以让普通用户与 VIP 用户通过射频进行隔离，相互无干扰；并让 VIP 用户独占射频，移动过程不漫游，享受无卡顿、大带宽的网络体验。

3.4.4　频谱导航

1. 频谱导航技术的背景

目前 WLAN 可使用的频谱资源如下。

- 2.4 GHz频段，频率范围为2.4~2.4835 GHz，共83.5 MHz，各国差异很小，如图3-52所示。
- 5 GHz频段，主要是未经批准的全国性信息基础设施（Unlicensed National Information Infrastructure，UNII）频段，包括UNII-1 80 MHz、UNII-2

80 MHz、UNII-2 Extended 220 MHz，UNII-3 80 MHz及ISM 20 MHz，资源相比2.4 GHz频段丰富得多，如图3-53所示。各国差异性比较大，例如，我国并未开放UNII-2 Extended，而韩国仅开放了UNII-3。

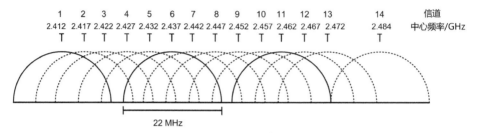

图 3-52　2.4 GHz 频谱资源

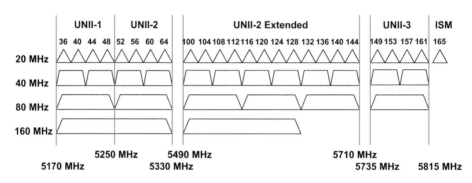

图 3-53　5 GHz 频谱资源

2.4 GHz 与 5 GHz 频段除了在频谱资源上存在巨大差异，在干扰与协议支持上同样存在差异。

- 鉴于5 GHz频段拥有充足的频谱资源，802.11ac标准定义5 GHz频段支持捆绑多个20 MHz信道，组合为80 MHz甚至160 MHz带宽进行数据传输。高带宽相比低带宽，如同高速公路相比普通道路，可以允许车辆以更高的速度通行，相应的可以支持更大的流量；而对单个终端而言，则意味着下载文件或视频所需要的时间更短。

- 由于2.4 GHz是Wi-Fi网络最先引入且各国差异化最小的频段，生活中很多设备，例如蓝牙、微波炉、监控与遥控设备等，都是工作在该频段，导致频谱资源有限的2.4 GHz频段下显得越来越拥挤。

如图3-54所示，综合目前2.4 GHz 与 5 GHz 频段的差异可知，2.4 GHz 频段如乡间小路，路窄且有各种障碍干扰车辆通行；而 5 GHz 频段更像高速公路，极宽的道路允许车辆可以高速行驶。对于双频终端（即同时支持 2.4 GHz 与 5 GHz）而言，在大多数情况下使用 5 GHz 频段无疑是更优的选择。

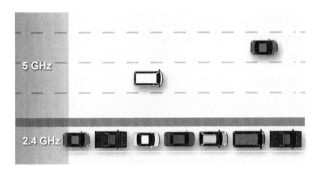

图 3-54　2.4 GHz 与 5 GHz 频段的差异

5 GHz 频段具有如此显著的优势，但并非所有双频终端都能做出最优选择。一方面，老旧的终端只会根据信号强度选择网络，并未倾向选择 5 GHz 频段；另一方面，虽然部分手机终端厂商意识到 5 GHz 频段的优越性，并在新产品中增加了优先接入 5 GHz 频段的功能，但终端在工作时依然有一定的概率接入 2.4 GHz 频段。

面对终端的不可控性，华为 WLAN 以频谱导航技术作为补充手段，引导终端接入 5 GHz 频段，提高接入 5 GHz 频段终端的比例。

2. 频谱导航技术的原理

频谱导航技术包含两部分：首先需要识别终端是否支持双频，然后引导支持双频的终端接入 5 GHz。

（1）识别双频终端

如图 3-55 所示，终端通过发送探测请求帧并得到 AP 的探测响应帧来发现网络。双频终端会先后在 2.4 GHz 与 5 GHz 频段各信道进行探测。利用该机制，AP 如果在 2.4 GHz 与 5 GHz 频段均收到了终端的探测请求帧，那么表明终端支持双频功能。

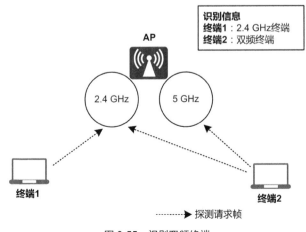

图 3-55　识别双频终端

（2）引导终端接入 5 GHz

引导分为关联阶段引导和关联后引导。

第一层：关联阶段引导。前文已经提到，终端通过发送探测请求帧的方式发现网络，该方式称为终端主动扫描。如图 3-56 所示，利用该机制进行关联阶段的引导，AP 通过暂时不回复 2.4 GHz 探测请求帧的方式来实现对终端的引导。

第二层：关联后引导。终端发现网络的方式，除了主动扫描方式，还有被动扫描方式，即通过监听 AP 的 Beacon 帧来识别网络。即使 AP 在终端主动扫描过程中"隐形"，部分终端也坚持接入 2.4 GHz 频段。对于该类终端，AP 会进一步通过 802.11v 标准下的引导漫游技术进行引导。

如图 3-57 所示，802.11v 标准下的引导漫游技术由 AP 通过 BTM Request 通知终端进行漫游切换。

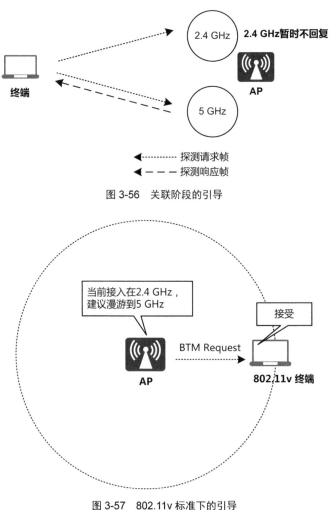

图 3-56　关联阶段的引导

图 3-57　802.11v 标准下的引导

3.　频谱导航技术的应用

频谱导航技术的应用是通过 5 GHz 频段资源更丰富与优质这一优势而实现的。在 5 GHz 频段的信道资源丰富的前提下，频谱导航技术会为网络带来巨大的收益。目前绝大部分国家的 5 GHz 频段资源丰富，所以默认情况下，引导目标（引导接入 5 GHz 频段的终端占比）为 90%。但是对于 5 GHz 频段资源匮乏的国家，例如韩国（仅开放了 UNII–3，4 个 20 MHz 信道），则可适当调整引导目标。如果 2.4 GHz 网络干扰较多，依然建议优先引导终端接入 5 GHz 频段。

以下为频谱导航典型的应用场景。

（1）办公室 / 会议室场景

现代办公场景下，用户使用的终端主要包括手机、个人办公设备（笔记本计算机、Pad 等）、打印机、传真机等设备。其中，相当高比例的个人手机和个人办公设备支持双频，可应用频谱导航技术引导更多终端接入 5 GHz 频段"高速"办公。

（2）展馆场景

展馆（尤其是大型展馆）往往具有极高的人流量与密度。为了满足网络使用诉求，服务商会密集部署大量的 AP 设备。在前文中已经介绍，WLAN 是通过共用空口资源进行通信的，而 2.4 GHz 频段有限的频谱资源在高密度的部署下，同频干扰会变得愈加明显。同时，展会中的蓝牙设备及一些其他的电子设备产生的干扰，更是让 2.4 GHz 频段的用户体验雪上加霜。在 2.4 GHz 频段体验无法保障的情况下，引导终端更多地接入 5 GHz 频段是解决问题的最佳策略。

3.4.5　负载均衡

1.　负载均衡技术的背景

前文中将 WLAN 比喻成公路，终端就像汽车一样在路上行驶。本节将介绍终端在"行驶"中遇到"交通拥堵"问题的处理方案。得益于移动互联网的应用，在驾车出行时，我们可以清楚地看到行驶道路的前方是否通畅。如果发现某条路车流量过多或已经拥堵，我们可以选择换一条路行驶。汽车交通拥有规避拥堵的机制，遗憾的是终端并没有这种能力。

当前的 Wi–Fi 协议已经支持终端获取 AP 的负载情况，但是终端远不像汽车驾驶员那样机智，许多情况下终端会继续关联在高负载的 AP 上。高负载对业务产生的影响如下。

- 多个终端接入一个AP，使用相同信道资源，导致空口资源紧张。基于WLAN 的通信机制，终端需要进行更多次的竞争才能获得收发报文的机会，在竞争的过程中产生的空口损耗会随着终端数量的增加而变高，使得整个AP的吞吐率下降。如图3-58所示，终端数量达到50时，产生的吞吐率的损耗可高达10%～30%。

- 多终端的竞争并非仅仅造成空口资源的损耗，由于与其他终端共享信道资源，终端越多，对于某个具体终端，其可获得的资源就越少。

为了解决这类问题，网络通过负载均衡算法对终端进行控制与调度，可以帮助终端变得"更智能一些"。

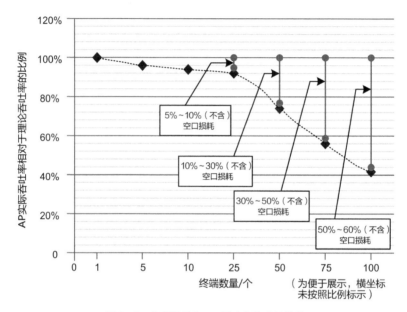

图 3-58　终端数量和 AP 吞吐率的映射关系

2. 负载均衡技术的原理

负载均衡是网络侧从负载的角度引导终端选择合适的 AP，包括主动负载通告和主动均衡负载两部分。

（1）主动负载通告

目前 802.11e 标准已经定义了清晰的负载通告机制，允许网络在 Beacon 帧、探测响应帧中携带 QBSS Load IE 信息。该信息用于通告 AP 目前在线的终端数量及信道利用率信息。终端可以主动进行基于负载的决策。如前文所述，目前终端基于负载的决策结果并不理想，因此该项逻辑仅作为负载均衡功能的辅助性子功能，未来终端基于负载的决策更加智能时，其价值会进一步提升。

（2）主动均衡负载

汽车选择道路，需要判断当前路况是否拥堵，如果发生拥堵，那么有哪些道路可以选择，这些路是否一样拥堵。在收集到以上信息的前提下，才能做出正确的判断。WLAN 均衡负载的逻辑与之类似，首先识别 AP 的负载情况，判断是否负载偏重，是否需要引导部分终端到其他 AP；然后判定在 AP 负载偏重的情况下，需要识别终端可接入的其他 AP 有哪些，这些 AP 的负载情况如何，即识别终端的备选 AP；如果终端有其他 AP 可选，则引导终端接入预期的 AP。

下面详细描述主动均衡负载的过程。

（1）评估负载

WLAN 在描述负载时一般采用以下两个指标。

终端数量：描述负载的静态指标。实际上 AP 是否负载很重，与终端是否有数据流量有关系。假如所有终端均没有流量，那么 AP 的实际负载很轻。同样，假如只有少量终端但是有大量的流量，那么 AP 的实际负载可能很重。

信道利用率：描述负载的动态指标，同时也是描述负载的精确指标。与有线网络不同，WLAN 基于空口传输，传输数据是基于在一段时间内获得空口资源的使用权来实现的。空口的繁忙程度，即信道利用率，反映了网络负载的高低。同时，流量是跟随业务而变化的，信道利用率同样也会存在波动，因此信道利用率是一个动态的指标。

WLAN 可以基于终端数量与信道利用率评估负载，但更常用的方式是基于终端数量。一方面，通过长时间观察发现大部分终端的业务具有相似性，因此终端数量与信道利用率具有正相关性，即接入终端数量越多的 AP，其实际负载越重；另一方面，考虑信道利用率的波动情况，如果跟随信道利用率，将会频繁引导终端，从而增加业务受损的风险。后文将会讲述基于终端数量的负载均衡。

基于终端数量评估负载是否过重，采用的是比较的方法，当某 AP 的负载高于周边 AP 的负载时，即可考虑迁移部分终端到其他 AP。该方法亦可等价理解为尽量将终端平均接入不同的 AP。

（2）判断终端的备选 AP

终端的备选 AP 需要满足两个条件：备选 AP 的信号强度需要满足业务诉求；备选 AP 的负载要相对较低。其中，备选 AP 的信号强度满足业务诉求是负载均衡技术的关键点。

在 WLAN 中，关于 AP 信号强度有两个指标。

· 下行信号质量：终端接收 AP 发送的报文，并根据报文获取信号强度信息。

· 上行信号质量：与下行信号质量相对应，AP 通过接收终端的报文来获取信号强度信息。

如图 3-59 所示，上行信号质量与下行信号质量并不相同，所以需要上下行信号质量均满足基本网络要求（一般定义为信号强度不小于 -65 dBm 或 SINR 不小于 30 dB）时，才能保障整体业务体验良好。

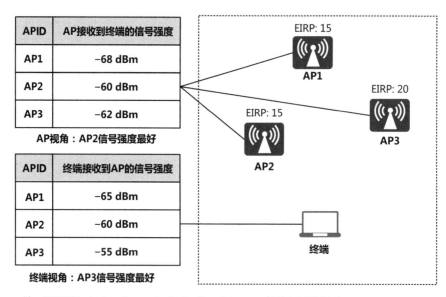

APID	AP接收到终端的信号强度
AP1	−68 dBm
AP2	−60 dBm
AP3	−62 dBm

AP视角：AP2信号强度最好

APID	终端接收到AP的信号强度
AP1	−65 dBm
AP2	−60 dBm
AP3	−55 dBm

终端视角：AP3信号强度最好

注：EIRP即Equivalent Isotropically Radiated Power，等效全向辐射功率。

图 3-59　上下行信号质量存在差异

　　为了尽可能收集完整的信息用于判断终端最适合的备选 AP，网络在收集上行信号质量的同时，也会通过 802.11k 标准的通告机制收集下行信号质量，如图 3–60 所示。

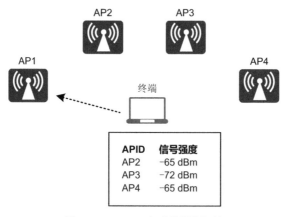

图 3-60　802.11k 标准的通告机制

　　综上所述，网络根据上下行信号质量、负载计算出符合条件的备选 AP。

（3）引导终端漫游

此处不再展开详细描述，可参考 3.4.2 节关于引导终端漫游的部分内容。

3. 负载均衡技术的应用

负载均衡适用于多 AP 连续部署且对性能要求较高的场景，AP 间存在一定的重叠覆盖区域，例如，开放型办公区域、大的会议室、阶梯教室、展会等。而以覆盖为主要目标的场景，如无线城市部署室外 AP 进行无线信号覆盖，不适用于负载均衡。

（1）会议室场景

如图 3-61 所示，在部署多个 AP 的大型会议室，为了达到最佳的使用体验，避免某个 AP 接入过多终端，通常通过负载均衡技术将终端均衡接入多个 AP，均衡后的效果如表 3-2 所示。

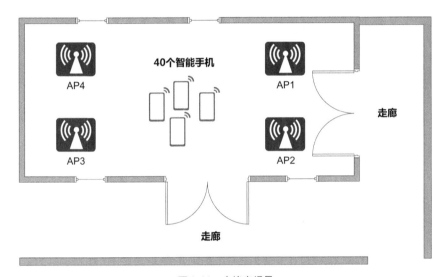

图 3-61　会议室场景

表 3-2　负载均衡效果

终端类型	AP1 的 接入数量 / 个	AP2 的 接入数量 / 个	AP3 的 接入数量 / 个	AP4 的 接入数量 / 个
智能手机	10	10	10	10

（2）高密体育场馆场景

在一些大型的体育场馆部署无线网络已经成为一种趋势。例如，华为在欧洲已经成功地为德甲多特蒙德队和荷甲阿贾克斯队的足球场部署了无线网络。这些无线网络为球迷分享比赛、赛事直播和媒体播报等业务提供了便捷的接入服务。如图 3-62 所示，在高密体育场馆中，为了满足数万用户的接入需求，对 5 GHz 频段的充分利用非常重要，所有的 AP 都工作在双频模式。为了满足高密度用户的需求，相邻两个 AP 的间距最小只有 7 m 左右。在这种场景下，利用负载均衡特性可以将双频用户均衡引导到 5 GHz 频段上，最大化每个 AP 的接入用户数量和容量。

图 3-62　高密体育场馆场景

| 3.5　抗干扰技术 |

Wi-Fi 设备工作的频段为 ISM 开放频段，使用者无须获得许可证或支付费用。工作在 ISM 频段的设备种类繁多且不受控制，导致部署的 WLAN 受到的干扰无处不在、防不胜防。虽然射频调优技术在分配网络信道时会尽量避开受到干扰的信道，但是由于 AP 可用信道的数量有限，在 AP 密集布放的高密场景，干扰仍然是影响空口性能的一个重要因素。

干扰造成的冲突会导致信号无法正常接收，增加数据报文的交互时延。同时，干扰也会导致 Wi-Fi 设备认为信道长时间处于忙碌状态，影响数据的传输效率。干扰严重影响了 Wi-Fi 网络的整体性能，导致用户体验变差。为了减少干扰对空口性能的影响，Wi-Fi 网络抗干扰技术应运而生。

WLAN 的干扰按干扰源可以分为非 Wi-Fi 干扰和 Wi-Fi 干扰两大类。针对不同类型的干扰源，业界提出了不同的抗干扰技术。

不遵循 802.11 标准的干扰源发送的信号属于非 Wi-Fi 干扰。非 Wi-Fi 干扰源主要包括蓝牙、电子价签、ZigBee、无绳电话、婴儿监视器、微波炉、无线摄像头和红外传感器等。频谱分析技术是发现非 Wi-Fi 干扰源的主要手段，当发现网络中有非 Wi-Fi 干扰源后，可以提示用户移除干扰源。

遵循 802.11 标准的干扰源发送的信号属于 Wi-Fi 干扰。Wi-Fi 干扰按照工作的频率可以进一步分为同频干扰和邻频干扰。同频干扰指工作在相同信道上的 Wi-Fi 设备之间的相互干扰，邻频干扰指相邻或相近信道之间信号的相互干扰。可以通过 CCA 和 RTS/CTS 技术来降低有效信号与干扰信号发生冲突的概率。AMC 算法则可以在干扰无法避免的情况下减少干扰带来的信号损失。

3.5.1　频谱分析技术

1. 频谱分析技术背景

非 Wi-Fi 干扰信号会与 WLAN 中的正常信号发生冲突，导致无法正常解析报文，影响 WLAN 的用户体验。频谱分析能够及时、全面地检测出网络环境中的非 Wi-Fi 干扰源。检测到新的干扰源后发出告警，显示干扰源的类型、信道、强度、占空比等信息，这些信息可以进一步用于定位干扰源所在位置，从而消除干扰。

2. 华为频谱分析技术原理

华为 WLAN 频谱分析架构如图 3-63 所示，主要包括频谱采样引擎、频谱分析器和干扰可视化 3 个部分。其中，AP 具备频谱采样引擎与频谱分析器的功能，频谱绘图服务器具备干扰可视化的功能。

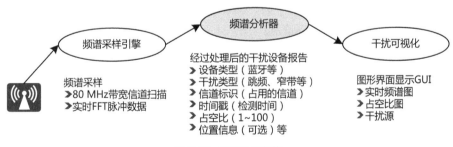

图 3-63　频谱分析架构

（1）频谱采样引擎

频谱采样引擎周期性地扫描空口，捕捉空口的电磁波信号。捕捉到电磁波信号后，使用 FFT 将时域信号转换为频域信号，然后对频域信号进行频谱采样。

WLAN 通过 AP 的频谱采样引擎进行采样。AP 有混合模式和监测模式两种扫描模式：当工作在混合模式时，频谱采样引擎所占用的频谱资源大部分时间用于用户业务流量传输，少量时间在当前工作信道上进行频谱数据采集，扫描间隔和周期可配置；当工作在监测模式时，频谱采样引擎所占用的频谱资源专门用于频谱采样，以实时采集频谱数据，一般会周期性地切换信道扫描整个频段，扫描间隔固定，扫描时长可配置。

AP 扫描到电磁波信号后，对时域信号进行实时的 FFT。混合模式下，20 MHz 的信道被分成 64 个子载波，每个子载波频率为 312.5 kHz（Wi-Fi 5 及更早的标准定义的子载波频率），信号在其中 56 个子载波上传输，将 56 个子载波上接收到的信号生成频谱采样结果（56 个 FFT bin）。

监测模式下，将全频 80 MHz 带宽分成两个 40 MHz 的子波段。40 MHz 的信道被分成 128 个子载波，每个子载波频率 312.5 kHz，将 128 个子载波上接收到的信号生成频谱采样结果（128 个 FFT bin）。

（2）频谱分析器

频谱分析采用脉冲识别和脉冲匹配算法获取脉冲基本信息，经过统计和特征提取后得到时间签名、中心频率和带宽、频谱符号差、占空比、脉冲符号差、脉冲间隔时间符号差和脉冲扩展等干扰信号特征值。得到干扰信号特征值后，将特征值与特征库中已知的非 Wi-Fi 干扰特征值进行比对，根据特征匹配的情况识别出非 Wi-Fi 设备类型。

① 脉冲识别。

对于每次采样获得的数据都要进行脉冲识别，计算每个脉冲的中心频率和带宽，计算时按采样点逐个计算，一个采样点可包含多个脉冲，需要将各采样点包含的所有脉冲识别出来。

- 计算每个 FFT bin 点的功率值，搜索功率值局部最大峰值点，只取其中功率值大于最小门限值的峰值点。
- 对于每个满足上述条件的峰值点，取其周围一组满足下列条件的连续的 FFT bin 点形成一个脉冲，该条件为所有 bin 点的功率值都大于最小门限值且和峰值点的功率值的差小于某一规定值。
- 计算中心频率（k_c）和带宽（B），计算公式如下。

$$k_c = \frac{1}{\sum_k p(k)} \sum_k kp(k), \ k'_s \leqslant k \leqslant k'_e$$

$$B = 2\sqrt{\frac{1}{\sum_k p(k)} \sum_k (k-k_c)^2 p(k)}, \ k'_s \leqslant k \leqslant k'_e$$

② 脉冲匹配。

脉冲识别完成后，将结果按采样点的阵列存放。脉冲匹配时，按子波段依次遍历各采样点的脉冲，将相同特征的脉冲组成脉冲序列。采用脉冲匹配模块生成两个表——活动脉冲列表和完成脉冲列表，过程如下。

- 在对第一个子波段扫描的时候，这两个表都是空的。
- 从脉冲检测模块接收到脉冲时，如果活动脉冲列表为空，就将脉冲直接放入活动脉冲列表中。
- 后续接收到的脉冲都要和活动脉冲列表中的脉冲进行对比：当两个脉冲匹配时，将新的脉冲与匹配的活动脉冲合并，增加脉冲持续时间，计算加权平均功率值。两个脉冲匹配的条件为中心频率和带宽都相等，且和峰值点的功率值的差小于3 dB。
- 当两次数据之间的时间间隔过长（大于150 μs）时，将所有活动脉冲列表中的表项都放入完成脉冲列表。
- 当该子波段扫描结束时，将所有脉冲都放入完成脉冲列表。

③ 统计。

一个采样周期内的所有采样点，经脉冲分析后会生成多个脉冲列表，每一个脉冲列表对应于一个子波段，处理该子波段的所有数据，可计算出以下值。

- 平均功率：该子波段采样到的每一个FFT bin点的功率的平均值。
- 平均占空比：该子波段采样到的每一个FFT bin点的占空比的平均值（一个bin点的功率值大于最小门限值时，该点的占空比为1，否则为0）。
- 高占空比域：用类似峰值检测的机制对平均功率计算中心频率和带宽，以此识别高占空比域。

④ 特征提取。

对识别出来的脉冲序列进行特征提取，用于匹配设备。提取的特征值主要包括中心频率和带宽、频谱符号差、占空比、脉冲符号差、脉冲间隔时间符号差、脉冲扩展（多个子波段中脉冲数量的均值和方差、脉冲分布，仅在非工作模式时才用到），以及设备特殊特征（如扫频）。

⑤ 设备识别。

根据脉冲序列提取出特征值后，依次匹配设备特征列表，匹配成功，则认为检测到了一个非 Wi-Fi 设备，否则标记为未知的非 Wi-Fi 干扰源。

（3）干扰可视化

AP 将频谱数据上传至频谱绘图服务器，频谱绘图服务器将干扰信息可视化呈现。

3. 频谱分析技术应用

频谱分析主要用于发现 WLAN 中的非 Wi-Fi 干扰，因此在非 Wi-Fi 干扰设备较多的环境中可以发挥较大的作用。适用场景包括园区办公场景（存在无绳电话、资产定位设备、无线打印机等设备）、大型商超（存在大量电子价签）、室外场景

（存在大量不可控非 Wi-Fi 设备）。

开启频谱分析功能后，通过 AP 将干扰特征上传给频谱绘图服务器，频谱绘图服务器输出可视化的频谱图。用户通过频谱图可以直观地了解 WLAN 中的干扰源所在信道、干扰强度及干扰源的类型。基于频谱分析结果，可以移除非 Wi-Fi 干扰源或调整 AP 工作信道，也可以根据干扰源特点选择合适的抗干扰技术来抑制干扰信号对 WLAN 性能的影响。

3.5.2 CCA 技术

1. CCA技术背景

频谱分析只能够解决部分非 Wi-Fi 干扰带来的影响，但如何解决 Wi-Fi 干扰和不受控的非 Wi-Fi 干扰仍然是一个问题。802.11 标准定义了 CCA 机制以实现对信道闲 / 忙状态的监测。当信道空闲时，Wi-Fi 设备才开始进行信道竞争。通过 CCA 机制可以避免在有干扰时发送信号，从而减少干扰对 WLAN 性能的影响。

2. CCA技术原理

（1）CCA 机制

简单来说，WLAN 的数据传输就是"先听后传"，Wi-Fi 设备先侦听即将使用的信道是否空闲，如果空闲才进行传送数据的准备。这种在物理层判断使用的信道是否空闲的技术叫作 CCA。IEEE 对 CCA 的标准定义如图 3-64 所示，CCA 使用两个门限（即协议门限和能量门限）来判断信道是否空闲。

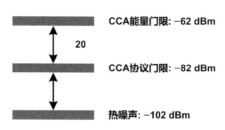

图 3-64　CCA 的标准定义

协议门限：在 20 MHz 信道上，检测到含前导码的 OFDM 信号强度大于或等于 –82 dBm 时，载波侦听认为信道有 90% 的概率处于持续 4 μs 的忙状态。

能量门限：在 20 MHz 信道上，检测到信号强度大于或等于 –62 dBm（协议门限 +20 dBm）时，载波侦听认为信道处于忙状态。

IEEE 定义信道带宽为 20 MHz 时，协议门限为最低阶 MCS 的接收灵敏度 –82 dBm，能量门限为协议门限加上 20 dBm(–82 dBm+20 dBm=–62 dBm)；信道带宽为 40 MHz 时，主 20 MHz 信道的协议门限是 –82 dBm，从属信道的协议门限是 –72 dBm；信道带宽为 80 MHz 时，主 40 MHz 信道的协议门限是 –79 dBm，从属信道的协议门限是 –72 dBm。

　　为了进一步改善 CCA 的效果，802.11ax 标准提出了 BSS Color 技术。如图 3–65 所示，通过 BSS Color 识别出 Intra–BSS（MYBSS）帧和 Inter–BSS（OBSS）帧后，可以提高 Inter–BSS CCA 协议门限，同时维持较低的 Intra–BSS CCA 协议门限。这样即使检测到来自相邻 BSS 的信号强度超过传统 CCA 的协议门限，只要适当地减小传输报文的发射功率，也可以将信道视为空闲状态并开始新的传输。通过对 CCA 协议门限的调整，可以最大限度地降低同频干扰对 WLAN 性能的影响。

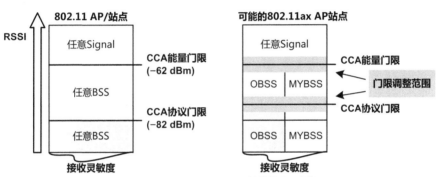

注：RSSI即Received Signal Strength Indicator，接收信号强度指示。

图 3-65　使用 BSS Color 进行信道空闲评估

（2）华为动态 CCA 机制

　　CCA 机制可以实现对信道闲 / 忙状态的监测，当监测到信道空闲时再发送报文，减少因为未知信道状态而发送报文导致的冲突。CCA 机制适用于同时存在非 Wi–Fi 干扰与 Wi–Fi 干扰的场景。通过 CCA 协议门限检测，可以比较准确地判断信道的闲 / 忙状态，从而控制数据报文在信道空闲时发送，有效地减少空口冲突，提升传输效率。然而在不同场景下，使用相同的默认 CCA 协议门限，取得的实际效果是存在差异的。

　　华为动态 CCA 机制根据场景的差异动态调整 CCA 协议门限，以获得更大的性能收益。

　　① 降低 CCA 协议门限，减少冲突概率。

　　如图 3–66 所示，AP1 与 AP2 为同频 AP，采用默认 CCA 协议门限（–82 dBm），AP1 与 AP2 无法相互感知。当 AP1 向终端 1 发送报文时，AP2 的 CCA 机制认为信道是空闲的，此时 AP2 向终端 2 发送报文，就会导致双方报文在终端 1 处发生冲突，无法正确解析来自 AP1 的报文。

采用华为动态 CCA 机制可以识别出默认 CCA 协议门限下的信道冲突率，当冲突率较高时，动态调整 CCA 协议门限以降低冲突概率。如图 3-67 所示，将 CCA 协议门限动态降低为 –85 dBm 后，AP1 与 AP2 能够相互感知。当 AP1 向终端 1 发送报文时，AP2 的 CCA 机制认为信道忙，AP2 等待信道空闲后再向终端 2 发送报文，从而降低同频冲突概率。

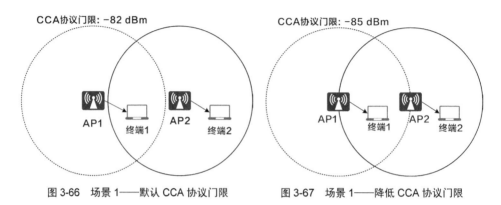

图 3-66　场景 1——默认 CCA 协议门限　　　图 3-67　场景 1——降低 CCA 协议门限

② 提高 CCA 协议门限，提升 AP 并发率。

如图 3-68 所示，AP1 与 AP2 为同频 AP，采用默认 CCA 协议门限，AP1 与 AP2 能够相互感知。终端 1 与 AP2、终端 2 与 AP1 无法相互感知。当 AP1 向终端 1 发送报文时，AP2 的 CCA 机制认为信道忙，AP2 等待信道空闲后再向终端 2 发送报文。

然而，此时终端 2 感知不到 AP1 发送的信号，如果 AP2 向终端 2 发送报文，终端 2 可以正确解析出来。如图 3-69 所示，采用动态 CCA 机制，可以在识别出该场景后将 CCA 协议门限提高到 –78 dBm，使得 AP1 与 AP2 无法相互感知，此时即使 AP2 同时向终端 2 发送报文，也不影响 AP1 与终端 1 之间的通信。通过提高 CCA 协议门限，可以提升同频 AP 并发率，提升 WLAN 的整体性能。

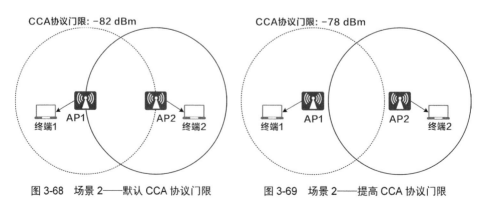

图 3-68　场景 2——默认 CCA 协议门限　　　图 3-69　场景 2——提高 CCA 协议门限

3. CCA技术的应用

当监测到信道处于忙碌状态时，Wi-Fi 设备要进行等待；当监测信道处于空闲状态时，Wi-Fi 设备开始进行信道竞争。采用 CCA 机制可以减少有效信号与干扰信号发生冲突的概率。因此，CCA 技术适用于存在干扰的场景。华为动态 CCA 机制能够根据场景差异，动态调整 AP 设备的 CCA 协议门限，在存在 Wi-Fi 同频干扰的场景下可以发挥更好的作用。

3.5.3　RTS/CTS 技术

1. RTS/CTS技术背景

CCA 机制通过监测信道闲 / 忙的状态来减少冲突的概率，但是当存在"隐藏节点"和"暴露节点"时，CCA 机制的效果将大打折扣，此时 RTS/CTS 机制将发挥巨大的作用。

隐藏节点是指在接收节点的覆盖范围以内、在发送节点覆盖范围以外的节点。如图 3-70 所示，节点 A、B、C 工作在同一个信道上，其中 A 能够检测到 B，B 能够检测到 A 和 C，C 能够检测到 B，A 和 C 之间相互检测不到。这种情况下，C 就是"隐藏"在 A 的覆盖范围之外的，却又能对 A 发送的数据形成潜在冲突的隐藏节点。当节点 A 向节点 B 发送数据时，节点 C 检测不到有信号传输，认为信道是空闲的。此时如果节点 C 也给节点 B 发送数据，节点 A 和节点 C 发送的数据会在接收节点 B 处发生碰撞。

暴露节点是指在发送节点的覆盖范围以内、在接收节点覆盖范围以外的节点。如图 3-71 所示，节点 A、B、C、D 工作在同一个信道上，其中 A 能够检测到 B，B 能够检测到 A 和 C，C 能够检测到 B 和 D，D 能够检测到 C，A 和 C、A 和 D、B 和 D 之间相互检测不到。当节点 B 向节点 A 发送数据时，节点 C 侦听到站点 B 在发送数据，所以推迟往节点 D 发送数据。这种推迟是没有必要的，因为节点 C 在节点 A 的覆盖范围以外，节点 C 向节点 D 发送数据和节点 B 向节点 A 发送数据并不冲突，此时节点 C 是节点 B 的暴露节点。

隐藏节点的问题是节点距离竞争者太远，而不能发现潜在的竞争者，导致冲突发生，降低 WLAN 性能。暴露节点的问题是节点距离非竞争者太近，导致非竞争者不能同时发送数据，降低了网络并发的可能性。为了解决隐藏节点带来的碰撞问题和暴露节点的不必要信道竞争，802.11 标准中定义了 RTS/CTS 机制，在发送端和接收端之间以握手的方式对信道进行预约。RTS/CTS 机制的核心思想是允许发送端预留信道，通过时间开销较短的预留帧（RTS/CTS 报文）交互来避免后续较长数据帧的碰撞。

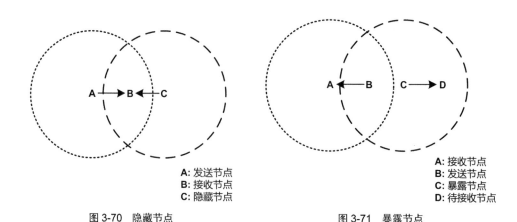

A: 发送节点
B: 接收节点
C: 隐藏节点

A: 接收节点
B: 发送节点
C: 暴露节点
D: 待接收节点

图 3-70　隐藏节点　　　　　　　　　　　图 3-71　暴露节点

2. RTS/CTS技术原理

（1）RTS/CTS 机制

RTS/CTS 机制的数据收发过程如图 3-72 所示。

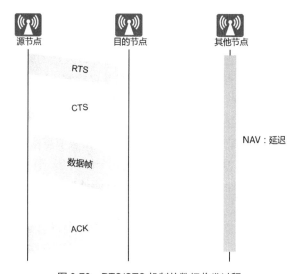

图 3-72　RTS/CTS 机制的数据收发过程

源节点先发送一个 RTS 帧给目的节点，源节点发送的 RTS 帧本有可能发生碰撞，但是 RTS 帧很短，冲突的损失也很小。

目的节点接收到 RTS 帧后，允许广播发送 CTS 帧，收到 CTS 帧的其他节点（包括隐藏节点）不可以传送任何数据。接着源节点会发送数据帧，目的节点接收数据帧后回复 ACK 帧，所有暂停传送的节点在接收到 ACK 帧后可以解除锁定。此外，如果节点收到 RTS 帧，但没收到 CTS 帧，仍可以自由地发送数据，不需要暂停数据发送。

虽然协议使用了 RTS/CTS 的握手机制，但碰撞仍然会发生。例如，节点 A 和节点 B 同时向 AP 发送 RTS 帧，这两个 RTS 帧会发生碰撞，使得 AP 收不到正确的 RTS 帧，因而 AP 就不会发送后续的 CTS 帧。这时节点 A 和节点 B 会像以太网发生碰撞那样，各自随机退避一段时间后重新发送 RTS 帧，如图 3-73 所示。

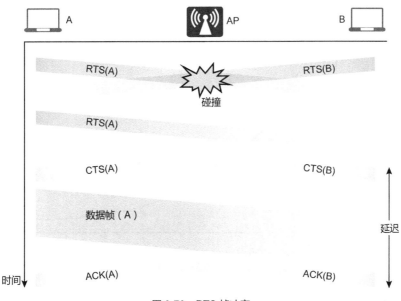

图 3-73　RTS 帧冲突

（2）华为动态 RTS/CTS 机制

RTS/CTS 机制可以应对隐藏节点和暴露节点对 WLAN 性能的影响。但是开启 RTS/CTS 机制后，所有数据报文传输前都需要通过 RTS/CTS 报文交互来预约信道。RTS 与 CTS 报文交互需要占用一定时间，这必然带来额外的时间开销。因此，对于无干扰、无隐藏节点和无暴露节点的场景，RTS/CTS 机制反而减少了有效的数据传输时间，造成 WLAN 性能下降。

为了合理使用 RTS/CTS 机制，华为的 WLAN 产品配置了动态 RTS/CTS 机制。该技术的核心思想是根据网络中的冲突率，计算 RTS/CTS 机制开启与关闭时的网络传输效率，根据最优的传输效率选择 RTS/CTS 机制的开启与关闭。

动态 RTS/CTS 机制的两个基本概念定义如下。

$$传输效率 = \frac{有效传输数据报文的时间}{空口时间}$$

$$冲突率 = \frac{发生冲突的报文数}{发送的报文数}$$

影响冲突率的因素有报文长度、MCS、隐藏节点、干扰强度等。

图 3-74 为报文长度固定时传输效率随着冲突率变化的曲线。冲突率不断提高，会导致大量的报文重传，传输效率不断下降。

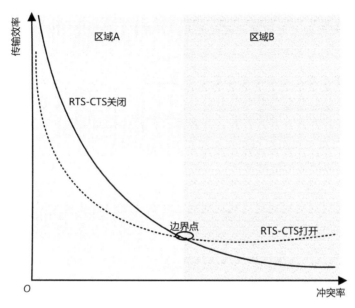

图 3-74　传输效率曲线

RTS/CTS 机制开启与否的判断条件如下。

- 冲突率处于区域 A，即冲突率较低时，开启 RTS/CTS 机制造成的传输开销大于带来的性能增益，算法将关闭 RTS/CTS 机制。
- 随着冲突率的不断升高，越过边界点，处于区域 B 时，如果关闭 RTS/CTS 机制，高冲突率会导致大量报文重传，传输效率显著下降。此时，开启 RTS/CTS 机制能够有效地减少报文冲突，算法将开启 RTS/CTS 机制。

华为的动态 RTS/CTS 机制实时地根据冲突率、报文长度、MCS 和 RTS/CTS 报文交互开销来计算 RTS/CTS 机制开启与关闭时的传输效率，动态选择传输效率更高的方式，使网络能力得到最大的发挥。

在 Wi-Fi 6 标准中，多用户技术将成倍提升增加的终端数量，RTS/CTS 报文交互产生的开销也将大幅增加。为了保证高密场景下的数据传输效率，Wi-Fi 6 标准使用优化的 MU-RTS/CTS 机制，一次交互可以同时和多个终端完成信道占用的协商，大幅减少了 RTS/CTS 报文交互的开销。

3. RTS/CTS 技术的应用

RTS/CTS 机制适用于隐藏节点和暴露节点出现概率较高的场景，用于减少隐藏节点带来的冲突并提升暴露节点的并发性能。

　　RTS/CTS 机制如何解决隐藏节点的问题呢？如图 3–75 所示，假设节点 A 和节点 C 都想向节点 B 发送数据（节点 A 和节点 C 相互检测不到对方）。

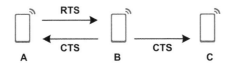

图 3-75　RTS/CTS 机制解决隐藏节点

　　节点 A 首先发送 RTS。

　　节点 C 收不到节点 A 的 RTS，但能够收到从节点 B 发送的 CTS，因此节点 C 在节点 A 发送数据时不会发送数据，不会干扰节点 A 发向节点 B 的数据。

　　RTS/CTS 机制如何解决暴露节点的问题呢？如图 3–76 所示，假设节点 B 想向节点 A 发送数据，同时节点 C 想向节点 D 发送数据。

图 3-76　RTS/CTS 机制解决暴露节点

　　节点 B 首先向节点 A 发送 RTS，节点 A 和节点 C 都收到了该 RTS 报文。一段时间后，节点 C 仍收不到 A 的 CTS。

　　现在节点 C 无须等待，因为节点 C 收不到节点 A 的 CTS，这意味着节点 A 收不到节点 C 的信号，因此节点 C 给节点 D 发送数据不会影响节点 B 给节点 A 发送数据。

3.5.4　AMC 算法

1. AMC算法的背景

　　虽然 CCA 机制和 RTS/CTS 机制可以减少干扰带来的冲突概率，但是冲突依旧会有一定的发生概率。如图 3–77 所示，AP1 和 AP2 所有业务传输都开启了 RTS/CTS 机制，AP2 为 AP1 与终端 1 之间下行链路的隐藏节点。在理想情况下，通过 RTS/CTS 报文交互，AP2 可以收到终端 1 发出的 CTS 报文，从而避免发生冲突，消除了隐藏节点的影响。但是，如果在 AP1 向终端 1 发送 RTS 报文后，AP2 立刻向终端 2 发送一个 RTS 报文，此时，如果 AP2 接收不到终端 1 发送的 CTS 报文，会继续与终端 2 进行报文传输。因此，会出现 AP1 向终端 1 发下行报文，同时 AP2 向终端 2 发下行报文，在终端 1 处发生冲突的情况。

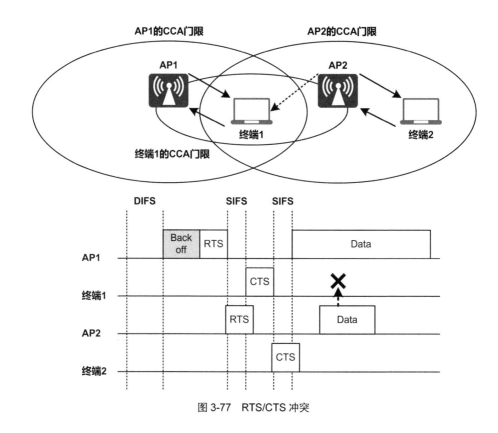

图 3-77　RTS/CTS 冲突

当干扰造成的冲突无法避免时，可以通过 AMC 算法动态调整数据报文的发送速率来减少冲突带来的损失。

2. AMC算法原理

AMC 算法属于链路自适应技术的一种，其原理是根据当前信道质量状况决定采用的 MCS，当信道条件发生变化的时候，自适应改变 MCS。

信号在无线传输的过程中，一般会有一定的错误概率，即误包率（Packet Error Rate，PER），误包率和信道质量及信号采用的 MCS 相关。相同的信道质量下，MCS 阶数越高，PER 越高；相同的 MCS 阶数下，信道质量越好，PER 越低。可以根据 MCS 与 PER 计算出设备的有效吞吐率。

有效吞吐率 = MCS 对应的传输速率 × 传输效率 ×（1-PER）

由于不同 MCS 的传输速率的差异，PER 不是越小越好。PER 过高会造成重传次数过多甚至终端掉线，PER 过低又会造成资源的利用率不高。实际上 AMC 算法的原理就是通过调整 MCS，使得在任意的信道质量下，PER 都能保持在门限值附近。当网络中存在干扰时，PER 会随着干扰的强弱程度发生变化。AMC 算法则根据 PER 的变化来动态调整 MCS，使得 AP 获得最佳的有效吞吐率。

无线设备的 AMC 实现基本框架如图 3-78 所示。

· 软件层需要发送报文时，先构造好报文，放到发送队列。

· 根据当前的信道状态、协商情况选择最佳的MCS。

· 硬件根据软件层提供的MCS发送报文，并将发送的结果反馈给软件层。

· 软件层根据硬件发包的结果更新PER信息。

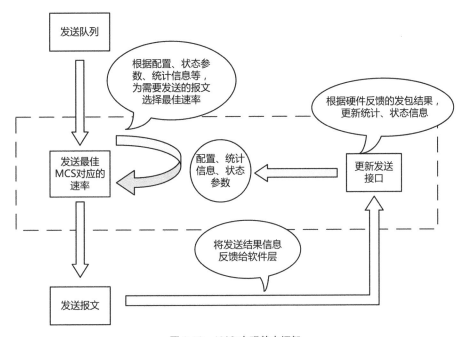

图 3-78 AMC 实现基本框架

传统的 AMC 算法在 Wi-Fi 同频干扰严重的场景中会导致 MCS 持续下降，甚至会导致 WLAN 不可用。这是因为 AMC 算法中设定了速率控制能选择的最大速率（rateMaxPhy），在干扰清除后，限制 MCS 的提升速度。设置 rateMaxPhy 的目的是防止速率控制在没有进行探测之前使用高阶的 MCS，避免 PER 估计错误导致的速率选择错误。rateMaxPhy 能够基于传输的 PER 统计信息进行调整。

· rateMaxPhy降阶条件：当前速率下的PER高于PER门限，且这个速率比rateMaxPhy小，则将rateMaxPhy降阶。

· rateMaxPhy升阶条件：在当前速率下，成功发送连续 N 个PPDU，则将rateMaxPhy升阶。

当 Wi-Fi 同频干扰问题严重时，如果干扰导致 PER 较高，大于 rateMaxPhy 降阶的门限，将导致 rateMaxPhy 持续下降。同时，Wi-Fi 同频干扰的存在也使得 rateMaxPhy 的升阶条件很难被满足，导致 rateMaxPhy 只降不升，最终可能导致传输速率降为最低阶。此时，SNR 或者 RSSI 并不低，降速后传输报文所需的时间更长，发生冲突的概率反而更高，因此降速并不能解决 Wi-Fi 同频干扰问题。

为了解决 Wi-Fi 同频干扰导致 rateMaxPhy 持续下降且传输速率不断下降的问题，华为在原有算法的基础上对 WLAN 产品进行了优化。原有算法的基本原理是，由于 Wi-Fi 网络是时分双工（Time Division Duplex，TDD）系统，上行 SNR/RSSI 信息在一定程度上表征了信道的质量。简单地说，如果测量上行 SNR/RSSI 很高，说明链路质量较好，AMC 算法不应该选择一个低阶的 MCS。因此需要设计一个保护速率，防止出现传输速率持续下降的情况。速率保护算法的原理为基于上行 SNR/RSSI 信息得到一个与该上行 SNR/RSSI 关联的 $MCS_{protection}$，然后利用该 $MCS_{protection}$ 来保护 AMC 算法，避免算法在干扰严重的环境下选择的 MCS 持续下降。

如图 3-79 所示，AMC 算法优化前，由于 rateMaxPhy 只降不升，MCS 持续下降到最低阶，导致传输效率急剧下降，甚至会导致 WLAN 不可用。AMC 算法优化后，由于保护速率 $MCS_{protection}$ 的存在，能够防止 MCS 在信号质量较好时下降到 $MCS_{protection}$ 以下，保证一定传输效率，提升用户体验。

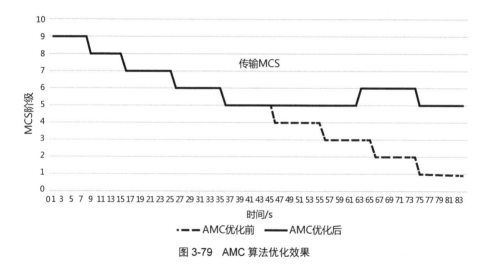

图 3-79　AMC 算法优化效果

3. AMC算法的应用

当冲突发生时，AMC 算法通过调整发送报文的 MCS，降低冲突对网络性能的影响，确保网络能获得最优的性能。因此，AMC 算法适用于存在干扰的场景，尤其是干扰严重的高密场景。

例如，在体育场场景中，AP 密集布放，同频干扰严重，导致冲突率高。AMC 算法根据 MCS 对应的传输速率、传输效率和 PER，计算出在存在干扰的情况下不同 MCS 对应的有效吞吐率，并且选择有效吞吐率最高的 MCS 发送数据报文，从而减少冲突带来的性能损失，提供更好的用户体验。

| 3.6　空口 QoS |

前几节主要是从物理层、接入层的角度介绍了空口性能的优化方法，但这些方法并非针对具体业务，而是对所有业务都平等对待。而在实际的企业、家庭 WLAN 中，语音、视频和游戏等业务对网络的实时性、稳定性要求较高，网络的卡顿与延迟会严重影响用户体验。如果这些业务和普通的网页浏览、邮件等业务都被平等对待，显然是不合理的。本节将从应用层的业务需求出发，对 WLAN 如何保障 QoS 展开讲解。

QoS 是网络服务中保证端到端满足一系列要求（如带宽、时延、抖动、丢包率等）的服务形式，旨在根据不同的应用需求提供不同的服务质量，尤其是针对敏感业务提供高带宽、低时延的服务，同时尽量不影响常规业务的用户体验。WLAN QoS 是为了满足无线用户的不同网络流量需求而提供的一种差分服务，主要可以分为无线业务 QoS（AP-终端）和有线业务 QoS（AP-WAC/交换机），如图 3-80 所示。

- 无线业务QoS，主要以IEEE 802.11e标准——Wi-Fi多媒体（Wi-Fi Multimedia，WMM）标准为基础，各厂商基于此提供动态EDCA、AirTime等改进型调度算法，实现基于用户类型和业务类型的无线资源管理与拥塞控制。
- 有线业务QoS，通过语音、视频流量特征匹配技术识别出报文类型，基于IEEE 802.1p等协议，实现有线数据业务的QoS映射，提供流量优先级调度等服务。

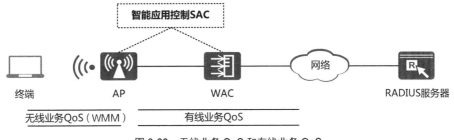

图 3-80　无线业务 QoS 和有线业务 QoS

3.6.1　动态 EDCA 技术

1. 动态EDCA技术的背景

由于 802.11e 标准的标准化时间过长，WLAN 的 QoS 难以得到保证，语音视频等时延敏感型业务体验较差。为了解决这一问题，Wi-Fi 联盟牵头制定了 WMM 标准。

通俗来说，一方面要保证发言秩序，另一方面，每个人发言内容的重要程度是不一样的，大家都希望把自己觉得重要的内容优先告知需要的人，即保证重要的内容被优先发布，这就是动态 EDCA 技术要满足的需求。

2. 华为动态EDCA技术的原理

（1）EDCA 简介

前面已经提到，需要保证重要的内容优先发送，这就需要对自己发言内容的重要程度进行评估：重要程度高的发言内容，优先级要排得高，重要程度低的优先级自然就低。802.11 标准的机制是，当各方准备发言时，如果发生冲突，则选择一个随机数并倒数等待。为了让各方都能够优先传递优先级高的内容，需要对这个随机数进行调整。通常的做法是，首先，让优先级高的内容随机数的取值较小，反之随机数取值较大，确保整体上随机数小的那一方更容易获得发言权；其次，通过缩短发言前的等待时间，也能增加发言机会；最后，对于重要程度高的内容，分配较长的发言时间窗口，反之则尽量缩短时间窗口。

总而言之，WMM 标准将 802.11e 标准中 EDCA 机制定义的主要内容分为三部分：业务优先级排序、对重要程度高的内容缩小倒数随机数取值范围、对重要程度高的内容缩短发言前的等待时间并增加发送时间。

EDCA 机制根据优先级从高到低的顺序将数据报文分为 4 个 AC 队列：AC_VO（Voice）、AC_VI（Video）、AC_BE（Best Effort）和 AC_BK（Background），高优先级的 AC 队列占用信道的机会大于低优先级的 AC 队列。

AC 队列进行信道竞争的逻辑如图 3-81 所示。4 个 AC 队列与 802.11 报文中 UP 优先级（User Priority）的对应关系如表 3-3 所示，UP 优先级数值越大，表示优先级越高。

表 3-3 AC 队列与 UP 优先级的对应关系表

UP 优先级	AC 队列
7	AC_VO
6	
5	AC_VI
4	
3	AC_BE
0	
2	AC_BK
1	

每个 AC 队列分别定义了一套 EDCA 参数，该套参数决定了队列占用信道的概率，可以保证高优先级的 AC 队列占用信道的机会大于低优先级的 AC 队列。

EDCA 信道竞争的工作原理如图 3-82 所示。Voice 报文的 AIFSN（AIFSN[6]）比 Best Effort 报文的 AIFSN（AIFSN[0]）小，退避时间比其短，当这两类报文要同时发送时，UP 优先级高的 Voice 报文能够优先竞争到无线信道。

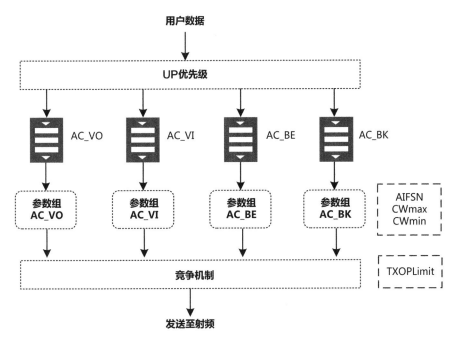

图 3-81 AC 队列到信道竞争的逻辑

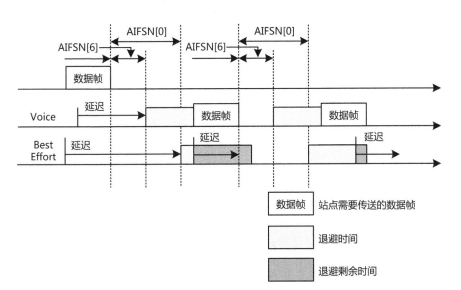

图 3-82 EDCA 信道竞争的工作原理

EDCA 参数说明如表 3-4 所示，不同 AC 队列采用不同的参数组。

表 3-4　EDCA 参数说明

参数名	参数含义
AIFSN	在 DCF 机制中，DIFS 为固定值。WMM 标准针对不同 AC 队列，可以配置不同的空闲等待时间，AIFSN 的数值越大，用户的空闲等待时间就越长，优先级就越低
ECWmin 和 ECWmax	这两个值共同决定了平均退避时间值，这两个数值越大，用户的平均退避时间越长，优先级越低
TXOPLimit	这个值决定了用户一次竞争信道成功后，可占用信道的最大时间。这个数值越大，用户一次能占用的信道时长越大。如果是 0，则每次占用信道后，只能发送一个报文

上面提到了发言时对内容优先级的分类和排序，发言人相当于代表，发言内容收集自所代表的群体。提交发言内容的人会根据自己的紧迫性，标注好内容的重要程度级别，但是该级别和发言代表发言时的优先级并不一致。此时就需要发言代表将提议内容的优先级转化标注为发言时的优先级。

在无线侧和有线侧，不同的报文使用不同的报文优先级。终端发出的无线报文中携带 UP 优先级，有线网络中的 VLAN 报文使用 802.1p 优先级，互联网协议（Internet Protocol，IP）报文使用区分服务码点（Differentiated Services Code Point，DSCP）优先级。当报文经过不同网络时，为了保持报文的优先级，需要在设备上配置优先级字段的映射关系。

报文上行时，AP 接收到终端发送的 802.11 报文后，将 802.11 报文的 UP 优先级映射到有线报文的 802.1p 优先级或者 DSCP 优先级；下行时，AP 接收到 802.3 报文后，将 802.3 报文的 DSCP 优先级或者 802.1p 优先级映射为 802.11 报文的 UP 优先级，如图 3-83 所示。

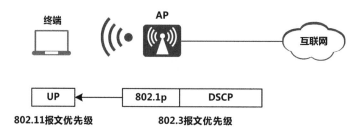

图 3-83　优先级映射

（2）DSCP 优先级字段

IP 报文头服务类型（Type of Service，ToS）域中的 bit 0 ～ 5 被定义为 DSCP，

如图 3-84 所示，这 6 bit 可以定义 64 个优先级（0 ～ 63）。

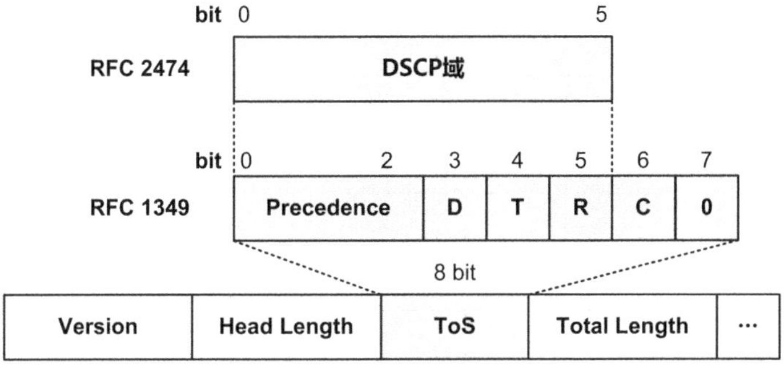

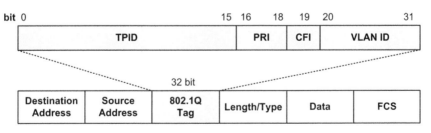

图 3-84　IP 报文中的 DSCP 优先级

（3）802.1p 优先级字段

根据 IEEE 802.1Q 标准的定义，通常二层设备之间交互的以太帧头部中的 PRI 字段（即 802.1p 优先级），或称服务类别（Class of Service，CoS）字段，标识了 QoS 需求。以太帧中的 PRI 字段位置如图 3-85 所示。

在 802.1Q 标准下，以太帧头部中包含 3 bit 的 PRI 字段。PRI 字段定义了 8 种业务优先级，按照优先级从高到低顺序取值为 7、6、5、4、3、2、1 和 0。

上述内容是有线侧报文优先级的划分与识别。终端业务报文在 AP/WAC 间转发时，为实现对业务报文在空口和有线侧之间的 QoS 处理，需要进行优先级映射。DSCP 与 802.1p(CoS)、802.11e UP(WMM) 的默认对应关系如表 3-5 所示。

图 3-85　以太帧中的 PRI 字段位置

表 3-5　DSCP 与 802.1p（CoS）、 802.11e UP（WMM）的默认对应关系表

DSCP	802.1p （CoS）	802.11e UP （WMM）
0 ～ 7	0	0
8 ～ 15	1	1

续表

DSCP	802.1p（CoS）	802.11e UP（WMM）
16 ～ 23	2	2
24 ～ 31	3	3
32 ～ 39	4	4
40 ～ 47	5	5
48 ～ 55	6	6
56 ～ 63	7	7

（4）华为动态 EDCA 技术

常规的 EDCA 参数是静态的。在业务复杂，用户类型多样，在数据负载不断变化的场景下，4 个静态参数无法满足需求，仍然容易出现竞争窗口过小造成冲突或者竞争窗口过大造成资源浪费的情况，如图 3-86 所示。

华为在此基础上，根据应用层业务的流量特征对 EDCA 参数做了进一步优化，基于用户数量、冲突概率、信道使用率和实时负载等参数，动态调整上、下行信号的竞争窗口，使 EDCA 参数能够做到自适应。自适应的参数设置可使 EDCA 参数随时达到最优，不仅减少随机退避、竞争窗口过小导致的频繁冲突，还可以避免随机退避、竞争窗口过大导致的信道资源浪费，从而保障多用户场景下的系统吞吐率，如图 3-87 所示。

动态 EDCA 是根据历史和当前负载情况动态地调整 EDCA 参数，基于负载的 EDCA 参数自适应的流程逻辑与分类如图 3-88 所示。

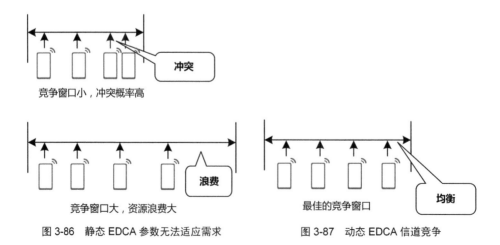

竞争窗口小，冲突概率高

竞争窗口大，资源浪费大

最佳的竞争窗口

图 3-86　静态 EDCA 参数无法适应需求　　图 3-87　动态 EDCA 信道竞争

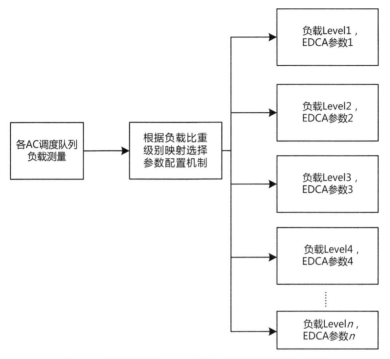

图 3-88　基于负载的 EDCA 参数自适应的流程逻辑与分类

基于负载动态调整 EDCA 参数的流程逻辑说明如下。

- 各AC调度队列负载测量：对各AC队列中的待发送数据包进行空口发送时长统计，用于计算各AC队列的待调度负载量。
- 参数配置策略选择机制：根据现有系统中AC队列的负载比重级别，映射选择一种参数配置机制。

3. 动态EDCA算法的应用与价值

在企业移动办公等场景下，无线语音和视频是主要业务，具有流量大、对时延敏感的特点。开启动态 EDCA 功能后，可以对检测到的语音和视频业务的负载进行统计并计算比例，选择更加细化的 EDCA 参数，进一步降低碰撞概率，提高整体吞吐率，有效提升企业移动办公用户的语音和视频体验。

3.6.2　语音、视频报文识别技术

1. 语音、视频报文识别技术的背景

在实际网络中，语音和视频业务对实时性、可靠性要求较高。虽然部分业务会对自己的优先级别进行标注，但并不是所有的语音和视频业务都能做到对自己

的优先级别进行标注。如果不对其单独进行识别，直接按照普通业务对待，容易映射到较低的优先级而影响业务质量。因此对视频、语音等业务报文的有效识别可以为实施精细化的 QoS 策略控制提供基础。

2. 华为语音、视频报文识别技术的原理

通过提取出报文中特定的 IP 地址、域名系统（Domain Name System，DNS）、流量、端口、字符串、序列和序列顺序等作为特征码，并根据大量的报文特征码进行特征建模或者训练，建立特征库作为识别基础，通过将待识别报文的特征码与特征库进行比对来识别不同的数据报文。特征库需要根据业务的变化实时或定时更新。在识别过程中，需要对多组报文进行采集与分析，与特征库进行匹配，从而识别出报文的类型，尤其是重要程度比较高的语音和视频报文。之后根据识别结果实施精细化 QoS 策略或者对语音和视频应用进行优化，从而提高语音和视频的通信质量。

SAC 是华为公司 WLAN 产品的一个智能应用协议识别与分类引擎，分布式地部署在 AP 和 WAC 设备中。SAC 可以对数据报文中的第 4 ～ 7 层内容和一些动态协议，如超文本传送协议（HyperText Transfer Protocol，HTTP）、实时传输协议（Real-time Transport Protocol，RTP）进行检测和识别。SAC 工作机制如图 3-89 所示。

设备都是通过应用协议的特征码识别应用协议报文的。但是应用软件会不断升级和更新，其特征码也会发生变化，导致原有特征码无法精确匹配应用协议，因此特征库需要及时更新。如果在产品软件包中固化特征码，就要更换新的软件版本，对业务影响较大。一些厂商通过将特征库文件和系统软件分离的方式，可以随时对特征码文件进行加载和升级，而不影响其他业务的正常运行。通过分析各种常见应用，可生成特征库文件。特征库文件以预定义方式加载到设备上，预定义的特征库文件以升级的方式进行更新。

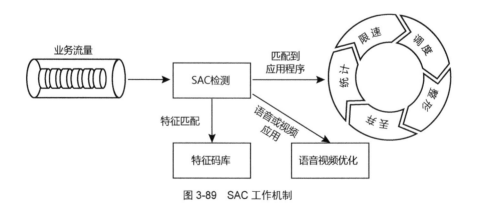

图 3-89　SAC 工作机制

在开启 SAC 流量统计功能后，设备会自动识别并对不同应用的流量进行统计。

网络管理员可以及时掌握网络流量情况，从而优化网络部署，合理分配带宽。

3. 语音、视频报文识别技术的应用与价值

华为的 SAC 特征库可以对大部分的语音、视频业务进行识别，尤其是如下 7 种语音、视频类型：会话起始协议（Session Initiation Protocol，SIP）语音视频、RTP 承载的语音、微软 Lync/Skype for Business、腾讯 QQ、腾讯微信、WeLink 视频点播和阿里钉钉。

以上常见的语音、视频服务覆盖了目前大部分的企业和家用场景，对以上语音、视频类别的识别可以帮助大部分用户提升使用体验。

3.6.3　Airtime 信道调度算法

1. Airtime信道调度算法的背景

EDCA 技术可以保证优先级高的内容尽快发出去，同时也尽量保证各方重要内容发言的时间公平性。但是在对话过程中，交流的顺畅程度也会影响整体的交流效率。如果正在对话的双方由于距离较远或者噪声的干扰，持续对一个问题进行确认，将严重占用其他人发言的时间。因此，为了保证整体对话效率，需要抑制不顺畅的对话的时长，确保每个用户的发言相对公平。

在实际的 WLAN 中，如图 3-90 所示，由于终端的性能或终端所处无线环境的差异会使终端实际速率差异很大。对于相同大小的数据包，通过低速率的老旧终端传输占用空口的时间会远高于通过高速率的终端传输，这种情况一方面影响了该 AP 下的终端用户（尤其是高速率用户）体验，另一方面也影响了整个 AP 的系统吞吐率。

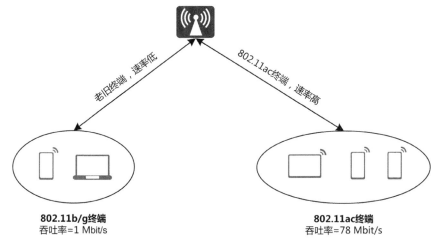

图 3-90　速率低的老旧终端影响用户体验

为了避免老旧终端影响 AP 的系统吞吐率，可以通过在接入阶段判断其信号强度，控制其接入。但这种方式剥夺了低速率终端接入的权利，对其并不公平；并且网络也很难控制低速率终端的接入请求，潜在的连续大量接入请求反而给网络带来额外的空口开销。

既然不能控制低速率终端的接入，就需要通过其他手段解决以上问题。目前的网络仍然是以下行流量为主，因此可以考虑对每个用户的下行流量进行基于时间的公平调度。这一调度方式在保证一定公平性的基础上，还能够提升终端用户的体验，提高整个 AP 的下行吞吐率；同时避免大量的接入请求给网络空口带来的额外负载。Airtime 调度算法可保障 WLAN 内的用户相对公平地占用信道，从而在高速用户和低速用户同时接入时，提升整体的用户体验。

2. 华为Airtime调度算法原理

华为 Airtime 调度建立在 WMM 标准的 EDCA 机制基础之上，在同一类业务下，对不同用户基于时间进行公平调度。受到调度的用户根据其所在的 AC 队列获取对应的 EDCA 参数，再参与空口的竞争，如图 3-91 所示。

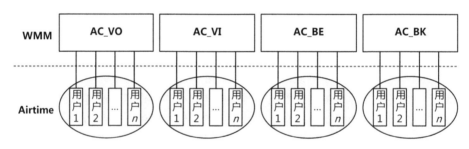

图 3-91　Airtime 与 WMM 的调度关系

Airtime 技术改变了 WMM 中每个 AC 队列的调度方式。由原来的先进先出的调度变为基于时间的公平调度，保证不同速率的用户获得相同的累积调度时间。在每次发包前，选择累积时间最小的用户发包，从而使得队列中的每个用户分到趋近相同时间的空口资源。如图 3-92 所示，在使用 Airtime 技术后，同一个 AC 队列中不同速率的用户经过调度后，可以获得相同的调度时间，低速率用户不再长时间"霸占"空口，高速率用户可以获得更多的发送机会。

Airtime 调度具体原理如下。

- 新用户传输数据时，从原来的直接排在用户队列末尾的方式修改为根据占用信道的时间插入指定的位置。
- 用户传输完第一个队列数据后，判断该用户是否还有数据需要传输，如果没有数据需要传输，则直接调用下一个用户；如果仍有数据需要传输，则根据占用信道的时间插入队列中，并调用当前占用时间最短的用户。

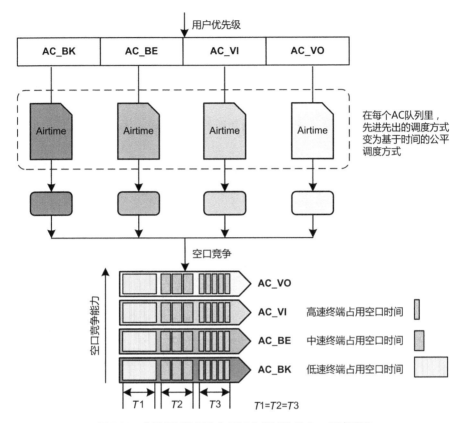

图 3-92　基于 WMM 标准中 EDCA 机制的 Airtime 调度原理

　　如图 3-93 所示，同一射频下有 4 个用户有数据需要传输，用户 1 已占用信道的时间为 3，传输完一轮数据所需的时间为 2；用户 2 已占用信道的时间为 4，传输完一轮数据所需的时间为 4；用户 3 已占用信道的时间为 6，传输完一轮数据所需的时间为 6；用户 4 已占用信道的时间为 7，传输完一轮数据所需的时间为 7。

　　① 开启 Airtime 调度功能之后，统计各用户占用信道的时间，4 个用户各自占用信道的时间为 3、4、6、7，已占用信道的时间最短的为用户 1，对其进行优先调度。

　　② 用户 1 传输完一轮数据所需的时间为 2，此时用户 1 占用信道的时间为 5，4 个用户各自占用信道的时间为 5、4、6、7，已占用信道的时间最短的为用户 2，对其进行优先调度。

　　③ 用户 2 传输完一轮数据所需的时间为 4，此时用户 2 占用信道时间为 8，4 个用户各自占用信道的时间为 5、8、6、7，已占用信道的时间最短的为用户 1，对其进行优先调度。

　　④ 用户 1 传输完一轮数据后，发现没有数据需要传输，则在剩下的 3 个用户

中统计各用户占用信道的时间，3 个用户各自占用信道的时间为 8、6、7，已占用信道的时间最短的为用户 3，对其进行优先调度。

⑤ 用户 3 传输完一轮数据所需的时间为 6，此时用户 3 占用信道的时间为 12，3 个用户各自占用信道的时间为 8、12、7，已占用信道的时间最短的为用户 4，对其进行优先调度。

每次传输数据设备会优先调度占用信道的时间最短的用户，确保每个用户相对公平地占用无线信道。

考虑到防止最先接入的用户后期一直无法占用信道传送数据，以保证先后接入的用户有相同的权重，设备会周期性地对所有用户占用信道的时间统计清零。

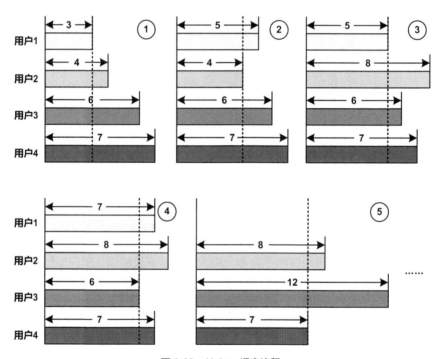

图 3-93　Airtime 调度流程

3. Airtime 信道调度算法的应用与价值

在室外的某些场景中，部分终端离 AP 的距离近，对应的路损小，能够保持较高的信号强度，部分用户离 AP 距离远，对应的路损大，则信号强度低。

如图 3-94 所示，近距离用户信号强度要高于远距离的信号，近距离用户的吞吐率要远高于远距离用户的吞吐率。这种场景下利用 Airtime 特性可以避免低速率用户占用空口时间过长，从而改善高速率用户体验，提高整个 AP 系统的吞吐率。

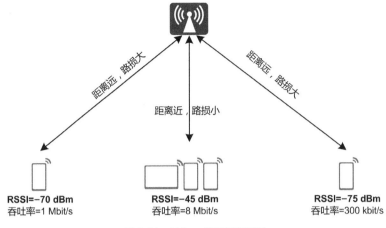

图 3-94　Airtime 信道调度机制

3.6.4　空口融合调度算法

1. 空口融合调度算法的背景

在办公、学校等高密场景中，终端数量多、多用户业务并发强、干扰冲突严重，如何提升高密场景下的多用户并发效率一直是企业 WLAN 场景下亟待解决的难题。如图 3-95 所示，现网环境中的业务具有突发性和离散型特征，主要以大量单发单用户短报文为主，导致空口冲突次数增多、下行空口传输效率降低。同时，现网的高并发业务类型大部分为 TCP 报文，TCP 可以提高信息传输的可靠性，然而 TCP 的上层 TCP ACK 机制会在空口进行多次上下行交互，导致多用户并发场景中上下行冲突严重，造成空口传输报文冲突，进而让 TCP 发生降窗，下行空口传输效率进一步降低。因此，对高密场景中的多用户并发业务，有效实施精细化 QoS 调度策略，增加下行多用户长报文调度次数，同时降低上行短报文自由竞争概率，可以将无序的上行竞争有序化，提升上下行的传输效率。

2. 空口融合调度算法的原理

MU-MIMO 和 OFDMA 先后在 Wi-Fi 5 和 Wi-Fi 6 的标准中引入，分别通过给不同用户分配不同的空间流和频率资源，来提升空口传输容量。融合调度算法通过在下行中采用 MU-MIMO 预调度机制，在上行中采用 OFDMA 短报文调度机制，提高了空口的上下行传输效率。

（1）下行 MU-MIMO 预调度机制

相较于 SU-MIMO，MU-MIMO 通常在大包传输场景中具有吞吐性能增益的优势，然而突发性的业务来包导致调度器在同一时刻无法调度多个用户的报文，即使能够调度，因为这些用户积累的报文缓冲区不够多，也无法达到 MU-MIMO 的空口性能增益效果。针对用户的大流量贪婪业务，通过下行 MU-MIMO 预调度降低报文调度频率，使调度用户的缓冲区中积累更多的报文，以此增加单帧发送时长，增加 MU-MIMO 报文传输机会，从而减少空口短报文发送次数，提高下行空口传输效率，如图 3-96 所示。

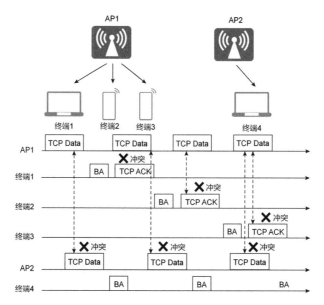

图 3-95　空口多用户并发的冲突示意

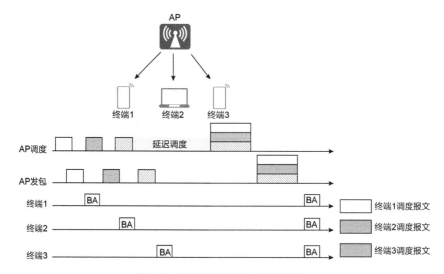

图 3-96　下行 MU-MIMO 预调度机制

下行 MU-MIMO 预调度机制的具体原理如下。

• 周期性统计所有待调度用户的来包流量，将高流量用户的业务标记为大流量贪婪业务类型，该类型用户具备对其进行预调度的条件；同时统计所有待调度用户的业务时延（即从报文入队到实际空口发送的处理时间间隔）容忍度，保障预调度的时间在业务时延容忍度之内。

• 针对被标记的大流量贪婪业务类型的用户，如果该用户的待调度报文处于业务时延容忍度之内，则调整该用户在队列中的优先级，即直接将其排在待调度用户队列的末尾，以此延迟该用户的调度启动时间，等待缓冲区中积累更多报文。

（2）上行 OFDMA 短报文调度机制

不同于 MU-MIMO，Wi-Fi 6 标准中引入的 OFDMA 技术通常在小包传输场景下具有吞吐性能增益的优势，主要体现在节省了多次信道接入信道的回退时间、多次发送 PPDU PHY 帧帧头的时间和 BA 的时间等空口开销，以及缓解了多用户信道竞争导致的冲突。在 TCP 业务多用户并发场景中，通过在上行中采用 OFDMA 调度 TCP ACK 短报文，可以使用户无序的上行自由竞争受控于 AP 有序调度，从而降低上下行冲突，避免 TCP 降窗，保障下行 TCP 报文一直高效率发送，如图 3-97 所示。

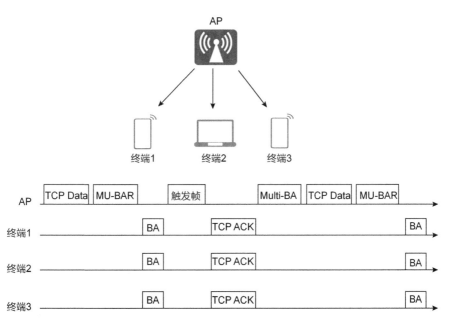

图 3-97　上行 OFDMA 短报文调度机制

进行高效上行 OFDMA 调度的前提是 AP 可以准确获得上行待调度用户的缓

冲区状态，并根据各用户的缓冲区状态合理分配资源。在 802.11ax 协议中，终端可以通过 QoS Data 帧或者 QoS Null 帧所携带的 QoS Control 域中的 Queue Size 子域上报其 TID 子域所指示的 TID 的待发送数据量；也可以通过 QoS Data 或者 QoS Null 帧所携带的 BSR Control 域来上报该 STA 最期望发送的 AC 对应的待发送数据量和所有 AC 的总待发送数据量；还可以通过 NDP 反馈报告（NDP Feedback Report）上报是否有上行数据等待发送。

上行 OFDMA 短报文调度机制的具体原理如下。

- 周期性统计所有待调度用户的下行TCP业务流比例，这样可以动态调整每个用户上报的待调度报文的缓冲区大小，以实现精准调度。
- 实时统计待调度用户每个TCP业务流的TCP重传超时时间（Retransmission Timeout，RTO）的剩余时长。TCP定义了TCP超时重传定时器，如果从数据发送时刻算起，在该定时器规定的时间内没有收到ACK时，则对本报文执行重传，从而保证报文传输过程中发生丢包时能重传报文，实现端到端的可靠传输。调度器根据RTO的剩余时间计算上行调度的优先级，RTO的剩余时间越多，优先级越高。
- 联合动态EDCA算法，根据用户数、上下行冲突概率和信道利用率等参数，动态调整上下行的EDCA参数，减少上下行报文发送导致的冲突频率。

3. 空口融合调度算法的应用与价值

在办公和学校等高密场景中，特别是存在语音和视频会议等大流量高并发业务时，利用空口融合调度算法，不仅可以减少空口突发短报文的发送次数，降低空口竞争导致的冲突概率，达到降低网络信道利用率的目的，而且可以增加并发业务的用户数量，提升空口吞吐量，有效优化用户的语音和视频体验。

3.6.5 多媒体智能调度算法

1. 多媒体智能调度算法的背景

目前，在线会议已经成为企业办公中主要的协作方式，因此，用户对语音和视频的体验尤为关注，要求做到语音和视频业务不卡顿。而在实际的 WLAN 中，突发干扰、大量下载等业务都会导致空口拥塞，引发传输延迟，甚至丢包，致使语音和视频业务受到影响。如何在不确定的网络传输条件下，精准识别语音和视频业务流，并提供有针对性的保障，使其始终处于一个可接受的时延状态，这是多媒体智能调度算法要解决的问题。

2. 华为多媒体智能调度算法的原理

在实际网络中，终端 Wi-Fi 的能力和传输的业务都是未知的。例如，一些

802.11a/b 标准或者位于 AP 覆盖范围边缘的低速终端通常协商速率低，占用空口的传输时间会远高于高速终端。另外，如果终端处理的是文件上传 / 下载等贪婪类型的业务，例如某个应用软件版本升级，网络带宽会被此类业务完全占满，总体时延变大。此类业务通常会追求最大带宽且持续时间长，甚至具有群体效应和定时触发等特征。如果一刀切地使用空口限速策略来应对上述挑战，不仅会牺牲用户体验，而且在网络负载低的情况下，无法让空口资源物尽其用；在网络负载高的情况下，无法区分业务优先级，不能有效保障关键业务的处理。

如图 3-98 所示，多媒体智能调度算法通过保障语音和视频体验对空口流量进行优化。

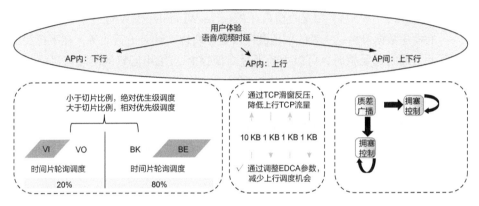

图 3-98　多媒体智能调度算法的原理

- 单AP拥塞控制：主要通过单AP下行关键业务时延来保障调度，通过单AP上行业务拥塞控制和低速终端拥塞控制来保障本AP内部业务的时延体验。
- 同频AP拥塞控制：主要通过同频邻居AP下行业务拥塞控制和上行业务拥塞控制来保障本AP关键业务的时延体验。

（1）单 AP 拥塞控制

首先，AP 主要通过周期性计算上下行业务的空口时延情况来统计业务的时延指标。当检测到当前时延超过配置的保障时延时，触发业务时延优化。该保障时延门限值可以自主配置，也可以按业务优先级配置，以达到动态时延优化业务传输的目的。如图 3-99 所示，保障本 AP 内部业务的时延的主要步骤如下。

- 单AP下行关键业务时延保障调度。当本AP下行存在普通BE（Best-Effort，尽力而为）/BK（Background，背景）类型的大流量业务时，如果对其过多调度，就会长时间占用信道，进而造成VI（Video，视频）/VO（Voice，语音）类型的关键业务的时延增大。如果检测到当前VI/VO类型业务时延超过配置的保障时延时，调度器在调度时会在一定程度上保障VI/VO类型业务优先调度（即提升调度优先级），以降低其时延。即采用时间片轮询调度机制，将时域资源切分成不同的时间片，将一部分时间资源预留给 VI/VO 类型的业务使用。调度器每次发包调度前查询队列信息，若当前 VI/VO 类型的业务队列的总发包占用时间不超过门限值，也即小于切片比例，则优先调度 VI/VO 类型的业务队列。

- 单 AP 上行业务拥塞控制。当终端上行存在 BE/BK 类型的大流量业务时，如果发包频繁且单次发包时长较大，就会显著增加 AP 下行 VI/VO 类型业务的时延。当下行关键业务的时延受损时，若系统中存在上行 BE/BK 类型的大流量业务，系统就会考虑对其进行拥塞控制。为了进行拥塞控制，TCP 会要求通信双方维护拥塞窗口（Congestion Window，CWND）、发送窗口（Send Window，SWND）和接收窗口（Receive Window，RWND），TCP 发送端的发送数据量由这三者的取值共同决定。所以，针对上行业务，在下行关键业务的时延受损时，可以主动通过降低 TCP ACK 中回复的接收窗口值（也称 TCP 滑窗反压）来达到减少终端实际发送上行数据量的目的，以保障下行关键业务的用户体验。同时，联合动态 EDCA 算法，根据识别的 VI/VO 活跃用户数量动态调整上下行的 EDCA 参数，减少上行调度机会，进而提升下行关键业务的服务质量。

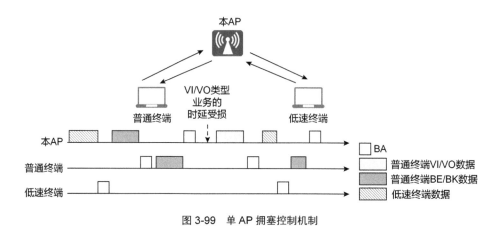

图 3-99　单 AP 拥塞控制机制

- 低速终端拥塞控制。AP 接入用户中的低速终端往往传输效率低，会占用大量空口传输时间，从而增加整体 VI/VO 类型业务的时延。因此，对于此类终端，需要减少其调度次数。

（2）同频 AP 拥塞控制

在 WLAN 中，当前 AP 的业务质量不仅受到本 AP 上下行业务的影响，也受到邻居同频 AP 的业务影响。邻居同频 AP 过多地抢占信道进行发包，必然导致本 AP 的关键业务的时延受损。如图 3-100 所示，多媒体智能调度算法引入同频 AP 拥塞控制逻辑，当检测到本 AP 的 VI/VO 类型业务时延超过门限值时，通过 Beacon 帧自定义字段携带该信息广播给邻居同频 AP；当邻居同频 AP 接收到关键业务的时延受损事件告警时，触发其下行业务拥塞控制和上行业务拥塞控制，拥塞控制逻辑与单 AP 的拥塞控制逻辑相同。

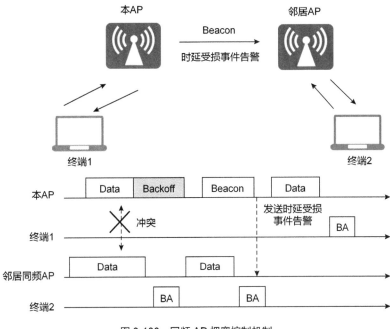

图 3-100　同频 AP 拥塞控制机制

3. 多媒体智能调度算法的应用与价值

多媒体智能调度算法适用于密集型办公、学校宿舍等大容量接入场景，在空口拥塞情况下对语音、视频等高优先级业务有较高的保障。

3.6.6　VIP 用户体验保障技术

1. VIP用户体验保障技术的背景

在企业网络中，日常的用户体验逐渐成为 IT 部门关注的重点。特别是针对企业的一些重要在线会议，通常需要 IT 部门重点保障。

而传统的无线网络调度策略无法识别 VIP 用户，所有用户都在抢占网络资源，就像高峰期挤地铁，凭运气才能挤上去。针对这种普遍性需求，VIP 用户体验保障技术应运而生。该技术基于用户维度进行差异化的 QoS 保障，即使网络拥塞，也能够让 VIP 有"零受损"的用户体验。

2. VIP用户体验保障技术的原理

VIP 用户体验保障技术主要包括 VIP 超帧抢占技术和 VIP 逐包功控技术。下面将详细介绍两种技术的原理。

（1）VIP 超帧抢占技术

无线网络拥塞场景是指空口信道利用率大于 80% 时终端可能出现卡顿、体验差、业务受损的场景。传统的 VIP 资源预留方案仅能保障 VIP 用户的数据在 AP 内部进入高优先级队列进行转发，却无法保证在空口上真正、及时地把数据发送出去。也就是说，在空口碰撞严重的情况下，实际的时延是无法保障的。而 VIP 超帧抢占技术可以针对 VIP 用户预留空口时间片，包含上行流量和下行流量，即使在网络拥塞场景中，空口收发的时延也是可控的。

如图 3-101 所示，在单个传输周期内，VIP 超帧抢占功能会为 VIP 用户预留 25% 的时间片。在该预留时间片内，VIP 用户的带宽平均分配。在剩余的 75% 的时间片中，VIP 用户和普通用户一起竞争调度。

单个传输周期（20 ms）					
20 ms×25% VIP超帧抢占预留时间片					20 ms×75% 公平竞争时间片
VIP1 独占	VIP2 独占	VIP3 独占	VIP4 独占	VIP5 独占	普通用户和VIP用户 竞争调度

图 3-101　VIP 超帧抢占技术示意

为了保障 VIP 用户的体验，VIP 超帧抢占技术对 VIP 用户数量和用户的带宽有如下限制。

- VIP用户数量限制：默认情况下最多支持5个VIP用户，在拥塞场景中可以保障VIP用户的平均时延不超过50 ms；也支持将VIP超帧抢占的用户数量手工配置为10个，此时VIP用户的平均时延不超过100 ms。
- VIP用户的带宽限制：每个VIP用户的预留带宽为"空口带宽/VIP用户数量"，超过这个带宽的流量就不能保障时延和丢包。一般来说，VIP用户的关键业务（例如音视频业务）的流量通常不会超过4 Mbit/s，而且在预留时间片里，AP的空口调度会优先调度高优先级的VI/VO队列的流量，因此基本能保障VIP用户的音视频业务体验。

（2）VIP 逐包功控技术

如图 3-102 所示，VIP 用户终端在移动场景或者关联在远距离 AP 场景中，其协商带宽和吞吐率会随距离变远而降低，此时 VIP 超帧抢占技术无法有效改善 VIP 终端体验。针对此类场景，业界提出叠加 VIP 逐包功控技术。该技术通过 AP 动态测量 VIP 用户终端下行时接收到的 AP 信号强度，并进行智能计算，逐包调整弱信号场景（信号强度低于 –68 dBm 为弱信号场景）中 AP 对该 VIP 的发射功率，保证其吞吐率能有效提升 20% 以上。

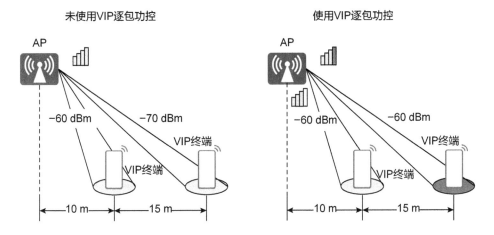

图 3-102　VIP 逐包功控的效果

3.2.2 节提到的测量机制有两种实现方案。一种方案是根据 AP 接收到的终端信号强度 + 估算的终端功率进行路损计算，但终端功率存在不确定性，有的终端功率是 17 dB，有的终端功率超过 20 dB，因此通过终端发过来的报文来看，路损测量的结果是不准确的。另一种方案是通过 802.11k 标准的测量消息来获得终端自己测量到的 AP 信号强度。如果融合使用这两种方案，就可以消除终端功率不确定导致的测量误差，做到更加精确的功率调整。

3. VIP 用户体验保障技术的应用和价值

针对 VIP 用户，华为提供了类似"专车道"的服务保障，使其享受专属服务，确保在网络拥塞时 VIP 用户时延小于 50 ms，体验"零受损"，在弱信号场景中的带宽比普通用户高 20%。

如图 3-103 所示，VIP 超帧抢占技术通过提前预留 VIP 的带宽资源，实现 VIP 用户随时随地优先抢占；在整体网络拥塞的情况下，VIP 用户的平均时延从 200 ms 降低至 50 ms 以下，时延下降了约 75%，大时延报文减少了约 99.9%。

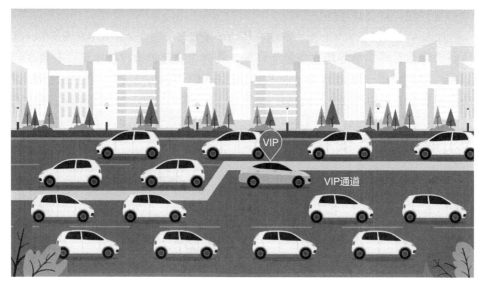

图 3-103　VIP 超帧抢占技术示意

　　VIP 逐包功控技术可以差异化识别 VIP 用户的报文，并逐包定向增强其发送功率，避免整体提升 AP 功率导致对邻居 AP 的干扰，实现"网随人动"。在这种技术的支持下，即使 VIP 用户处于无线信号覆盖范围的边缘，也能保障其高带宽；相较普通用户，VIP 用户带宽提升了 20%。

3.6.7　双发选收技术

1. 双发选收技术的应用背景

　　在 Wi-Fi 空口传输过程中，空口信道的变化、多用户的竞争、多 AP 间的同频干扰以及终端在多 AP 间移动漫游带来的通信中断，都导致通信过程中一定概率出现大时延，甚至发生丢包现象。虽然 Wi-Fi 协议定义了空口报文重传等机制来增加传输的可靠性，但此类问题依然无法完全避免。这就导致在工业生产、AGV 等高可靠性传输的场景中，Wi-Fi 的使用存在很大的局限性。

　　虽然无法完全解决单条链路上无线传输的丢包问题，但目前主流 AP 设备均支持至少 2 个射频（频段为 2.4 GHz 和 5 GHz）。如果可以让终端连接两个射频并同时进行数据传输，也就是发送端在两个射频上冗余发送同一份报文，而接收端选收一份先到达的报文，那么传输的可靠性将得到极大的提升。

2. 双发选收技术的原理

　　华为的双发选收技术搭配定制的无线用户驻地设备（业界常称客户预置设备，

Customer Premises Equipment，CPE），可以实现高可靠、低时延的数据传输。无线
CPE 可以将终端设备的有线信号转为无线信号，再通过接入 AP 实现终端设备的
无线接入。无线 CPE 接入 AP 网络时，使用 2.4 GHz 和 5 GHz 频段分别关联两个
任意 AP 的不同射频，建立两条数据传输链路，所有的数据报文在这两条链路上
复制并发送，从而达到提升传输可靠性的目的。双发选收技术的数据收发流程如
图 3-104 所示。

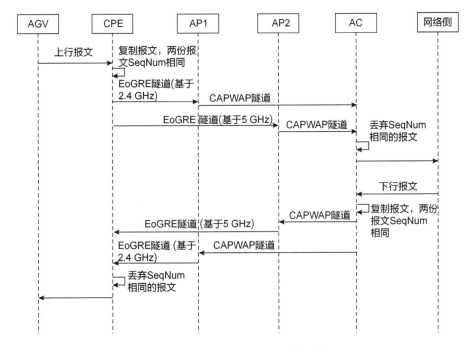

图 3-104　双发选收技术的数据收发流程

（1）上行数据传输流程

第一步，无线 CPE 收到来自有线终端（如 AGV）的上行数据报文后，复制一
份报文，这两份报文的 SeqNum（序列号）相同。

第二步，无线 CPE 把这两份报文封装进 EoGRE（Ethernet over GRE，以太网
上的通用路由封装）隧道，通过 2.4 GHz 和 5 GHz 这两条数据链路，分别发送给
AP1 和 AP2。

第三步，AP1 和 AP2 将收到的报文通过 CAPWAP 隧道封装后发送给 AC。

第四步，AC 对报文进行 CAPWAP 解封装，再根据 SeqNum 对报文去重，之
后将其发送给网络侧。

（2）下行数据传输流程

第一步，AC 收到网络侧传输的报文后，复制一份报文，这两份报文的 SeqNum 相同。

第二步，AC 将报文通过 CAPWAP 隧道封装后发送给 AP1 和 AP2。

第三步，AP1 和 AP2 对报文进行 CAPWAP 解封装后，通过各自的 2.4 GHz 和 5 GHz 的数据链路进行 EoGRE 隧道封装后发送给无线 CPE。

第四步，无线 CPE 根据 SeqNum 对报文去重，之后将其发送给有线终端（如 AGV）。

3. 双发选收技术的应用与价值

双发选收技术适用于对时延有极高要求的业务场景，比如工业仓储场景中，AGV 需要实时上报点位信息给控制台，以保证移动过程中的生产安全。传统的 Wi-Fi 网络无法确保不丢包，特别是漫游切换过程中会存在丢包现象，而利用华为的双发选收技术，在 AGV 上配套定制的无线 CPE，可做到移动漫游全程不丢包，如图 3-105 所示。

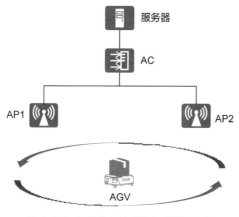

图 3-105　双发选收技术的应用场景示意

针对双发选收技术搭建的测试场景如下：AP1 和 AP2 的间距为 30 m，一台 AGV（内装无线 CPE）以 1 m/s 的速度在两个 AP 间往复运动；无线 CPE 平均每 30 s 在 AP 间漫游一次，同时，无线 CPE 以 20 ms 的周期 ping 服务器，ping 100 000 个包，总计漫游 66 次。观察开启双发选收功能前后的整个测试过程中的丢包情况：开启双发选收功能前，无线 CPE 默认以 5 GHz 单链路接入 AP，总共丢包 90 次，丢包率 0.09%；开启双发选收功能后，无线 CPE 以 2.4 GHz 和 5 GHz 双链路接入 AP，总计丢包 1 次，丢包率接近 0。

| 3.7 天线技术 |

在无线系统中，天线是收发信机与外界传播介质之间的接口，用来发射或接收无线电波。WLAN 系统中发射机输出的射频信号以电磁波形式辐射出去，电磁波传送到接收端后，由接收天线接收，输送到接收机。选择适当的天线和应用先进天线技术可以最大化无线电覆盖范围，从而优化 WLAN 的整体性能。

本节介绍 WLAN 天线的相关知识和华为的先进天线技术，主要包括天线的分类和主要性能指标、智能天线技术和动态变焦智能天线技术。

3.7.1 天线的分类和主要性能指标

1. 天线的分类

天线是一种用来发射或接收无线电波的设备。天线应用于广播、电视、点对点无线电通信、雷达和太空探索等系统中。天线通常在空气和外层空间中工作，也可以在水下运行，甚至在某些频率下可以工作于土壤和岩石之中。从物理学上讲，天线是一个或多个导体的组合，可因施加的时变电压或时变电流而产生电磁场；或在电磁场中，由于场的感应而在天线内部产生时变电流并在其输出端产生时变电压。

天线为无线系统提供了 3 个基本属性：增益、极化和方向性。增益是衡量能量增强的度量。极化是描述电磁波场强矢量空间指向的一个辐射特性。方向性是指天线对空间不同方向具有不同的发送或接收能力，一般通过天线方向图的形状进行描述。在自由空间内，任何天线都可以向各个方向辐射能量，但是特定的架构会影响天线的方向性，使天线在某个方向上获得较大的能量，而其他方向的能量辐射则可以忽略。基于特定三维（通常指水平或垂直）平面，可以把天线分为 4 个基本类型，如图 3-106 所示。

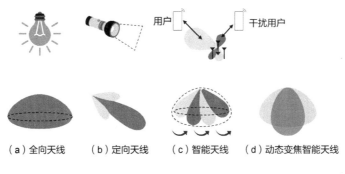

（a）全向天线　（b）定向天线　（c）智能天线　（d）动态变焦智能天线

图 3-106 天线的分类

- 全向天线：在水平面内的所有方向上辐射的电波能量都是相同的，但在垂直面内不同方向上辐射的电波能量是不同的。方向图辐射类似白炽灯辐射可见光，在水平方向上360°辐射。
- 定向天线：定向天线在水平面与垂直面内的所有方向上辐射的电波能量都是不同的。方向图辐射类似手电筒辐射可见光，朝某方向定向辐射，相同的射频能量下可以实现更大的覆盖范围，但是是以牺牲其他区域覆盖范围为代价的。
- 智能天线：智能天线在水平面上具有多个定向辐射和1个全向辐射模式。天线以全向模式接收终端发射的信号。智能天线算法是一种定向辐射模式，根据接收到的信号判断终端所在位置，控制CPU选择最大辐射方向指向终端的位置。
- 动态变焦智能天线：动态变焦智能天线是在智能天线的基础上演进而来的，支持全向模式宽波束和高密模式窄波束。该天线通过控制垂直面波束的宽窄来调节天线的覆盖半径，从而实现宽波束扩大覆盖范围或窄波束降低干扰的目的，以适配不同天线的安装高度及组网间距。

2. 主要性能指标

影响天线性能的指标有很多，如谐振频率、带宽、阻抗 / 驻波比 / 回波损耗、端口隔离度、包络相内系数、增益、半功率波束带宽或副瓣电平、前后比、极化等，通常在天线设计过程中进行调整。接下来简要介绍天线几个主要性能指标的定义。

（1）谐振频率

谐振频率与天线的电长度相关。电长度通常是指传输线物理长度与所传输电磁波波长之比。天线一般在某一频率调谐，并在以此谐振频率为中心的一段频带上有效。但其他天线参数（尤其是辐射方向图和阻抗）随频率而变，所以天线的谐振频率仅与这些更重要参数的中心频率相近。

（2）带宽

天线的带宽是指其有效工作的频率范围，通常以其谐振频率为中心。天线带宽可以通过以下多种技术增大，如使用较粗的金属线，使用金属“网笼”来代替金属线；使用尖端变细的天线元件（如馈电喇叭）；多天线集成单一部件，使用特性阻抗来选择天线。小型天线通常使用方便，但在带宽、尺寸和效率上不可避免地受到限制。

（3）阻抗 / 驻波比 / 回波损耗

"阻抗"类似于光学中的折射率。电波穿行于天线系统的不同部分（电台、馈线、天线和自由空间）时会遇到阻抗变化。在每个接口处，因为阻抗匹配，电波的部分能量会反射回源，在馈线上形成一定的驻波。这种反射产生的损耗被称为回波损耗。电波最大能量与最小能量的比值被称为驻波比（Standing Wave Ratio，SWR）。理想情况下驻波比为 1：1。1.5：1 的驻波比在对功耗更敏感的低功耗应用上被视为临界值。而高达 6：1 的驻波比也可出现在特定的设备中。降低各处接口的阻抗差（阻抗匹配）将减小驻波比，并提高天线系统的能量传输效率。

如果驻波比过大，将影响输出功率，从而缩短通信距离。WLAN 天线的驻波比需要小于 2。天线的驻波比小于 2 也决定了天线的工作频段。驻波比与被反射回来的信号大小有关，而金属遮挡物可以反射无线电波，所以当距离天线主瓣前方比较近的地方有金属遮挡物时，可能会导致驻波比偏大。

（4）端口隔离度

端口隔离度是本机振荡器或射频信号泄露到其他端口的功率与输入功率之比，单位为 dB。增加隔离度的措施有空间拉远、交叉极化、设置金属隔离条、抑制地电流、采用高阻抗表面和吸波器。WLAN 天线端口隔离度要求低于 20 dB。

（5）包络相关系数（Envelope Correlation Coefficient，ECC）

MIMO 技术的实质是空时信号处理，是在时间维度的基础上，通过多副天线发送信号的多个独立衰落复制来增加空间维度，实现多维信号处理，获得空间复用增益（收益）。在此情况下，天线系统的空间相关性会减小系统的空间自由度，从而减小信道容量。在瑞利信道假设的条件下，天线相关性系数 ρ_e 由下式定义

$$\rho_e = \frac{\left| \iint_{4\pi} [\boldsymbol{F}_1(\theta,\phi) \cdot \boldsymbol{F}_2^*(\theta,\phi)] \mathrm{d}\Omega \right|^2}{\iint_{4\pi} \left| \boldsymbol{F}_1(\theta,\phi) \right|^2 \mathrm{d}\Omega \iint_{4\pi} \left| \boldsymbol{F}_2(\theta,\phi) \right|^2 \mathrm{d}\Omega}$$

（6）增益

在天线设计中，增益 G 指天线最强辐射方向的天线辐射方向图强度与参考天线的强度之比取对数。

$$G = 10\lg(E \cdot D)$$

其中，E 为天线效率，表示有多少电能量转换成电磁能量，这是一种能量转化比例；D 为天线的定向性。

$$D = 4\pi \left(\frac{U_{\max}}{P_{\mathrm{rad}}} \right)$$

其中，$U_{\max}$ 为最大发射功率方向上的发射功率大小；P_{rad} 为所有方向上总的发射功率。

$$P_{\mathrm{rad}} = \int_0^{2\pi} \int_0^{\pi} U(\theta,\phi) \sin(\theta) \mathrm{d}\theta \mathrm{d}\phi$$

如果参考天线是全向天线，增益的单位为 dBi。但是球对称的完美全向参考天线是无法制造的，因为电磁波在真空中是无色散的横波，具备光子静质量为 0 和自旋为 1 的性质，所以通常使用偶极子天线作为参考天线。这种情况下，天

线的增益以 dBd 为单位。举个例子，对于一个增益为 16 dBd 的天线，其增益折算成以 dBi 为单位时，则为 18.14 dBi，其中参考天线（偶极子天线）的增益为 2.14 dBi。

天线增益是无源现象。天线增益提升并不增加功率，而是仅仅通过重新分配功率使其在某方向上比全向天线辐射更多的能量。如果天线在一些方向上增益为正，由于天线的能量守恒，它在其他方向上的增益则为负。因此，天线所能达到的增益要在天线的覆盖范围和它的增益之间达到平衡。例如，航天器上碟形天线的增益很大，但覆盖范围却很窄，所以它必须精确地指向地球；而广播发射天线由于需要向各个方向辐射，它的增益就很小。

碟形天线的增益与口径（反射区）、天线反射面表面精度及发射 / 接收的频率成正比。通常来讲，口径越大，增益越大，频率越高，增益也越大，但在较高频率下，表面精度的误差会导致增益的极大降低。

口径和辐射方向图与增益紧密相关。口径是指在最高增益方向上的波束截面形状，是二维的（有时口径表示为近似于该截面的圆的半径或该波束圆锥所呈的角）。辐射方向图则是表示增益的三维图，但通常只考虑辐射方向图的水平和垂直二维截面。高增益天线辐射方向图常伴有副瓣。副瓣是指增益中除主瓣（增益最高波束）外的波束，包括旁瓣与后瓣。在如雷达等系统需要判定信号方向时，副瓣会影响信号质量，由于功率分配，副瓣还会降低主瓣增益。天线波瓣图如图 3-107 所示。

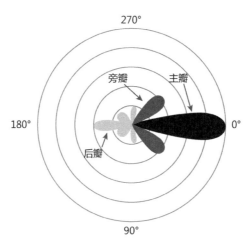

图 3-107　天线波瓣图

WLAN 天线增益典型值：室内外置杆状天线为 2 ～ 4 dBi；室内内置天线为 3 ～ 5 dBi；室外外置全向天线为 4 ～ 7 dBi；室外内置扇区 / 定向天线为 6 ～ 19 dBi。

（7）半功率波束宽度

半功率波束宽度包括水平面波束宽度与垂直面波束宽度。两者的定义分别为在水平方向或垂直方向相对于最大辐射方向功率下降一半（3 dB）的两点之间的波束宽度。WLAN 半功率波束宽度典型值：室内全向天线（吸顶）为水平面360°，垂直面 120°～150°；室外扇区天线（抱杆）为水平面 60°～90°，垂直面10°～30°；场馆高密天线为水平面 30°～60°，垂直面 30°～60°。

（8）副瓣电平

副瓣电平定义为副瓣最大值相对主瓣最大值的比。为了提高频率复用效率，减少对邻区的同频干扰，AP 天线波束成形时，应尽可能降低那些对准干扰区的副瓣，提高有用信号强度和无用信号强度之比。当前 WLAN 天线副瓣电平典型值为–16～–10 dB。

（9）前后比

该指标只对定向天线有意义。前后比是指天线前向最大辐射方向的功率密度与后向 ±30° 范围内的最大辐射方向的功率密度的比值，如图 3-108 所示。前后比反映了天线对后向干扰的抑制能力。WLAN 前后比的典型值：室外扇区天线 >20 dB。

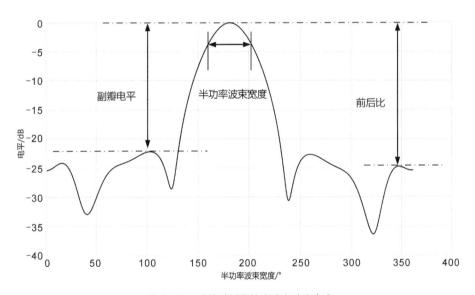

图 3-108　天线波瓣图的半功率波束宽度

（10）极化

极化是描述电磁波场强矢量空间指向的一个辐射特性，当没有特别说明时，通常以该天线的最大辐射方向上的电场矢量的空间指向作为电磁波的极化方向。

电场矢量在空间的取向任何时间都保持不变的电磁波叫作直线极化波。有时以地面作为参考，电场矢量方向与地面平行的波叫作水平极化波，与地面垂直的波叫作垂直极化波。电场矢量在空间的取向有的时候并不固定，如果电场矢量端点描绘的轨迹是圆形，则称为圆极化波；如果轨迹是椭圆形，则称为椭圆极化波。椭圆极化波和圆极化波都有旋向性。

不同频段的电磁波适合采用不同的极化方式进行传播，移动通信系统通常采用垂直极化，而广播系统通常采用水平极化，椭圆极化通常用于卫星通信。

目前天线单元主要由振子（偶极子）和微带缝隙天线两部分组成。偶极子的极化方向与振子轴线相同，缝隙天线的极化方向与缝隙长度方向轴线相同，因此极化方向比较容易判断。

WLAN 天线有单极化天线和双极化天线两种，其本质区别在于线极化方式。双极化天线利用极化分集来减少移动通信系统中多径衰落的影响，提高 AP 接收信号质量，通常有水平极化和垂直极化两种。

WLAN 天线水平极化和垂直极化特性复杂，室内放装式 AP 内置天线，与基站天线不同，天线极化等效为柱坐标系径向电流或者圆环电流辐射场极化，而不是简单等效为线电流的辐射场极化；对于低成本的 PCB 板载天线或金属平面倒 F 天线（Planar Inverted–F Antenna，PIFA），天线辐射的线极化波在不同方向不再有一致的规律。WLAN 室外 AP 天线与基站天线相似，天线极化通常为 0°/90° 或 45°/–45° 的正交线极化。本书第 9 章会详细介绍不同场景下的天线选型。

3.7.2　智能天线技术

随着 802.11 系列标准的不断发展，Wi-Fi 网络传输的物理速率也在高速提升。主流厂商推出的支持 802.11ac Wave 2 标准的产品可以支持最大 4 个空间流且使用 160 MHz 带宽捆绑技术，传输速率可达到 3.47 Gbit/s，这是传统 802.11a/g/n 标准支持的最高传输速率的数十倍。而支持 802.11ax 标准的产品可以支持高达 10 Gbit/s 的传输速率，这是 802.11ac Wave 2 标准的数倍。

物理层速率的提升需要无线环境的支撑。但在实际应用中，复杂的环境很容易造成信号弱甚至无信号覆盖，即使在有较好信号覆盖的区域，要想获得更高的传输速率，仍然要期待有更好的信号。

为了提升无线信号的质量，业界主流厂家开始将已在公网移动通信系统（如 4G 等）中广泛使用的智能天线技术引入 Wi-Fi 系统中，希望利用公网无线通信系统的技术来改善无线信号覆盖效果等问题，从而提高系统容量和 Wi-Fi 用户的用户体验。

在目前组网环境中，AP 边缘用户的信号覆盖差是需要攻破的瓶颈。目前 AP 大多采用的是全向天线，天线增益有限，对于近距离用户可以提供较好的服务，对于中远距离的用户则无法提供服务或者只能提供较低吞吐率的服务。在实际组网中，对被障碍物（典型的障碍物包括柱子或墙）遮挡的用户提供高吞吐率的服务也是对 AP 性能的挑战。除此之外，在高密组网环境下，多用户并发将导致链路间干扰大大增加，在 802.11ac 标准中引入了下行 MU–MIMO 以提升下行传输吞吐量。如何将智能天线和下行 MU–MIMO 融合应用，以进一步提升下行传输的效率，是目前智能天线技术面临的挑战，也是提升 AP 竞争力的关键点。

1. 智能天线原理

智能天线技术主要包括两个方面：一个是智能天线阵列设计；另一个是智能天线选择算法，即如何选择天线阵列里的天线。

天线阵列技术的核心是波束切换技术。从具有多个天线硬件的天线阵列中智能地选择多个天线振子发射和接收信号，不同天线的组合可以形成不同的信号辐射方向，从而为处于不同位置的终端提供最佳的信号，提升系统吞吐率。天线波束切换如图 3-109 所示。

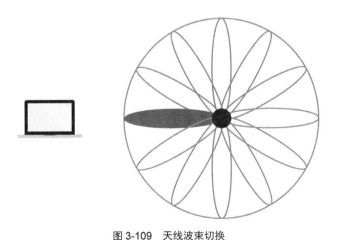

图 3-109　天线波束切换

智能天线选择算法是 WLAN 链路自适应特性的重要组成部分。通过发送数据报文，根据终端的位置，从天线阵列中选择合适的天线组合提升 WLAN 性能。利用定向波束替代原来的全向波束，使能量集中，提高信号接收质量，提升系统吞吐率。

华为的智能天线采用双频分路、双极化叠加的设计方案。双极化叠加可以使天线小型化，避免占用大量空间，减少 AP 设计的复杂度；双频分路方案减少天线间耦合，辐射效率更高。如图 3-110 所示，2.4 GHz、5 GHz 频段分别各有 4 个天线：2 个水平极化天线和 2 个垂直极化天线。

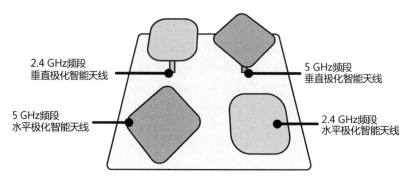

图 3-110　智能天线阵列的排列方式

每个天线水平 360° 范围内均匀分布 4 个波束成形结构，每个结构中间的开关均可独立控制，通过导通不同方向的开关，得到方向不同的定向波束，开关全部不导通实现全向波束，所以每个小天线有 5 种模式，如图 3-111 所示。4 个天线，每个天线有 5 种模式，天线的阵列组合一共为 625 种。

· 一种全向波束天线模式，标记为序号2。

· 其他4种为水平4个方向的定向波束天线模式，分别标记为序号0、1、3、4。

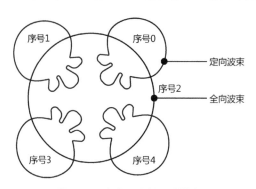

图 3-111　智能天线的 5 种模式

2. 天线波束选择

智能天线选择算法的基本原理是，在当前天线配置下，通过发送训练包，根据该天线配置下底层反馈的 PER 和 RSSI，选择当前用户最合适的天线配置。天线配置主要涉及天线组合、发送速率。

如图 3-112 所示，系统中天线的工作状态有 3 种，分别是默认工作状态（Default）、预训练状态（Pre-training）和训练状态（Training）。智能天线选择算法就是依托天线的 3 种状态转换实现的。

默认工作状态：该状态下，天线以当前的配置正常工作，不做训练操作。但是该模式下会检测天线工作的状态，当出现触发训练请求或者天线性能突变时，系统会触发训练。

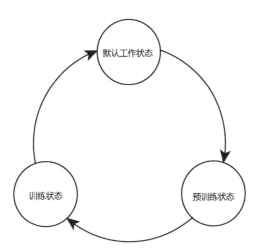

图 3-112　天线工作状态的切换

预训练状态：该状态的主要目的是减少训练过程中的时间和信道占用，通过速率自适应算法给出智能天线的训练配置信息，并且只有当训练包数不小于系统设置的训练包数时，才会设置训练请求，触发训练。

训练状态：该状态下根据反馈的天线配置信息，遍历候选的天线组合，找到最优天线组合。

3. 智能天线应用

智能天线应用场景广泛，可以显著提升 WLAN 性能，适合中远距离覆盖场景、无线环境复杂场景、多用户并发的高密场景以及干扰多的场景。

（1）中远距离覆盖场景

当 AP 发送数据给终端时，智能天线算法需要根据终端的位置，选择最合适的定向波束取代全向波束发送数据，利用定向波束高增益的特点提升对中远距离用户的覆盖能力，从而实现边缘用户的覆盖强化，如图 3-113 所示。

（2）无线环境复杂场景

智能天线的天线阵列可以在目标区域产生更好的覆盖效果。对于需要穿透楼层、墙体的场景，由于定向波束的高增益，智能天线具有明显的穿透优势；对于环境中存在无法穿越的障碍物遮挡，智能天线可以选择其他定向波束进行反射、绕射等，以多径方式绕过障碍物，如图 3-114 所示。

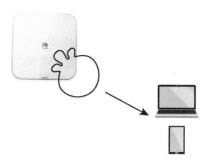

图 3-113　中远距离时智能天线的波束选择

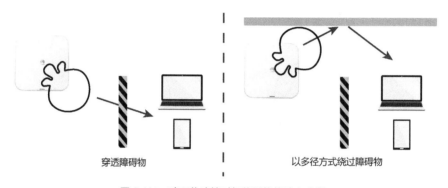

穿透障碍物　　　　　　　　　　　　　　以多径方式绕过障碍物

图 3-114　障碍物遮挡时智能天线的波束选择

（3）多用户并发的高密场景

在高密场景中存在下行多用户并发传输（含下行 MU–MIMO）。通过引入智能天线的定向波束选择，将同方向的用户聚合在一起，采用相同定向波束传输，一方面提升了终端接收信号的强度，另一方面减小了不同方向终端数据之间的相互干扰，如图 3–115 所示。

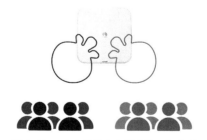

图 3-115　高密场景中多用户的下行发送

（4）干扰多的场景

当智能天线算法选择对有用信号增益大、对干扰信号增益小或产生负增益的波束时，可以增强上行用户传输的抗干扰能力。当智能天线算法选择接收终端增益最大的波束传输下行信号时，通过定向波束的高增益，可以消减干扰信号的影响，提高下行用户传输的抗干扰能力，如图 3-116 所示。

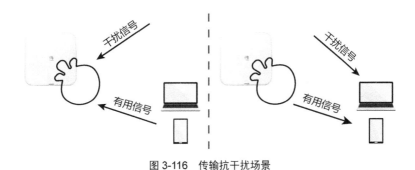

图 3-116　传输抗干扰场景

3.7.3　动态变焦智能天线技术

随着视频会议、直播、无线投影、无线桌面云等高带宽业务的推广，高密办公场景对无线网络的容量提出了更高的要求，连续组网的带宽迫切需要从 20 MHz 提升到 40 MHz。40 MHz 带宽组网虽然能提供更大的理论带宽，但由于信道数量减少（以中国国家码为例，40 MHz 带宽只有 6 个可用信道），同频 AP 的间距会随之减小，导致网络内同频 AP 之间的干扰显著增加。

当同频 AP 间的互听信号强度高于 CCA 协议规定的门限值时，基于 CSMA/CA 机制，相邻的同频 AP 将无法实现并发，同一时刻只能有一个 AP 进行数据发送。即使提升 CCA 协议的门限值，强行让同频 AP 进行并发，在覆盖范围边缘的终端也会因为信噪比不足导致空口性能急剧下降。

为了解决这种高容量的高密组网下同频 AP 并发能力恶化的问题，华为创新使用动态变焦智能天线技术，通过调节天线覆盖半径增加同频 AP 间的隔离度，从而降低干扰，提升并发能力。

动态变焦智能天线支持切换到全向和高密两种覆盖模式，不同覆盖模式下的波束宽度和覆盖半径有所差异。在 AP 部署较为密集的区域（10 ～ 12 m 组网间距），天线会切换到高密模式，如图 3-117 中 a 和黑线①所示。该模式下，方向图宽度变小，覆盖半径收缩，可提升小区中心的信号强度，并降低小区边缘处的干扰，信噪比可提升约 7 dB，同频 AP 并发率也得到了提升。在 AP 部署较为稀疏的区域，天线切换到全向模式，如图 3-117 中 b 和灰线②所示。该模式下，方向图宽度变大，覆盖半径也变大，可以保证更大范围内用户的使用体验。

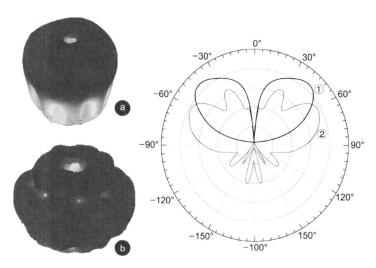

图 3-117　动态变焦智能天线

在天线能力的基础上，华为的 AP 还叠加了智能切换算法，可以根据 AP 部署间距自动切换天线覆盖模式。智能切换算法的原理如下。

- 路损测量：在全局调优阶段，整网进行AP间互听路损的测量。互听路损可以理解为两个AP间的信号在传播过程中的损失，假设AP1测量到的AP2的信号强度为m dBm，AP2的发射功率为n dBm，则互听路损为$n-m$，单位为dB。互听路损一般和AP间的距离成正相关，因此可用于估算组网间距。

- 天线模式调整：基于测量得到的互听路损判断是否需要切换天线覆盖模式。如果互听路损小于阈值（约72 dB），则天线覆盖模式使用高密模式，否则使用全向模式。在高密模式下，信噪比可提升约7 dB，整网性能可提升约10%。动态变焦智能天线的模式选择与组网如图3-118所示。

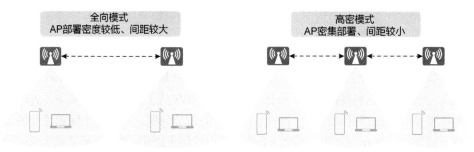

图 3-118　动态变焦智能天线的模式选择与组网示意

| 3.8　AI 加持下的无线性能提升 |

随着更多的新制式和新技术的出现，众多的新业务所产生的流量和已有业务产生的流量渐渐产生了差异。这些新业务对网络性能的要求更高，导致网络规模更加庞大、网络结构更加复杂。因此，智能化特别是人工智能（Artificial Intelligence，AI）技术是未来网络发展的必然趋势。

以射频调优为例，传统的技术在部署和运维阶段通常需要耗费大量的人力和时间对网络进行调优。举个例子，大型办公园区中上千个 AP 的网络规划、部署、调测、验收通常需要 3~5 周的时间。传统射频调优通常采用逐楼层的调测，楼层之间的影响需要人工干预，因此耗时长，问题收敛慢。同时，部署 Wi-Fi 网络之后，随着业务和环境的变化，如接入终端数量的增加、办公环境的改造等，Wi-Fi 网络质量出现了劣化情况，用户体验变差。而传统的射频调优是基于射频探测感知周围环境而进行的调优，是一种周期性、被动的调优方式，采集的主要是射频干扰信号，对实际的业务考虑的比较少，容易形成古板、僵化的动作。

华为大数据智能调优技术可以实现 WLAN 信道的秒级自动设计和仿真反馈，给出最佳调优建议，减少调优的时间成本和可能带来的错误；同时可以基于对历史数据的分析，识别边缘 AP、预测 AP 的负载趋势，使得无线设备可以获得调优决策来进行预测性调优。华为大数据智能调优主要从以下几方面进行数据的优化，实现了更智能化的网络调优。

- 基于大数据的拓扑收集：由于拓扑的收集是在射频调优启动之后通过射频扫描实现的，此时所有AP都会随机地离开当前工作信道到其他信道上进行探测扫描，从而出现其他AP到某AP当前工作信道扫描时，该AP恰巧到其他AP的工作信道扫描的情况，导致彼此无法发现空口邻居，进而导致收集的网络拓扑不完整或不准确。而基于大数据的拓扑收集是一个长期的、逐步稳定的拓扑收集过程，可以保证拓扑数据的真实、可靠，基于真实的拓扑调整网络。

- 历史干扰数据的收集：由于频繁调优会对用户业务产生影响（某些站点的兼容性与协议遵从性不佳，在AP发送切换信道的指示后可能出现掉线的问题），对于运维中的周期性调优，需要适当拉长周期或者直接设定为定时模式，在夜间的某个指定时刻进行调优。当晚上进行定时调优时，由于网络中的业务流量较小，干扰源都已经消失了，无法体现出白天网络中真实的负载情况，导致调优效果不准确。而基于历史数据的调优，可以真实地还原数据，利用更准确的数据进行计算。

- 网络负载的预测：网络的调优是服务于业务的。传统的调优方式主要考虑的是消除干扰，但是当前干扰最小，不代表后续的业务体验也最好。智能调优系统增加了对流量和用户量等历史数据的评估以及对未来体验的预测，将调优与实际业务结合，从而满足业务的需求。

- 边缘AP的识别与处理：网络中一些处于逻辑拓扑边缘或者物理拓扑边缘的AP通常会成为"游牧终端"（终端经过网络时会接入网络，但不会产生流量，很快会离开网络），大量的"游牧终端"会影响网络的通信质量。因此，需要网络能够准确识别出边缘AP，并对边缘AP进行特殊处理，防止对网络产生大的影响。

未来，Wi-Fi 技术将会与 AI 技术进行更深的融合，从海量的网络运行历史数据中学习终端的负载分布、漫游轨迹、接入时延等信息，协助空口性能算法的优化，使得网络变得更加智能。

第 4 章
WLAN 安全与防御

WLAN是以无线电波进行数据传输的，与有线网络需要布放网线相比，基础设施的建设较为简单，但由于其传输媒介的特殊性，保障WLAN安全的问题显得尤为重要。本章首先介绍WLAN的安全威胁，然后重点介绍几种常见的消除WLAN安全威胁的安全机制，例如常用接入认证方式及无线攻击检测和反制。

| 4.1　WLAN 的安全威胁 |

WLAN 的市场需求不断增长，但仍有一些潜在用户处于观望状态。相比有线网络通过物理线缆（铜绞线或者光纤）传输数据，WLAN 利用无线电波在空中传输数据，这种开放信道的特点使攻击者有可能对传输的数据进行窃听和恶意修改。

用户经常遇到的 WLAN 安全风险如下。

（1）非法用户占用了合法用户的带宽

如果合法用户设置的 WLAN 口令过于简单（如设置的是纯数字的口令甚至缺省的口令），那么攻击者可以通过猜测或者暴力破解的方式获取口令，从而接入网络，占用合法用户的带宽。网络服务商通常建议家庭用户使用 WPA2 的认证方式且设置复杂度高的口令，如同时包含数字、字母和特殊字符；建议企业用户部署安全套接字层（Secure Socket Layer，SSL），通过证书的双向认证来提高安全性。

（2）被钓鱼网站窃取了个人信息

在蜂窝网络中，不法分子利用 2G 技术的缺陷，通过伪装成运营商的基站向用户手机发送诈骗信息、广告推销等垃圾信息。类似地，在公共场所的 WLAN 中，不法分子将非法 Wi-Fi 热点设置成与合法的热点有相同或者相似的 SSID 名称，以诱导用户接入，用户一旦接入这样的热点，可能导致重要数据被窃取，造成财产损失。举例来说，用户接入非法 Wi-Fi 热点推送的购物网站，并进行了交易，不法分子就会截获用户的账号信息，盗用用户的账户。

除此以外，旧标准固有的漏洞，如 WEP 协议使用的不安全算法和 Weak IV 漏洞，也使得 WLAN 密码很容易被破解。实际上，技术人员在 2005 年已经可以使用公开可得的工具，在 3 min 内破解一个使用 WEP 协议的网络。而 2017 年下半年被媒体广泛报道的 KRACK 攻击，引发了用户对无线安全特别是对 WPA/WPA2 协议的担心。

比利时安全研究人员马蒂·范霍夫在论文 "Key Reinstallation Attacks : Forcing Nonce Reuse in WPA2" 中指出，利用 WPA/WPA2 协议层中存在的逻辑缺陷，能够触发重新安装密钥，使攻击者利用中间人攻击获得解密无线数据包的能力。据了解，攻击者利用这个漏洞可以迫使无线终端连接到非法 AP，从而窃取网络流量中的信用卡号码、用户名、口令、照片及其他敏感信息。通过某些网络配置，攻击者还可以将数据注入网络，远程安装恶意软件，其影响范围如下。

· 采用 WPA2 认证的终端，例如，手机、Pad、笔记本计算机等。

· 工作在 Station 模式下的 AP，例如 Mesh 下的叶子 AP。

虽然 KRACK 攻击是 WPA_Supplicant 组件的漏洞导致的，增加了使用该组件的 Linux 系统及 Android 设备的通信数据包被解析的风险，但是 WLAN 的密码并没有被破解。不过，由于漏洞缺陷存在于 Wi-Fi 协议中，所以 KRACK 攻击依旧引发了用户对现有无线协议的担心，促使 Wi-Fi 联盟加速协议的演进，Wi-Fi 联盟组织因此推出了新一代 Wi-Fi 加密协议——Wi-Fi 保护接入第三版（Wi-Fi Protected Access 3，WPA3）。

综上所述，WLAN 常见的安全威胁有以下几个方面。

（1）未经授权使用网络服务

如前文所述，未经授权而使用 WLAN 的非法用户，会占用合法用户带宽资源，严重影响其使用体验。如果非法用户蓄意攻击，很有可能造成更严重的破坏。

（2）数据安全

相对于有线局域网，WLAN 采用无线通信技术，用户的各类信息在开放介质中传输，其信息更容易被窃听、获取。

（3）非法 AP

非法 AP 是未经授权部署在 WLAN 中，且干扰网络正常运行的 AP。经过配置后，非法 AP 本身可以捕获终端数据，还可为未授权用户提供接入服务，让这些未授权的用户捕获和发送伪装数据包，甚至允许其访问服务器中的文件。

（4）DoS 攻击

拒绝服务（Denial of Service，DoS）攻击不以获取信息为目的，攻击者只是想让目标设备停止提供服务。因为 WLAN 采用无线电波传输数据，理论上只要在有信号的范围内，攻击者就可以发起攻击。这种攻击方式隐蔽性强、实现容易、防范困难，是攻击者的理想攻击方式。

华为针对以上 WLAN 安全威胁，设计了对应的安全防护措施，以保护用户网络抵御攻击。

防止未经授权使用网络服务的措施是链路认证和用户接入认证，通过部署企业级用户认证方案（配套华为的 iMaster NCE-Campus），对用户身份进行集中的认证和管理。

提高数据安全的措施是数据加密，通过部署更高加密强度的 WPA3 加密协议保护空口传输的用户数据无法被破解。WPA3 的密钥长度达到 256 bit，它是目前强度最高的加密算法之一。

针对非法 AP 和 DoS 攻击的措施是无线攻击检测和反制，通过部署华为无线入侵检测系统（Wireless Intrusion Detection System，WIDS）/ 无线入侵防御系统（Wireless Intrusion Prevention System，WIPS），实时发现空口威胁和非法 AP，并进行反制，保护用户网络不被非法入侵。

综上所述，通过部署和应用合适的安全技术，企业 WLAN 完全可以达到蜂窝网络的安全等级，保护企业数字资产的安全，企业 WLAN（Wi-Fi 6）与蜂窝网络(4G/5G) 的安全性对比如表 4-1 所示。

表 4-1　企业 WLAN（Wi-Fi 6）与蜂窝网络（4G/5G）的安全性对比

安全要素		Wi-Fi 6（WPA3）的参数	5G 的参数	4G 的参数
设备身份标识		终端 MAC 地址	IMSI（SIM 卡的全球唯一标记）	
设备身份标识的保密机制		MAC 地址随机化（使用不同的随机 MAC 接入不同的 SSID）	TMSI（临时 IMSI，建立连接时使用）	
终端身份识别	交互网元	终端 - 认证服务器	终端 - 3GPP 认证服务器	
	身份标识	企业级证书，用户名 / 密码	SIM 卡内置身份鉴权信息	
鉴权	认证方法	EAP-TLS（证书）、EAP-PEAP（用户名 / 密码）、EAP-AKA（借用手机 SIM 卡）	3GPP 和非 3GPP归一：5G AKA、EAP-AKA′	3GPP：EPS AKA非 3GPP：EAP-AKA、EAP-AKA′
非接入层安全算法	加密算法	AES	Snow3G、AES、ZuC	Snow3G、AES、ZuC
	算法密钥	256 bit	256 bit	128 bit

注：IMSI 即 International Mobile Subscriber Identity，国际移动用户标志；TMSI 即 Temporary Mobile Subscriber Identity，临时移动用户标志；EAP-TLS 即 EAP-Transport Layer Security，可扩展认证协议-传输层安全性；EPS 即 Evolved Packet System，演进分组系统；AKA 即 Authentication and Key Agreement，认证和密钥协商；EAP-AKA 即 EAP Authentication and Key Agreement，EAP 认证和密钥协商；EAP-AKA′ 即 Improved EAP Authentication and Key Agreement，增强 EAP 认证和密钥协商。

| 4.2　WLAN 的安全机制 |

WLAN 安全机制包括链路认证、用户接入认证和数据加密、无线攻击检测和反制。

1.　链路认证

链路认证即终端身份验证。由于 802.11 标准要求在接入 WLAN 之前先经过链路认证，所以链路认证通常被认为是终端连接到 AP 并访问 WLAN 的握手过程的起点。

802.11 标准规定了链路认证方式主要有开放系统认证（Open System Authentication，OSA）和共享密钥认证（Shared Key Authentication，SKA）两种。

- 在开放系统认证中，终端以 ID（通常是 MAC 地址）作为身份证明，所有符合 802.11 标准的终端都可以接入 WLAN。
- 共享密钥认证仅有 WEP 协议支持，要求终端和 AP 使用相同的"共享"密钥。

由于 WEP 协议安全性差，已经被淘汰，所以链路认证过程一般都使用 OSA。这个过程实际上没有进行身份认证，只要进行协议交互，就能够通过链路认证。

2.　用户接入认证和数据加密

用户接入认证即对用户进行区分，并在用户访问网络之前限制其访问权限。相对于简单的终端身份验证机制（链路认证），用户身份验证安全性更高，用户接入认证主要包含 WPA/WPA2+PSK 认证、802.1X 认证和无线局域网鉴别与保密基础结构（WLAN Authentication and Privacy Infrastructure，WAPI）认证（国标）。

除了用户接入认证，对数据报文还需使用加密的方式来保证数据安全。数据报文经过加密后，只有持有密钥的特定设备才可以对收到的数据报文进行解密，其他设备即使收到了数据报文，也因没有对应的密钥，无法对数据报文进行解密。

现有的加密方式有 RC4 加密、临时密钥完整性协议（Temporal Key Integrity Protocol，TKIP）加密和区块密码锁链 – 信息真实性检查码协议（Counter Mode with CBC–MAC Protocol，CCMP）加密等。

3.　无线攻击检测和反制

认证和加密这两种方式是目前常用的无线安全解决方案，可在不同场景下对网络进行保护。在此基础上，还可通过无线系统防护来提高 WLAN 的防护能力。目前，无线系统防护技术主要有 WIDS 和 WIPS 两种，这两种技术不但可以提供入侵的检测，还具备一些反制入侵的机制，以便更加主动地保护网络。

4.　设备安全

设备安全是指对设备的静态资源、启动和运行过程、接入认证、配置维护等功能的安全保护。如果设备安全受到损害，那么攻击者可能侵入并控制设备，并肆意从事非法活动。WLAN 的设备安全能力主要包括可信系统、安全态势感知和漏洞管理。可信系统通过软件包数字签名、安全启动和远程证明技术，确保用户获取的设备软件包是可信任的，设备在启动过程中的每一个阶段也都是可信任的。安全态势感知是可视化的威胁检测和分析平台，核查设备的配置是否安全，检测设备遇到的非法事件，并辅助网络管理员完成检测处理，消除安全威胁。漏洞管理是通过漏洞扫描技术，识别系统中的已知或者未知的漏洞，及时对漏洞进行修补和披露，或让用户修复漏洞，从而有效降低 WLAN 的风险。

4.2.1　WLAN 常用接入认证方式

1.　WEP

WEP 协议是由 802.11 标准定义的，用来保护 WLAN 中授权用户传输数据的安全性，防止数据被窃取。

WEP 协议的核心加密算法是 RC4 算法，是一种对称流加密算法，其加密和解密使用相同的静态密钥。加密密钥长度有 64 bit、128 bit 和 152 bit，其中有 24 bit 的初始向量（Initialization Vector，IV）是由系统产生的，所以 WLAN 服务端和 WLAN 客户端上配置的密钥长度是 40 bit、104 bit 或 128 bit。

WEP 协议的安全策略包括链路认证机制和数据加密机制。

链路认证分为 OSA 和 SKA，两种认证方式的对比如表 4-2 所示。

表 4-2　OSA 和 SKA 的对比

认证方式	链路认证过程中是否完成密钥协商	业务数据加密
OSA	否	可选
SKA	是	使用经过协商的密钥进行加密

2.　WPA/WPA2

由于 WEP 共享密钥认证（以下简称 WEP+Share-Key）采用的是基于 RC4 的对称流加密算法，需要预先配置相同的静态密钥，无论加密机制还是加密算法本身，都很容易受到安全威胁。为了解决这个问题，在没有正式推出安全性更高的安全策略之前，Wi-Fi 联盟于 2003 年推出了针对 WEP 协议改良的 WPA 协议。

WPA 协议的核心加密算法还是采用 RC4，在 WEP 协议的基础上提出了 TKIP 加密算法。WPA 采用 802.1X 认证的身份验证框架，支持 EAP–PEAP、EAP–TLS 等认证方式，通过特定的认证服务器（一般是 RADIUS 服务器）来实现接入用户和服务器的证书的双向认证。

802.11i 安全标准组织于 2004 年推出 WPA2 协议。与 WPA 协议相比，WPA2 协议采用了安全性更高的 CCMP 加密算法。

3. WPA3

WPA3 协议是 Wi–Fi 联盟于 2018 年 1 月 8 日在美国拉斯维加斯的国际消费类电子产品展览会（International Consumer Electronics Show，CES）上发布的新一代 Wi–Fi 加密协议，是 Wi–Fi 身份验证标准 WPA2 协议的后续版本。2018 年 6 月 26 日，Wi–Fi 联盟宣布 WPA3 协议已完成最终版本的制定。

WEP、WPA/WPA2 和 WPA3 技术细节对比如表 4–3 所示。

表 4-3 WEP、 WPA/WPA2 和 WPA3 技术细节对照表

对照项	WEP 的技术细节	WPA/WPA2 的技术细节	WPA3 的技术细节
应用模式	开放系统：运营商网络、单向终端认证、结合网络层 Portal 认证或 MAC 认证 共享密钥：家庭式网络、双向认证、需要手工管理初始密钥	与 WEP 相同，支持开放系统、共享密钥认证方式	可选择 OWE 与开放系统的链路层认证一起使用，保证加密要求，主要应用场景是无线热点。 开放认证场景下，可选 OWE 与开放系统的链路层认证一起使用，保证加密要求。 WPA3–Personal 场景下，强制使用 SAE 代替 WPA2–Personal 认证。SAE 提供过渡模式兼容 WPA2–Personal 认证。 WPA3–Enterprise 场景下，可选 SAE 和 OWE 来增强安全性
加密	RC4 加密算法，密钥长度为 40 bit、104 bit 或 128 bit，IV 长度为 24 bit。认证和加密使用同一密钥，绑定使用	增强型加密，密钥长度均为 128 bit，IV 长度均为 48 bit。 • TKIP：使用 RC4 加密算法，但密钥长度和 IV 长度都增加了。 • CCMP：使用 AES 加密算法，且密钥长度和 IV 长度都增加了。认证和加密使用不同密钥，可不绑定使用	只支持统一的 GCMP 密码算法，即 AES-GCM 模式，有两种密码套件组合。 • GCMP-128、GMAC-128 和 SHA256。 • GCMP-256、GMAC-256 和 SHA384
完整性	CRC-32，简单的数据传输错误检查机制，无完整性保护	TKIP：使用 Michael 算法校验 MIC 信息，支持完整性保护。 CCMP：使用 CBC-MAC 机制，支持完整性保护，Hash 算法（哈希算法）主要使用 SHA1	GMAC 机制实现完整性保护，Hash 算法主要使用 SHA256 和 SHA384

续表

对照项	WEP 的技术细节	WPA/WPA2 的技术细节	WPA3 的技术细节
密钥协商与管理	静态密钥，且使用主密钥进行加密	TKIP 和 CCMP 均支持每个用户动态主密钥的生成、管理和安全传递：4-way Handshake。且不直接使用主密钥，而是用主密钥派生出来的临时密钥加密	GCMP 支持每个用户动态主密钥的生成、管理和安全传递：4-way Handshake。不直接使用主密钥，而是用主密钥派生出来的临时密钥加密
防止重放攻击	无保护机制	CCMP 提供数据包编号字段防止重放攻击	GCMP 提供数据包编号字段防止重放攻击
管理层安全	无	使用 PMF（可选）	使用 PMF（强制）
隐私保护	无	无	使用 OWE、MAC address randomization 和 SSID 保护等方法（可选）
安全套件 Suite B 支持（企业场景）	无	EAP-PEAP、EAP-TLS	支持安全套件 Suite B（可选），192 bit 最小安全要求支持 GCMP-256、GMAC-256 和 SHA384，以及对应的 Suite B TLS 套件

注：OWE 即 Opportunistic Wireless Encryption，机会性无线加密；SAE 即 Simultaneous Authentication of Equals，对等实体同步验证；GCMP 即 Galois/Counter Mode Protocol，伽罗瓦/反模式协议；GMAC 即 Galois Message Authentication Code，伽罗瓦消息认证码；CBC 即 Cipher Block Chaining，密码分组链接；PMF 即 Protected Management Frame，受保护的管理帧；SHA 即 Secure Hash Algorithm：安全哈希算法；CRC 即 Cyclic Redundancy Check；循环冗余校验；4-way Handshake 即 EAPOL-Key 密钥协商机制；EAPOL 即 Extensible Authentication Protocol Over LAN，基于 LAN 的可扩展认证协议。

Wi-Fi 联盟规定，2020 年 4 月之后，WPA3-SAE 成为 Wi-Fi 认证的必选功能。相比 WPA/WPA2，WPA3 主要在以下 3 个方面有所改进。

- 新增支持 WPA3-SAE，提供更安全的握手协议。理论上，SAE 握手协议能够提供前向保密，即使攻击者知道了网络中的密码，也不能解密获取的流量。而在 WPA2 网络中，在得到密码后就可以解密获取的流量。WPA3 的 SAE 握手协议在这方面做出了很大的改进。
- 新增了 OWE 机制，通过单独数据加密的方式在开放网络中增强了用户隐私，实现开放网络的非认证加密。
- 加强了算法强度，支持安全套件 Suite B，也就是 WPA3 支持 256 bit 密钥的 AES-GCM 和 384 bit 的椭圆曲线密码算法。

4. WAPI

WAPI 是我国提出的以 802.11 标准为基础的无线安全标准。WAPI 能够提供比 WEP 和 WPA 更强的安全性，WAPI 协议由以下两个部分构成。

- 无线局域网鉴别基础结构（WLAN Authentication Infrastructure，WAI）：用于 WLAN 中身份鉴别和密钥管理的安全方案。
- 无线局域网保密基础结构（WLAN Privacy Infrastructure，WPI）：用于 WLAN 中数据传输保护的安全方案，包括数据加密、数据鉴别和重放保护等功能。

WAPI 采用基于公钥密码体制的椭圆曲线密码算法和对称密码体制的分组密码算法，用于无线设备的数字证书、证书鉴别、密钥协商和传输数据的加解密，从而实现设备的身份鉴别、链路认证、访问控制和用户信息的加密保护。

WAPI 的优势体现在以下 3 个方面。

（1）双向身份鉴别

双向身份鉴别机制既可以防止非法的终端接入 WLAN，也可以杜绝非法的网络设备伪装成合法的设备。

（2）数字证书身份凭证

WAPI 有独立的证书服务器，使用数字证书作为终端和网络设备的身份凭证，提升了安全性。对于终端申请或取消入网，管理员只需要颁发新的证书或取消当前证书即可。

（3）完善的鉴别协议

在 WAPI 中使用数字证书作为用户身份凭证。在鉴别过程中采用椭圆曲线密码算法，并使用安全的消息认证和 Hash 算法保障消息的完整性。攻击者难以对经过鉴别的信息进行修改和伪造，所以 WAPI 的安全等级高。

4.2.2　WLAN 用户认证方式

用户认证是对接入网络的终端和用户进行认证，以保证网络的安全，是一种"端到端"的网络安全措施。WLAN 中常用的用户认证主要有 802.1X 认证、MAC 认证、Portal 认证、微信认证和私有预共享密钥（Private Pre-Shared Key，PPSK）认证。

（1）802.1X 认证

802.1X 认证是 IEEE 制定的关于用户接入网络的认证标准，主要解决以太网内认证和安全方面的问题。

如图 4-1 所示，802.1X 认证系统为典型的客户端/服务器结构，包括 3 个实体：申请者、认证者和认证服务器。

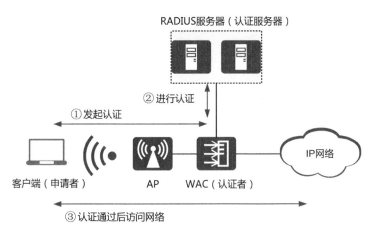

图 4-1　802.1X 认证系统

在 WLAN 系统中，申请者是客户端（手机、笔记本计算机等），必须支持局域网上的 EAPOL；认证者是 WAC 或者 AP，将申请者提交的认证凭证传递给认证服务器，并根据认证服务器返回的结果控制申请者的接入；认证服务器用于对申请者进行认证、授权和计费（Authentication, Authorization and Accounting，AAA），通常为 RADIUS 服务器。802.1X 认证在终端和认证服务器之间进行，AP 和 WAC 并不保存客户端的认证凭证，认证架构更加合理，便于大型组网下认证凭证的统一管理。

802.1X 认证系统使用可扩展认证协议（Extensible Authentication Protocol，EAP）来实现申请者、认证者和认证服务器之间的信息交互。常用的 802.1X 认证协议有受保护的可扩展认证协议（Protected Extensible Authentication Protocol，PEAP）和传输层安全性协议（Transport Layer Security，TLS），其区别如下。

- PEAP：管理员给用户分配用户名和密码。用户在接入WLAN时输入用户名和密码进行认证。
- TLS：用户使用证书进行认证，此认证方式一般结合企业App（如华为公司的AnyOffice）使用。

推荐大中型企业在建设 WLAN 时使用 802.1X 认证方式。

（2）Portal 认证

Portal 认证通常也被称为 Web 认证，将浏览器作为认证客户端，不需要安装单独的认证客户端，如图 4-2 所示。用户上网时，必须在 Portal 页面进行认证，只有认证通过后才可以使用网络资源。服务提供商可以在 Portal 页面上开展业务拓展，如展示商家广告。

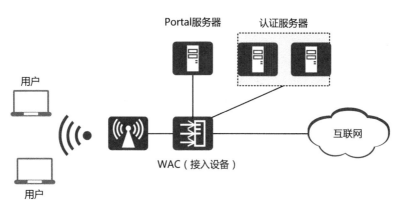

图 4-2　Portal 认证系统

常用的 Portal 认证方式如下。

- 用户名和密码方式：由前台管理员给访客申请一个临时账号，访客使用临时账号认证。
- 短信认证：访客通过手机验证码方式认证。

大中型企业的访客、商业会展和公共场所的游客接入热点时，推荐使用 Portal 认证。

（3）MAC 认证

MAC 认证常用于哑终端（如打印机）的接入认证，或者结合认证服务器完成 MAC 优先的 Portal 认证，用户首次认证通过后，一段时间内可免认证再次接入。

如图 4-3 所示，MAC 认证是一种基于 MAC 地址对用户的网络访问权限进行控制的认证方法，它不需要用户安装任何客户端软件。接入设备在启动了 MAC 认证的接口上首次检测到用户的 MAC 地址后，立即启动对该用户的认证操作。认证过程中，不需要用户手动输入用户名或者密码。

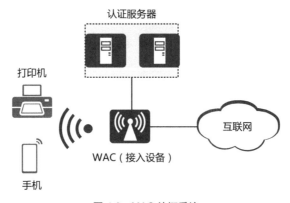

图 4-3　MAC 认证系统

（4）微信认证

微信认证也是企业常用的一种针对访客的认证方式，如图 4-4 所示。

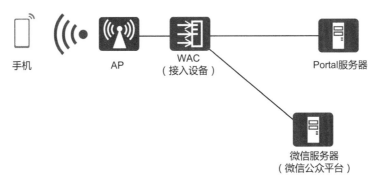

图 4-4   微信认证系统

微信是一个为智能终端提供即时通信服务的免费应用程序，其公众平台通过公众号方式为商家提供了一种广告推销的手段，从而帮助商家赢利。微信认证是一种特殊的 Portal 认证，用户在开放网络中通过关注微信公众号，无须输入用户名和密码，就可以很方便地接入网络。用户既可以浏览商家的页面，也可以免费上网。

（5）PPSK 认证

PPSK 认证是中小企业针对内部员工提供的一种相对安全的认证方式。

PPSK 认证相比 802.1X 认证，不需要部署 RADIUS 服务器，相对简单。同时 PPSK 认证相比于 PSK 认证，还可以实现为不同的用户提供不同的预共享密钥，有效提升了网络的安全性，如图 4-5 所示。

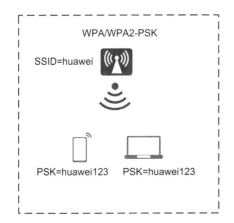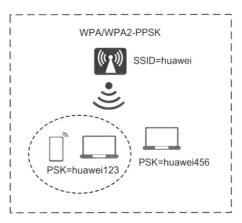

图 4-5   PSK 认证和 PPSK 认证对比

4.2.3 无线攻击检测和反制

1. 无线攻击检测和反制的基本概念

无线攻击检测用于实现对非法终端、恶意用户的攻击和入侵 WLAN 的行为进行安全检测，对无线攻击的检测依靠 WIDS 实现。无线攻击反制 WIPS 是在 WIDS 的基础上，进一步保护企业 WLAN 安全，如阻止非授权访问企业网络和防止合法用户连接到非法无线设备，提供对网络系统攻击的防护，对无线攻击的反制依靠 WIPS 实现。WIDS 和 WIPS 相关的概念如下。

- 合法AP：网络中经过授权的AP。例如，本WAC管理的AP对本WAC而言就是合法AP。
- 非法AP：网络中未经授权或者有恶意的AP，它可以是私自接入网络中的AP、未配置的AP或者攻击者操作的AP。
- 干扰AP：既不是合法AP，也不是非法AP。例如，当相邻AP的工作信道存在重叠频段时，如某个AP的功率过大，会对相邻AP造成信号干扰，此时这个AP对相邻的AP而言就是干扰AP。
- 监测AP：监测AP用于在网络中扫描或监听无线介质，并检测WLAN中的攻击。
- 合法无线网桥：网络中经过授权的无线网桥。
- 非法无线网桥：网络中未经授权或者有恶意的无线网桥。
- 干扰无线网桥：既不是合法无线网桥，也不是非法无线网桥。
- 合法客户端：连接在合法AP上的终端。
- 非法客户端：连接在非法AP上的终端。非法AP、非法客户端和非法无线网桥统称为非法设备。
- 干扰客户端：连接在干扰AP上的终端。
- Ad-hoc终端：把无线客户端的工作模式设置为Ad-hoc模式，这样的终端叫作Ad-hoc终端。Ad-hoc终端可以不需要任何设备支持而直接进行通信。

根据网络规模的不同，WIDS 和 WIPS 可分别启用不同的特性功能。

- 对家庭网络或者小型企业：基于黑白名单的AP和终端接入控制。
- 针对中小型企业：WIDS的攻击检测。
- 针对大中型企业：非法设备监测、识别、防范和反制。

2. WIDS

为了防御 WLAN 遭到的攻击，可以部署 WIDS，当系统发现异常行为或异常报文时，判断网络受到了攻击，就会进行自动安全防护。

在图 4-6 所示的 WLAN 中，在提供 WLAN 接入服务时，可以同时启动

WIDS，WIDS 支持的攻击检测类型包括 802.11 报文泛洪攻击检测、Spoof 攻击检测和 Weak IV 检测，同时还提供了防暴力破解密钥功能。

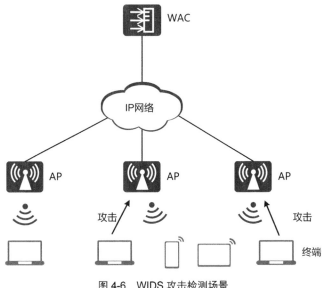

图 4-6　WIDS 攻击检测场景

（1）泛洪攻击检测

如图 4-7 所示，泛洪攻击是指当 AP 在短时间内接收了大量的同一源 MAC 地址且同种类型的管理报文时，AP 的系统资源被攻击报文占用，无法处理合法终端的报文。

图 4-7　泛洪攻击原理

泛洪攻击检测是指 AP 通过持续地监控每个终端的流量来预防泛洪攻击。当流量超出可容忍的上限时（例如，1 s 内接收超过 100 个报文），该终端将被认为要在网络内泛洪，AP 上报告警信息给 WAC。如果开启了动态黑名单，检测到的攻击设备将被加入动态黑名单。在动态黑名单老化之前，AP 丢弃该攻击设备的所有报文，防止对网络造成冲击。

AP 支持对下列报文进行泛洪攻击检测：认证请求（Authentication Request）帧、去认证（Deauthentication）帧、关联请求（Association Request）帧、去关联（Disassociation）帧、重关联请求（Reassociation Request）帧、探测请求（Probe Request）帧、Action 帧、EAPOL Start 和 EAPOL-Logoff。

（2）Spoof 攻击检测

Spoof 攻击（又称欺骗攻击或中间人攻击）是指攻击者（恶意 AP 或恶意用户）冒充合法设备向终端发送欺骗攻击报文导致终端不能上线，如图 4-8 所示。欺骗攻击报文主要包括以下两种报文类型：广播型的去关联帧和去认证帧。

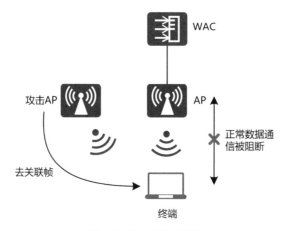

图 4-8　Spoof 攻击原理

Spoof 攻击检测功能是指合法 AP 收到去关联帧或去认证帧后，会检测报文的源地址是否为 AP 自身的 MAC 地址，如果是，则表示网络受到了 Spoof 攻击。此时，监测 AP 会上报告警信息给 WAC，WAC 通过记录日志和告警的方式通知管理员。

对于 Spoof 攻击，因为非法 AP 仿冒了合法设备而非自己的 MAC 地址，所以即使系统检测到 Spoof 攻击，也无法获取非法 AP 的真实 MAC 地址，故无法使用动态黑名单来防范。

（3）Weak IV 检测

前文在介绍 WEP 时曾经提到过，WLAN 使用 WEP 进行加密的时候，每一个报文都会产生一个 24 bit 的 IV，当一个 WEP 报文被发送时，IV 和共享密钥一起作为输入来生成密钥串，密钥串和加密后的明文最终生成密文。Weak IV 是指使用不安全的方法生成 IV，例如频繁生成重复的 IV 甚至是始终生成相同的 IV。由于在终端发送报文时，IV 作为报文头的一部分被明文发送，攻击者很容易在暴力破解出共享密钥后访问网络资源，如图 4-9 所示。

Weak IV 检测通过识别每个 WEP 报文的 IV 来预防这种攻击，当检测到一个包含有 Weak IV 的报文时，AP 向 WAC 上报告警信息，便于用户使用其他的安全策略来避免终端使用 Weak IV 加密。

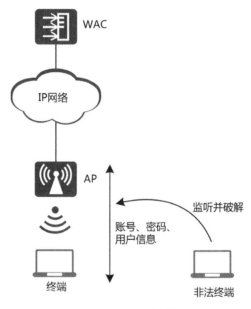

图 4-9　Weak IV 攻击原理

📖说明

Weak IV 检测不需要支持动态黑名单功能。WEP 认证方式由于存在公认的较高的安全风险，已经很少被使用。

（4）防暴力破解密钥功能

暴力破解法又称为穷举法，是一种针对简单密码的破译方法，即对密码进行逐个推算直到找出真正的密码为止。例如，一个已知是 4 位并且全部由数字组成的密码，共有 10 000 种组合，因此最多尝试 10 000 次就能找到正确的密码。理论上攻击者可以利用暴力破解法破解任何一种密码，只是不同安全机制、密码长度下，破解的时间长短不同而已。所以，不同的认证方式均存在被暴力破解的安全威胁。

当采用 WPA/WPA2+PSK、WAPI+PSK 和 WEP+Share-Key 安全策略时，存在被暴力破解空口的威胁。为了提高密码的安全性，可以通过防暴力破解 PSK 密码功能，延长用户密码被破解的时间。AP 将会检测 WPA/WPA2+PSK、WAPI+PSK 和 WEP+Share-Key 认证时的密钥协商报文在一定的时间内的协商失败次数，如果超过配置的阈值，则认为该用户在通过暴力破解法破解密码，此时 AP 将会上报告警信息给 WAC，如果同时开启了动态黑名单功能，则 AP 将该用户加入动态黑名单列表中，丢弃该用户的所有报文，直至动态黑名单老化。

由于 PSK 认证和 WEP+Share-Key 认证功能分别部署在 WAC 和 AP 上，所以对不同暴力破解的检测方法不同，如图 4-10 所示。

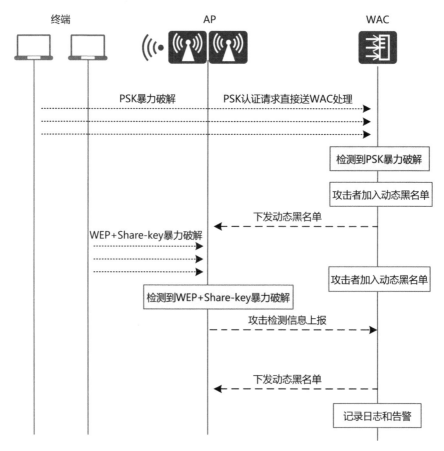

图 4-10　检测不同暴力破解的方法示例

3. 非法设备反制

除了防御 WLAN 遭到攻击而启用 WIDS，同时还需阻止无线非法设备非授权访问 WLAN 和用户，提供网络系统的攻击防护。非法设备反制可识别非法设备，对其进行进一步的惩罚，从而阻止其工作。

（1）非法设备判断

WAC 收到 AP 上报的周边邻居设备信息，将启动非法设备判断，非法设备的判断规则如图 4-11 所示。

WAC 逐一提取 AP 上报的周边邻居信息表项，根据设备类型进行如下判断。

• 设备类型是AP或无线网桥设备：首先判断设备是否由本WAC接入，如果是，则设备为合法，否则继续判断；其次判断设备的SSID/MAC地址/组织唯一标识符（Organization Unique Identifier，OUI）等信息是否在管理员配置的WIDS白名单中，如果是，则为合法，否则继续判断；接着判断AP是否为仿冒AP，如果该设备的SSID与本地SSID相同或符合仿冒SSID的匹配规则，则判断为非法设备，否则为干扰设备。

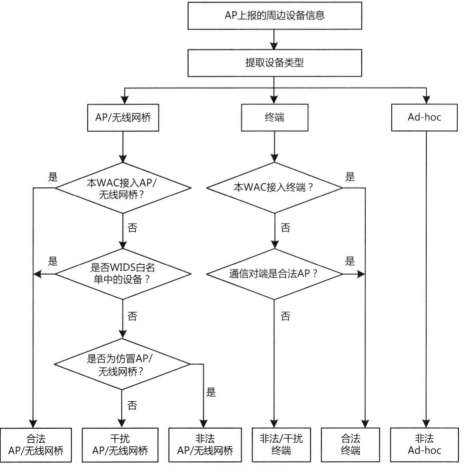

图 4-11　非法设备判断流程

- 设备类型是终端：首先判断是否为本地WAC接入的终端，如果是，则为合法邻居终端，否则继续判断；其次继续判断终端的通信对端是否为合法AP，因为有可能该终端是白名单SSID服务接入的终端，故需进一步查看该终端通信的BSSID信息，如果该BSSID属于前面判断的合法AP列表成员，则为合法终端，否则判断为非法/干扰终端。
- 设备类型是Ad-hoc：直接判断为非法设备。

（2）非法设备防范与反制

检测到非法设备后，可以开启防范或反制功能。防范功能，就是根据非法设备配置黑名单功能来限制 AP 或者终端接入。反制功能，就是 AP 从 WAC 下载反制设备列表，AP 根据反制设备类型对非法设备采取措施，阻止其工作。

非法设备防范反制需要在反制前为 AP 配置非法设备监测、识别功能。非法设备防范反制的基本流程如图 4-12 所示。

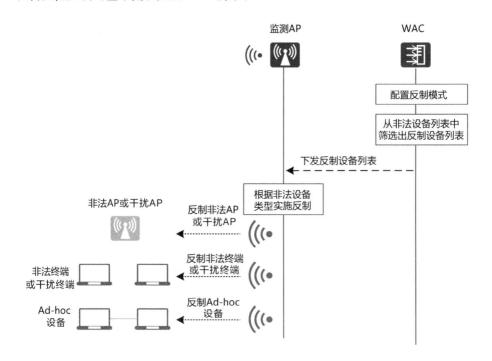

图 4-12　非法设备反制的基本流程

非法设备反制，是根据管理员指定的反制设备类型，从 AP 上报的非法设备列表中筛选出对应的反制设备列表，下发给 AP 实施反制。流程如下。

- WAC配置反制设备列表，同时开启反制功能。

- WAC根据配置的反制模式，从监测AP每次上报的无线设备列表中选择对应的反制设备列表下发到该监测AP。
- 监测AP根据WAC下发的反制设备列表进行反制处理。

对非法设备反制动作如下。

- 反制非法AP或干扰AP：WAC确定非法AP或干扰AP后，将非法AP或干扰AP告知监测AP。监测AP以非法AP或干扰AP的身份发送广播去认证帧，这样，接入非法AP或干扰AP的终端收到广播去认证帧后，就会断开与非法AP或干扰AP的连接。通过这种反制机制，可以终止终端与非法AP或干扰AP的连接。
- 反制非法终端或干扰终端：WAC确定非法终端或干扰终端后，将非法终端或干扰终端告知监测AP。监测AP以非法终端或干扰终端的身份发送单播去认证帧，这样，被非法终端或干扰终端接入的AP在接收到单播去认证帧后，就会断开与非法终端或干扰终端的连接。通过这种反制机制，可以终止AP与非法终端或干扰终端的连接。
- 反制Ad-hoc设备：WAC确定Ad-hoc设备后，将Ad-hoc设备告知监测AP。监测AP以Ad-hoc设备的身份（使用该设备的BSSID、MAC地址）发送单播去认证帧，这样，接入Ad-hoc网络的终端收到单播去认证帧后，就会断开与Ad-hoc设备的连接。通过这种反制机制，可以终止终端与Ad-hoc设备的连接。

4.2.4　设备安全

设备安全能力主要包括可信系统、安全态势感知和漏洞管理。

1. 可信系统

可信系统是指设备的软件和硬件能够按照产品设计时所期望的行为运行。在设备所经历的开发、生产、运输和交付等众多环节中，可能会被攻击者或恶意人员篡改或替换，甚至被植入木马、病毒或非法程序。一旦被入侵的设备接入网络，就可能破坏整个网络的安全。一般来说，我们通过软件包数字签名、安全启动和远程证明（Remote Attestation，RA）等措施来保护设备本身免受攻击。

（1）软件包数字签名

软件包数字签名是指对设备运行的软件包进行数字签名，并将数字签名信息集成到软件包中进行发布。网络管理员安装设备软件包时，设备的硬件可信根会验证软件包的数字签名，确保该软件包是完整的、可信的。只有验证通过之后，才能安装启动。

数字签名提供了一种验证软件包完整性的方法，可用在软件包或补丁包的安装、升级等场景中。

（2）安全启动

安全启动是指利用设备硬件能力，配合一段不可更改的初始启动代码以及验签密钥，建立安全启动的信任根（Root of Trust，RoT）。通过信任根将信任传递至每个启动阶段，从而形成信任链。

如图 4-13 所示，系统启动时，从信任根出发，按照 BIOS、引导加载程序、操作系统内核、系统软件包的启动顺序，每一阶段负责校验下一阶段，直到整个启动过程完成。若某阶段校验不通过，则拒绝启动，从而实现整个系统可信，确保系统的安全性和可靠性。

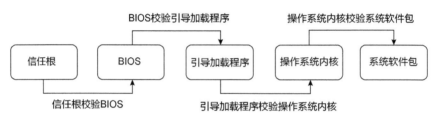

图 4-13　安全启动流程图

（3）远程证明

远程证明是可信计算的一种关键技术，用来验证设备的可信性状态。远程证明以硬件可信模块（Hardware Trust Module，HTM）为信任根，从设备上电开始，到 BIOS 启动，再到通用引导加载程序及操作系统内核加载，在整个启动过程中，对启动部件进行逐级度量，即进行单向的 Hash 计算，将度量结果保存在 HTM 芯片的 PCR（Platform Configuration Register，平台配置寄存器）中，并将度量顺序记录在存储度量日志（Storage Measurement Log，SML）中。远程证明根据设备在启动阶段获取到的 PCR 值和 SML 计算的设备当前的真实状态，与基线文件中的参考值比较，从而判断设备的可信状态。

远程证明系统由基线文件、RA Server（RA 服务器）、RA Client（RA 客户端）及证书颁发机构（Certificate Authority，CA）组成。管理员对整个远程证明系统进行管理，包括下载基线文件，申请并上传 CA 证书等，如图 4-14 所示。

- 基线文件：该文件由管理员提供给 RA Server，其中包含度量对象的参考值，作为远程证明的参考基线，与从 RA Client 获得的 SML 比较，从而验证 RA Client 的可信状态。SML 由 RA Client 产生，记录了度量对象的真实哈希值和度量顺序。基线文件本身的完整性可通过数字签名进行校验。

- RA Server：即远程证明服务器，提供远程证明用户界面，例如华为的 iMaster NCE - Campus。RA Server 是远程证明的核心部件，其向 RA Client 发起挑战请求，收集 RA Client 的 PCR 值和 SML，并根据基线文件验证 RA Client 的可信状态。

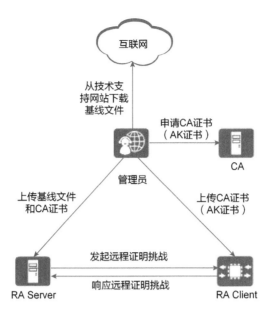

图 4-14　远程证明系统架构

- RA Client：即远程证明客户端，需要被验证可信状态的设备。RA Client是带有HTM芯片并支持可信启动功能的设备，响应RA Server的挑战请求，并将设备上的PCR值和SML反馈给RA Server。
- CA：负责创建和分配证书，是用户信任的权威机构。CA用来给RA Client颁发AK（Attestation Key，验证密钥）证书，用于验证RA Client的身份的合法性，防止RA Client被仿冒。

2. 安全态势感知

安全态势感知是可视化的威胁检测和分析平台，可以对检测到的攻击事件、威胁告警与攻击源头进行分类统计和聚合分析，为用户呈现可视化报表和攻击态势，进而为安全事件的处置决策提供依据。安全态势感知以发现威胁、阻断威胁、取证、溯源、响应编排的思路设计，助力用户完成威胁事件全流程闭环处理。安全态势感知包括安全配置核查、威胁检测和安全响应编排功能。

（1）安全配置核查

安全配置核查通过对设备的配置状态与安全基线进行对比，检测出设备配置与安全基线的差异，态势感知对检测结果进行统计与分析。

安全配置是设备上与安全相关的特性和功能的配置项，主要包括账号、口令、授权、日志、通信协议和密码算法等方面的配置，一般与业务功能特性的开通和使用没有直接关系，但是不当的配置会增加设备被入侵、攻击以及泄露数据的风险。安全配置核查可以根据设备的业务特点，制定安全配置基线。设备根据安全配置基线，对实际的配置进行核查，并将核查结果上报到可视化平台进行呈现，如图 4-15 所示。网络管理员可以方便地查看核查结果，如果发现配置项和基线不一致的问题，可根据安全配置的影响及修复建议及时进行处理。

（2）威胁检测

威胁检测是指从网元到网管层的端到端的安全检测能力。设备内的安全检测能力可在设备本地通过集成的入侵检测组件分析系统日志、进程、文件等数据，检测 OS 威胁事件，并将设备的安全日志、操作日志和系统日志上送到分析平台，进行安全事件分析，实现攻击事件的分钟级发现。表 4-4 给出了入侵检测能力示例。

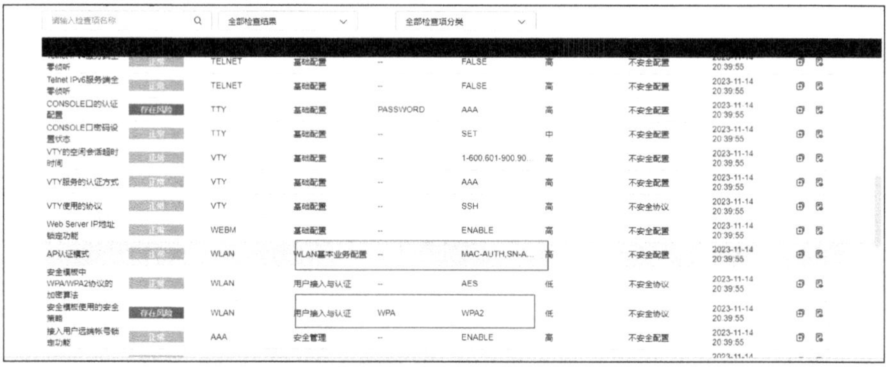

图 4-15　安全配置核查结果页面（以华为的 iMaster NCE-Campus 为例）

表 4-4　入侵检测能力示例

检测大类	检测小类	检测类型	检测能力
账号异常分析	异常账号分析	用户行为异常	非法超级用户检测
	登录行为分析	异常登录	Root 账号登录检测
	暴力破解	登录尝试	账号暴力破解检测
	账号更改行为分析	失陷账号访问	账号更改行为检测
主机异常分析	权限提升	文件权限提升	文件权限提升检测
	文件异常分析	非法篡改文件	关键文件异常篡改检测
	进程异常分析	异常进程	异常 shell 调用检测
恶意软件分析	恶意软件分析	用户态 rootkit	用户态 rootkit 攻击检测

以账号异常分析中的暴力破解为例，在网管上配置账号暴力破解检测规则后，可以检测是否有攻击者尝试暴力破解网管或网元，若检测到暴力破解，则会在网管上形成安全事件。运维人员可以通过查看事件详情了解事件发生过程，并根据

处理建议对事件进行分析和处理，保证业务安全。图 4-16 展示了安全威胁检测结果页面。

图 4-16　安全威胁检测结果页面　（以华为的 iMaster NCE-Campus 为例）

（3）安全响应编排

安全响应编排是以安全数据源或者用户提供的安全事件作为输入，应用编排引擎找到该安全事件子类型绑定的响应编排，然后触发执行；响应编排中的响应动作节点会调用相关的设备进行响应闭环处理。

由于安全响应编排实现了安全事件闭环处理，可以使用户便于依托编排能力，快速完成安全事件处置。安全响应编排为用户提供了编排处置"剧本"、任务执行记录和任务管理功能，可以按照预定义流程快速进行特定事件闭环，减少了安全事件运维响应的时间和成本，其详情如图 4-17 所示。

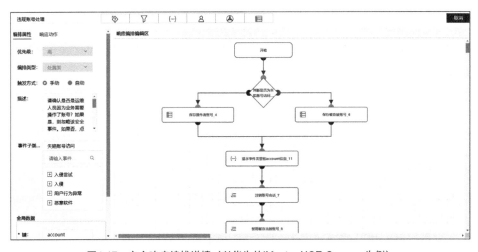

图4-17　安全响应编排详情（以华为的iMaster NCE-Campus为例）

3. 漏洞管理

漏洞是指在系统设计、部署、运营和管理过程中存在的缺陷或弱点，可被恶意利用以违反系统安全策略。根据中国国家信息安全漏洞库（China National Vulnerability Database of Information Security，CNNVD）发布的《2022 年度网络安全漏洞态势报告》，利用漏洞进行网络攻击的事件数量呈逐年上升趋势。即使许多企业已经部署了防火墙、防病毒软件和入侵检测系统，其系统依然会受到蠕虫病毒及其变种的破坏，从而造成巨大的经济损失。例如，2022 年 7 月，CNNVD 收到关于 OpenSSL 安全漏洞（编号为 CNNVD-202207-242、CVE-2022-2274）情况的报送。一旦攻击者成功利用此漏洞，不仅能造成目标机器及其内存损坏，还能在目标机器上远程执行代码。OpenSSL 3.0.4 版本也受该漏洞的影响。2020 年 1 月，由于微软停止对 Windows 7 系统的技术支持，高级持续性威胁（Advanced Persistent Threat，APT）组织 Darkhotel 利用复合型 0 Day 漏洞——"双星"漏洞，通过网页挂马和本地提权等多种攻击方式，诱导用户在不知情的情况下浏览恶意网页，并自动执行攻击程序，借此控制用户的计算机。此后，攻击者可植入勒索病毒、实施监听监控、窃取信息等，肆意进行恶意操作。

近些年，国家密集出台多个法律法规，如《中华人民共和国网络安全法》《信息安全技术　网络安全等级保护基本要求》《信息安全技术　关键信息基础设施安全保护要求》等，从安全要求、安全设计、监督测评等多个层面，加强和规范了信息安全管理工作的基本能力和技术要求。

（1）漏洞扫描

漏洞扫描是指持续通过工具扫描远端或本地运行的系统的行为，以达到快速识别系统中的已知或未知漏洞的目的。漏洞扫描的关键在于提高覆盖率和准确率，以及做好持续管理，并借助智能工具，减少识别漏洞的人工参与和降低技术门槛。漏洞扫描主要分为 4 类：网络发现扫描、主机漏洞扫描、Web 漏洞扫描及数据库漏洞扫描。

网络发现扫描是指运用多种技术扫描一段 IP 地址，探测是否存在开放网络端口的系统。网络发现扫描实际上并不探测系统漏洞，而是指出网络上探测到的系统及其通过网络暴露出来的端口列表。网络发现扫描的过程中，常用的开源工具是 Nmap。Nmap 最早发布于 1997 年，之后一直不断得到维护，至今仍被普遍使用。在扫描系统时，Nmap 会识别出系统中所有网络端口的当前状态。针对扫描端口的结果，Nmap 可以提供该端口的状态，包括开放、关闭或过滤。过滤即 Nmap 无法确定该端口的状态是开放的还是关闭的。

主机漏洞扫描是指通过漏洞扫描工具对主机的系统、组件等进行安全扫描，发现主机中存在的安全漏洞。主机漏洞扫描的过程包括主机 / 服务探测、系统 / 组件版本信息获取、漏洞检测 3 个步骤。常见的漏洞检测方式有两种：一种是将目标系统、组件的版本信息跟漏洞知识库的信息进行比对；另一种是使用攻击流量对目标系统、组件进行攻击，根据响应判断是否存在漏洞。Tenable 公司的 Nessus 是一种被广泛应用的漏洞扫描器。其他流行的商业漏洞扫描器有 Rapid7 公司的 Nexpose、绿盟科技的 RSAS 和 Qualys 公司的 QualysGuard 以及 Greenbone Networks 公司的 OpenVAS。

　　Web 应用程序复杂多样，通常具有访问底层数据库的权限。攻击者往往使用 SQL 注入、跨站脚本、跨站请求伪造和针对应用安全设计缺陷的其他攻击技术，尝试攻击 Web 应用程序。Web 漏洞扫描和主机漏洞扫描都是探测服务器上运行的服务是否存在已知漏洞。两者的区别是，主机漏洞扫描通常不会深入探测 Web 应用程序的内部结构，而 Web 应用漏洞扫描只关注支持 Web 应用的服务。虽然许多主机漏洞扫描器可以执行基本的 Web 应用漏洞扫描任务，但是深度的 Web 应用漏洞扫描仍需定制的、专用的 Web 应用扫描器。常用的 Web 漏洞扫描工具包括商业扫描器 Acunetix、开源扫描器 Nikto 和 Wapiti，以及代理工具 Burp Suite。

　　数据库往往存储着组织最敏感的数据，容易成为攻击者牟利的目标。虽然大多数数据库受防火墙保护，避免外部用户直接访问，但 Web 应用程序会提供这些数据库的入口。因此，攻击者可能利用 Web 应用程序来直接攻击后端数据库，比如 SQL 注入攻击技术。常用的开源数据库漏洞扫描工具有 SQLMap、XSecure-DBScan 等。

　　（2）漏洞管理

　　漏洞管理以"减少漏洞带来的危害，帮助客户更好地消减风险"为目标，结合漏洞披露标准 ISO/IEC 29147 和漏洞处理流程标准 ISO/IEC 30111，通过漏洞处理准备、漏洞感知、漏洞验证、漏洞修补、漏洞披露、修补部署和漏洞修补后活动 7 项关键活动来进行漏洞管理。

- 漏洞处理准备：包括建立漏洞披露和处理的策略、组织和能力。
- 漏洞感知：将华为主动发现或接收报告人提供的漏洞信息确认为正式漏洞，并在漏洞库正式发布。
- 漏洞验证：验证发现的漏洞，对确认的漏洞进行分类，调查漏洞的影响，并确定漏洞修补优先级。
- 漏洞修补：根据漏洞修补优先级，制定可行的修补措施，包括补丁、更新、升级和缓解等。
- 漏洞披露：通过安全通告（Security Advisory，SA）/安全公告（Security

Notice，SN）/漏洞清单（Risk Note，RN）通知所有受影响客户安装修补程序/补丁。

- 修补部署：部署人员收到漏洞披露信息后，对其现网应用进行补救，以降低风险。
- 漏洞修补后活动：跟踪漏洞修补状态和风险缓解状态，分析根因，并将缓解措施纳入安全开发生命周期活动，防止再次出现漏洞。

第 5 章
WLAN 与物联网融合

IoT即物联网，顾名思义，就是连接物与物的互联网。本章首先介绍常见的几种无线IoT技术，然后探讨Wi-Fi网络与物联网采用的短距离无线通信技术融合部署的可行性，最后重点介绍几个物联网AP典型的应用场景。

|5.1 无线 IoT 技术|

5.1.1 无线 IoT 技术概述

在 Wi-Fi 网络迅猛发展的同时，物联网也在快速地发展并被广泛地应用。IoT 使用的无线通信技术有很多，按照覆盖范围可以分为短距离无线通信技术和长距离无线通信技术。短距离无线通信技术包括 Wi-Fi、RFID、蓝牙和 ZigBee 和星闪（SparkLink，下文统称"星闪"）等；长距离无线通信技术包括 SigFox、长距离无线电（Long Range Radio，LoRa）和窄带物联网（Narrow Band-Internet of Things，NB-IoT）等。

（1）RFID

RFID 是一种无线 IoT 接入技术，可以通过射频信号自动识别目标对象，并对其信息进行存储和管理。

如图 5-1 所示，RFID 技术的工作频段位于低频（Low Frequency，LF）、高频（High Frequency，HF）、特高频（Ultra High Frequency，UHF）和超高频（Super High Frequency，SHF）4 个区间。低频工作频段为 120 ~ 134 kHz，传输距离小于 10 cm；高频工作频段为 13.56 MHz，传输距离小于 1 m；特高频工作频段为 433 MHz、865 ~ 868 MHz、902 ~ 928 MHz 和 2.45 GHz，传输距离为 3 ~ 100 m；超高频工作频段为 5.8 GHz，传输距离为 1 ~ 2 m。

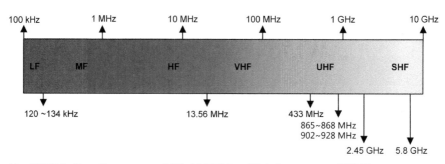

注：MF即Medium Frequency，中频；VHF即Very High Frequency，甚高频。

图 5-1　RFID 的工作频段

RFID 系统通常由电子标签、读写器和信息处理平台 3 个部分组成，如图 5-2 所示。电子标签通过电感耦合或电磁反射与读写器进行通信，读写器读取电子标签的信息后，通过网络反馈到信息处理平台，由信息处理平台统一对信息进行存储和管理。

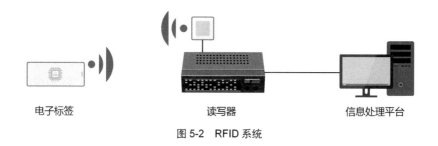

电子标签　　　　　　　　读写器　　　　　　信息处理平台

图 5-2　RFID 系统

RFID 的目标市场非常广阔。低频段 RFID 设备主要用于门禁、考勤刷卡等场景；高频段 RFID 设备主要用于智能货架、图书管理等场景；超高频 RFID 设备主要用于供应链管理、后勤管理等场景。

（2）蓝牙

蓝牙（Bluetooth）是当今使用最广泛的短距离无线通信技术之一。1994 年，爱立信公司首次发布蓝牙。1998 年，爱立信联合诺基亚、英特尔、IBM、东芝成立了蓝牙技术联盟（Bluetooth Special Interest Group，Bluetooth SIG）。Bluetooth SIG 发布了低功耗蓝牙（Bluetooth Low Energy，BLE）技术，用于智能家庭、运动健身等领域，2016 年，Bluetooth SIG 又推出新一代蓝牙标准 BLE 5.0，与之前版本相比，传输速度更快，覆盖距离更远，功耗更低。

如图 5-3 所示，BLE 的工作频段为 2.4 ～ 2.4835 GHz，占用 40 个信道，每个信道占用 2 MHz 带宽，其中 3 个为固定的广播信道，37 个为跳频的数据信道。

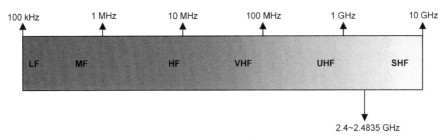

图 5-3　BLE 的工作频段

随着智能穿戴、智能家居和车联网等 IoT 产业的兴起，蓝牙越来越受到开发者的重视，从而衍生出大量的蓝牙产品，包括传统的具备蓝牙功能的手机、蓝牙耳机、蓝牙音箱、蓝牙鼠标和蓝牙键盘等产品，以及智能手环、智能手表、车载设备和智能家居等产品。

（3）ZigBee

ZigBee 是一种自组织、低功耗、低速率的短距离无线通信技术。ZigBee 标准由 ZigBee 联盟发布与维护。ZigBee 技术让稳定、低成本、低功耗、无线联网的监控产品实现了产业化。

如图 5-4 所示，ZigBee 工作频段分布在 868 MHz、915 MHz 和 2.4 GHz，这 3 个频段的信道带宽并不相同，分别是 0.6 MHz、2 MHz 和 5 MHz，分别有 1 个、10 个和 16 个信道。ZigBee 传输速率比较低，在 868 MHz 频段只有 20 kbit/s，在 915 MHz 频段只有 40 kbit/s，在 2.4 GHz 频段只有 250 kbit/s。

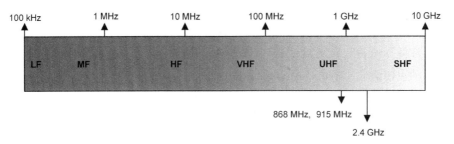

图 5-4　ZigBee 的工作频段

如图 5-5 所示，在 ZigBee 的组网中有 3 种角色：ZigBee 协调者（ZigBee Coordinator，ZC）、ZigBee 路由器（ZigBee Router，ZR）和 ZigBee 终端设备（ZigBee End Device，ZED）。ZC 是网络的协调者，负责建立和管理整个网络，当网络建立后，ZC 同时具备 ZR 的能力。ZR 提供路由信息，同时具有允许其他设备加入这个网络的功能。ZED 是终端设备，负责采集数据。

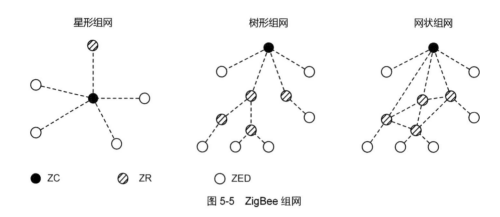

图 5-5　ZigBee 组网

　　ZigBee 主要用于工业、农业领域的监控、传感器、自动化和控制等产品；消费电子领域的个人计算机（Personal Computer，PC）、个人数字助理（Personal Digital Assistant，PDA，常称掌上电脑）、玩具和游戏控制器等产品；智能家居领域的安保、照明及门禁等产品；个人监护领域的监控、医疗诊断等产品。

　　（4）星闪

　　星闪是由国际星闪联盟（SparkLink Alliance）于 2022 年 9 月推出的国产短距离无线通信技术标准，致力于覆盖智能汽车、智能家居、智能终端和智能制造等短距离全业务场景，并提供极致性能体验。

　　星闪技术标准架构包括星闪接入层、基础服务层和基础应用层 3 层，其中星闪接入层根据不同业务场景的需求提供以下两种空口接入技术。

- 星闪基础（SparkLink Basic，SLB）接入技术：工作在5.15～5.35 GHz 和 5.47～5.85 GHz 频段上，通过 320 MHz 频宽、1024-QAM 调制方式、超短无线帧（帧长度为20.833 μs，也是最短调度周期）、Polar 信道编码、混合自动重传请求（Hybrid Automatic Repeat reQuest，HARQ）等技术，具备大带宽、低时延、高可靠的宽带传输能力，最大峰值速率可达14 Gbit/s。

- 星闪低功耗（SparkLink Low Energy，SLE）接入技术：工作在2.4～2.4835 GHz、5.15～5.35 GHz和5.725～5.85 GHz频段上，通过最大支持 4 MHz带宽和8PSK调制等技术，具备低功耗、低时延的轻量级窄带传输能力，最大峰值速率可达12 Mbit/s。

　　星闪可根据通信使用的带宽范围分为星闪宽带技术和星闪窄带技术。星闪宽带技术主要应用于 4K/8K 高清音视频、工业视觉检测等大带宽传输场景。星闪窄带技术主要应用于无线耳机、键鼠、音箱、门锁等个人局域通信 / 智能家居等短距离连接场景。

　　（5）SigFox

　　SigFox 无线通信技术由法国物联网公司 SigFox 研发，使用超窄带（Ultra

Narrow Band，UNB）技术，为低速率 M2M（Machine to Machine）应用提供服务。

如图 5-6 所示，SigFox 的工作频段为 868 MHz、915 MHz，覆盖距离最高可达 50 km，具有低传输速率、低功耗等特点。

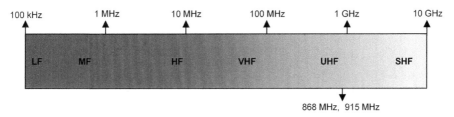

图 5-6　SigFox 的工作频段

SigFox 主要应用于智能农业及环境、智慧工业体系、公共事业环节、智能家庭及生活、智慧能源体系和智能零售业等领域。

（6）LoRa

LoRa 是 Semtech 公司开发的无线通信技术，具有长距离通信能力和抗干扰能力。

如图 5-7 所示，LoRa 的工作频段为 433 MHz、868 MHz 和 915 MHz，覆盖距离可达近 10 km，最高传输速率可达约 50 kbit/s。

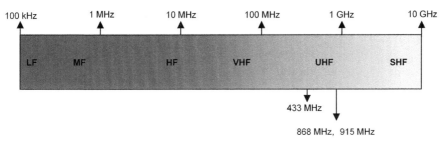

图 5-7　LoRa 的工作频段

LoRa 主要应用于智能农业及环境、智慧工业体系和公共事业环节等领域。

（7）NB-IoT

NB-IoT 的定义和发展由 3GPP 统一规划，应用定位是低频、小包、时延不敏感的物联网业务。

NB-IoT 的工作频段为 Sub 1 GHz 频段，具有覆盖广、连接多、成本低、功耗少等特点。

NB-IoT 主要应用于环境监控、农业生产监控、智慧城市和工业设备监控等产品。

上述几种无线通信技术对比如表 5-1 和表 5-2 所示。

表 5-1   短距离无线通信技术对比

对比项	RFID 的参数	BLE 的参数	ZigBee 的参数	SLE 的参数	SLB 的参数	Wi-Fi 的参数
工作频段	120 ～ 134 kHz、13.56 MHz、433 MHz、865 ～ 868 MHz、902 ～ 928 MHz、2.45 GHz、5.8 GHz	2.4 ～ 2.4835GHz	868 MHz、915 MHz、2.4 GHz	2.4 ～ 2.4835 GHz、5.15 ～ 5.35 GHz、5.725 ～ 5.85 GHz	5.15 ～ 5.35 GHz、5.47 ～ 5.85 GHz	2.4 GHz、5 GHz、6 GHz
传输速率	≤ 2 Mbit/s	≤ 2 Mbit/s	≤ 250 kbit/s	≤ 12 Mbit/s	14 Gbit/s	23 Gbit/s
功耗	≤ 1 W	≤ 100 mW	休眠：1.5 ～ 3 μW 工作：100 mW	≤ 100 mW	≤ 15 W	≤ 15 W
覆盖范围	10 cm ～ 100 m	30 m	10 m	100 m	50 m	50m
组网	点对点、星形	点对点、星形	点对点、星形、树形、网状	点对点、星形、树形、网状	点对点、星形、树形、网状	点对点、星形、树形、网状

表 5-2   长距离无线通信技术对比

对比项	SigFox 的参数	LoRa 的参数	NB-IoT 的参数
工作频段	868 MHz 915 MHz	433 MHz 868 MHz 915 MHz	Sub 1 GHz
传输速率	0.1 kbit/s	0.3 ～ 50 kbit/s	0.44 ～ 195.8 kbit/s
功耗	50 ～ 100 μW	100 μW	100 μW
覆盖范围	城区：3 ～ 10 km 郊区：30 ～ 50 km	城区：1 ～ 1.8 km 郊区：4.5 ～ 9.2 km	城区：4.1 ～ 7.5 km 郊区：18.9 ～ 38.9 km
组网	星形	星形、网状	星形

5.1.2   无线通信技术多网融合

对比表 5-1 和表 5-2 可以看出，短距离无线通信技术（RFID、BLE 和 ZigBee 和 Wi-Fi）的覆盖范围相近，如果进行多网合一的融合部署，会大大降低整体的部署和运维成本。本节主要介绍 Wi-Fi 网络与其他短距离无线通信技术的融合部署。

（1）多网共存趋势

很多项目中，Wi-Fi 覆盖的区域有接入物联网的需求。例如，某大型连锁超市需要部署 RFID 和 Wi-Fi 两套网络；某大型仓库前期已经部署蓝牙基站用于 AGV 定位及导航，现在需要部署 Wi-Fi 网络用于终端接入互联网；某大学宿舍已部署 Wi-Fi 网络，计划部署低功耗星闪门锁。

多网融合的优点包括：可以共站址部署，降低部署成本；统一运维，减少维护成本。无论从资本支出（Capital Expenditure，CAPEX）还是运营支出（Operating Expense，OPEX）的角度看，多网融合都很有必要。

（2）部署可行性

从无线角度来看，不同的无线通信技术覆盖的距离是不同的，也就是不同的无线设备在部署时，设备与设备之间的距离会有差异。在差异不大的情况下，可以采用共站址部署。

如表 5-3 所示，Wi-Fi 基站的覆盖距离与其他几种基站部署间距差异不大，从站间距的角度看，Wi-Fi 基站与 RFID 基站基本相同，与星闪 / 蓝牙 / ZigBee 基站存在差异。星闪技术因覆盖范围广，非密度场景下可加大部署站间距，也可以兼容 Wi-Fi 部署位置。蓝牙 / ZigBee 在理想环境（空间遮挡少，穿透耗损小）下，可以按照与 Wi-Fi 相同的位置部署；在非理想环境（遮挡严重，穿透耗损大）下，在共站址部署的基础上，还需要额外部署一些蓝牙 / ZigBee 基站。

表 5-3　不同无线设备部署站间距

Wi-Fi 基站（AP）部署站间距 /m	星闪基站部署站间距 /m	蓝牙基站部署站间距 /m	RFID 基站部署站间距 /m	ZigBee 基站部署站间距 /m
10 ~ 15	10 ~ 50	8	10~15	10

（3）单站的技术共存可行性

这里主要探讨在 AP 上增加其他物联网接入功能的可行性，先将此类 AP 称作物联网 AP。

多无线通信技术共存，首先要考虑不同无线通信技术间是否存在干扰。结合无线通信频段的特点，Wi-Fi 基站与 RFID 基站或 ZigBee 基站共存时，可以利用频段隔离来避免干扰。而蓝牙和星闪 SLE 支持跳频技术，当 Wi-Fi 网络与蓝牙在 2.4 GHz 频段出现同信道或者邻信道干扰时，蓝牙和星闪 SLE 可以通过跳频规避干扰。Wi-Fi 网络可以与以上 4 种物联网无线通信技术共存，如图 5-8 所示。

其次要考虑 Wi-Fi 和其他无线通信技术如何共存的问题，一般是以物联网 AP 为载体，融合了其他无线通信技术。市场上，主流的物联网 AP 通过内置集成和外部扩展两种方式融合其他无线通信技术。内置集成是指物联网 AP 除了 Wi-Fi 模块还内置集成了其他射频模块；外部扩展是指物联网 AP 提供一些外部接口，如 Mini PCI-E 接口和 USB 接口，接入满足 Mini PCI-E 接口标准的物联网扩展模块或 USB 物联网扩展模块。

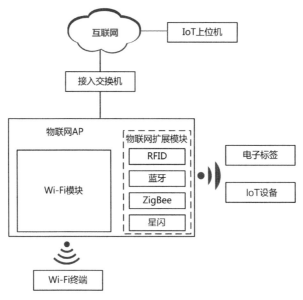

图 5-8　物联网 AP

| 5.2　物联网 AP 的应用场景 |

华为物联网 AP 通过内置集成的方式实现了 WLAN 与物联网的融合。和外部扩展方式相比，内置集成方式有如下优势。

- 物联网模块和 AP 的连接更加牢固可靠，在产品的生命周期（5～8 年）中，物联网模块没有松动和脱落的风险。
- 物联网模块放置在 AP 内部，外部不可见，未破坏 AP 的外观造型，不影响周围的装修风格，保持了环境的简洁和美观。

本节将用 3 个案例来介绍华为物联网 AP 的应用场景。

1. 企业物联网

企业需要对办公楼部署全覆盖的 Wi-Fi 网络，同时需要对重要资产进行监控。对于重要的资产，企业会专门贴附有源的蓝牙标签（BLE Tag），用 BLE Tag 来唯一标识该资产。

图 5-9 所示的企业物联网中，AP 作为 Wi-Fi 接入点，能够为终端提供上网服务，AP 同时作为 BLE 基站，可以周期性采集 BLE Tag 上绑定的资产信息，发送给上层的物联网信息控制中心。物联网信息控制中心通过对数据进行计算，获取

资产的位置信息及移动轨迹，并通过图形化界面显示出来。

基于该企业物联网，资产管理的运作流程如下。

① WAC 用于管理 AP，给 AP 下发资产管理相应配置。

② BLE Tag 与资产绑定，周期性地广播信标帧。

③ AP 内置蓝牙模块，侦听 BLE Tag 的广播帧，并将信号强度等信息传递给定位引擎。

④ 定位引擎处理接收的信息，计算资产的位置信息，传递给资产管理服务器。

⑤ 资产管理服务器将资产位置图形化，并提供资产管理业务功能。

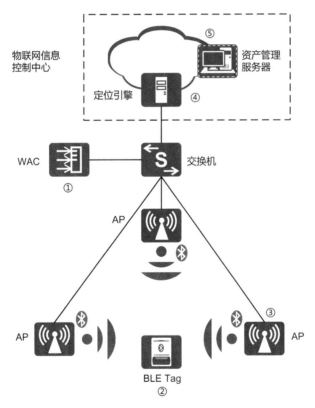

图 5-9　企业物联网

该企业物联网中用于资产管理的 BLE Tag 具备低功耗优势，电池续航长达 3～5 年。资产管理是一种区域定位，它能确定 BLE Tag 在哪个 AP 的覆盖范围之内。通常区域定位的精度为 20～30 m，能够满足企业对重要资产进行实时监控的需求。

在部署物联网 AP 并开启蓝牙功能时，2.4 GHz 频段规划建议使用信道 1、信道 6、信道 11。因为 BLE 设备大部分时间只有广播发送业务，而 BLE 协议设计的广播信道是 3 个 2 MHz 频宽信道，固定使用的频点为 2402 MHz、2426 MHz 和 2048 MHz，可以与 Wi-Fi 网络的信道 1、信道 6、信道 11（中心频率分别为 2412 MHz、2437 MHz 和 2462 MHz）错开，避免相互干扰。

2. 医疗物联网

医院的婴儿室需要配置婴儿身份识别和防盗系统，因此在婴儿房中需要覆盖 Wi-Fi 网络，为护士的 PDA 设备提供网络接入服务。满足如上需求的医疗物联网如图 5-10 所示。其中 AP 为 PDA 设备提供 Wi-Fi 接入服务，同时用扩展的 RFID 插卡连接婴儿佩戴的 RFID 安全手环（下文简称婴儿手环）。婴儿手环的信息和婴儿 / 监护人的信息在医疗管理服务器上绑定后，医疗管理服务器通过 AP 实时获取婴儿所处的位置，监护人就可以在手机 App 上确认婴儿身份和位置。同时在病房区域关键出入口部署监视器和声光报警器，当婴儿手环靠近监视器时，监视器就会触发声光报警器报警，实现"电子围栏"的防盗功能。

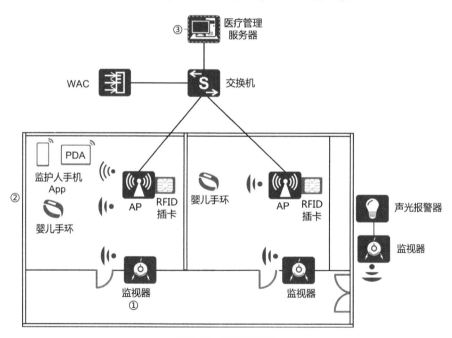

图 5-10 医疗物联网

基于该医疗物联网，婴儿防盗的运作流程如下。

① 监视器部署在关键区域的出入口，周期性地发送信标帧。

② 婴儿手环监听到监视器发送的信标帧，将监视器信息发送给医疗管理服务器。

③ 医疗管理服务器根据收到信息匹配母婴信息，并推送给监护人的手机 App。

3. 商超物联网

超市部署 Wi-Fi 网络的同时，使用电子价签（Electronic Shelf Label，ESL）替代传统纸质价签，服务器通过无线网络自动更新商品价格等信息，省去了手动更新价签的人工成本。电子价签还能显示打折促销、产品规格等内容。在图 5-11 所示的商超物联网中，ESL 管理系统与客户企业资源计划（Enterprise Resource Planning，ERP）系统进行对接，使商品编码、价格等信息能同步到 ESL 管理系统。

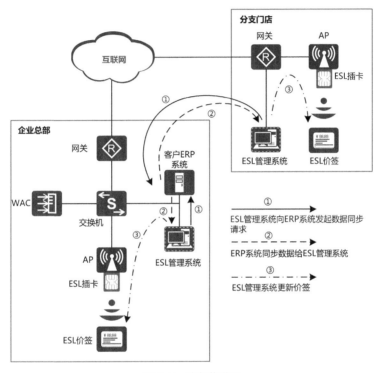

图 5-11　商超物联网

基于该商超物联网，电子价签管理的运作流程如下。

① 各门店 ESL 管理系统服务器向总部客户 ERP 系统请求数据更新，获取价格变更信息。

② ESL 服务器获取数据后，按照任务计划下发价签更新任务给 ESL 插卡。ESL 插卡缓存数据，等待 ESL 价签发起更新请求。

③ ESL 价签是一种低功耗的 RFID 终端。ESL 价签射频模块被周期性地唤醒，并主动向 ESL 插卡查询是否有自己的更新任务。如果有，则获取数据并刷新显示内容；如果没有，则继续进入休眠状态，等待下一个周期的唤醒。

第6章
WLAN 定位技术

本章首先介绍无线定位技术发展背景以及无线定位技术原理，帮助读者快速地掌握理论基础，更好地理解后续各节的内容；然后介绍各种短距离无线通信系统如何利用定位技术计算位置；最后从实际需求出发，介绍设计定位系统的思路。

| 6.1　无线定位技术发展背景 |

从古至今，定位技术不断发展。从早期利用天体辨识方向、灯塔指明方向，到现在利用各种卫星定位系统导航，人们一直在享受定位技术带来的巨大便利。例如，你初到一座陌生的城市，只要开启终端的定位服务，在导航应用中输入目的地址，就可以快速、准确地找到目的地。即使身在杳无人烟的荒野，导航应用同样可以提供准确的路线。

除了传统的室外定位服务，在某些场景下，人们对室内定位服务也有迫切的需求。例如，在大型商场、机场、办公楼内，人们希望通过手机导航到达目的地；在化工厂，管理人员希望可以了解到厂区工作人员的实时位置。但由于建筑物、大型障碍物的遮挡，室内环境无法应用传统的室外定位方案，因此各种室内定位技术应运而生。本章讨论的短距离无线定位技术，泛指在建筑物内部或局部区域内，利用 Wi-Fi、蓝牙和超宽带（Ultra-WideBand，UWB）等短距离无线通信技术，提供定位服务的技术集合。

| 6.2　无线定位技术原理 |

无线定位是利用接收到的无线信号的统计特征对源目标进行定位，所依赖的无线信号的主要参数包括信号强度、到达角度（Angle-of-Arrival，AoA）及传播时延等。如图 6-1 所示，无线定位技术根据数据处理方式的不同，可以分为指纹定位技术和几何定位技术。前者包含 RSSI 指纹定位、CSI 指纹定位等；后者包含三边定位、三角定位和双曲线定位等。

指纹定位技术是指将实际环境中的位置和在该位置接收到的无线信号的特征联系起来，每个位置对应的无线信号特征都具备独特性，就如同位置的指纹信息一样。将实时获得的无线信号特征与预先建立好的无线信号特征指纹库中的特征数据进行匹配，根据匹配结果来估计信号源的位置。传统的指纹定位方案中使用 RSSI 作为信号特征建立指纹库，也有研究人员开始利用 CSI 作为信号特征建立指纹库。

几何定位技术是指利用无线信号的 AoA、传播时延等参数，根据基于 AoA 的三角定位、基于往返时间（Round Trip Time，RTT）/RSSI 的三边定位或基于到达时间差（Time Difference of Arrival，TDoA）的双曲线定位对信号源的位置进行估计。这些技术最早应用在雷达系统中，通过对接收信号在空、时、频域的处理，并结合相应的定位技术，实现对目标的位置估计与跟踪。

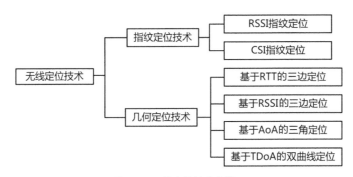

图 6-1　无线定位技术分类

6.2.1　指纹定位技术

指纹定位通常分为两个阶段：离线阶段和在线阶段。如图 6-2 所示，离线阶段也称为训练阶段，是在标定好的位置上建立无线信号特征指纹库；在线阶段是利用建立好的指纹库实时地对目标定位。

指纹库建立后还需要实时更新，一般采用众包的方式对指纹库进行更新和维护。众包是指允许用户对定位结果进行评价和修正，让用户在享受定位服务的同时参与指纹库的更新和维护，能有效避免指纹库中的指纹过时导致的

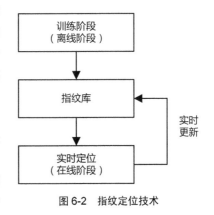

图 6-2　指纹定位技术

定位结果错误。

1. RSSI指纹定位

RSSI 指纹定位技术是利用 RSSI 作为特征建立指纹库并用于定位。如图 6-3 所示，在给定的区域内，按照一定的颗粒度将该区域划分为若干单元，在离线阶段选择其中的一些位置收集 RSSI 信息并建立指纹库，在定位阶段利用指纹库信息与在线阶段实际采集到的 RSSI 信息进行匹配，选取指纹库中最相似的离线采集位置作为输出。

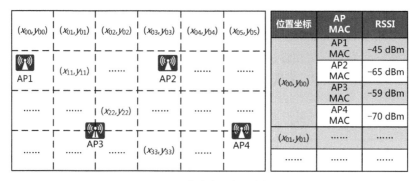

图 6-3　离线阶段位置采集

采用 RSSI 指纹定位方法时，定位精度受信号波动、终端位置和信号多径传输等多个因素的影响，误差较大。

2. CSI指纹定位

CSI 表示信道的频域响应，具体为某一位置上固定频宽内每一频点对应的信道增益特征，从图 6-4 中可以看出信道增益在各频点上的差异。CSI 指纹定位就是利用这个特征建立指纹库和位置匹配。CSI 指纹定位能够精准反映出信道的小尺度特征，所包含的信息量要远大于 RSSI 指纹定位，所以定位精度要优于 RSSI 指纹定位。因此，越来越多的研究人员开始研究 CSI 指纹定位。

CSI 指纹定位的方法同 RSSI 指纹定位一样，需要预先建立指纹库，在定位阶段利用分类算法进行实时定位。CSI 指纹定位虽然提供了大量的信道信息，但是在实际应用的过程中仍存在与 RSSI 指纹定位相似的问题。

- CSI虽然捕获到信道的小尺度信息，但是无线环境的小尺度衰落表征了空间范围内数个波长内的信道特征，为了充分采集信道的小尺度信息，指纹的颗粒度要保证在数十厘米以内。
- 终端天线方向图的差异性同样会影响信道的小尺度衰落。天线方向性的差异，导致信号在各个方向上的辐射能量存在差异，从而会改变信道的特征，影响定位精度。

- 人体对终端的影响也会改变CSI的特征。

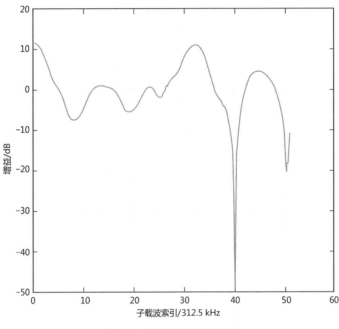

图 6-4　某固定点位 CSI 信息

6.2.2　几何定位技术

在无线通信系统中，由于存在多径影响，接收信号 $y_m(t)$ 通常表示为发射信号 $s(t)$ 经多径到达接收机的多个信号的叠加，可以按如下公式表示。

$$y_m(t)=\sum_{l=1}^{L}\alpha_l e^{j2\pi f_{d,l}t}e^{j2\pi(d_m)^{\mathrm{T}}a_l/\lambda}s(t-\tau_l)$$

其中，L 表示多径的数量，α_l 表示第 l 径的复用增益，其能量表示路径传播增益，$f_{d,l}$ 表示第 l 径的多普勒频偏，τ_l 表示第 l 径的传播时延，a_l 表示第 l 径的空间特征矢量，具体指俯仰到达角 θ_l 和水平到达角 ϕ_l 的矢量函数 $a_l=g(\theta_l,\phi_l)$，d_m 表示第 m 根天线的空间位置矢量，λ 为电磁波的波长。

在几何定位中，通过对接收信号 $y_m(t)$ 进行处理获得 α_l、$f_{d,l}$、τ_l、θ_l 和 ϕ_l，从而对信号源进行定位。

为了便于理解几何定位技术，有必要先介绍一下信号传播距离和到达角度的测量方法。

1. 传播距离测量

在雷达系统中，发射机发送无线信号后，信号经过目标反射到达接收机。如图 6-5 左侧所示的雷达系统，假设发射机与接收机在一起，则无线信号的传播路径长度便是目标与路基雷达之间的距离的两倍。系统通过记录信号往返时间便可以计算出信号的传播距离，典型的测量方法包括调频连续波和脉冲调制方式。

图 6-5　传播距离测量原理

在 WLAN 室内定位中，由于 AP 与终端存在报文交互，所以可以通过记录报文交互时间来计算信号的传播距离。在图 6-5 右侧所示的系统中，AP 向终端发送一个 Null 帧，终端随之回复 ACK 帧，AP 通过记录发送 Null 帧的时间 t_1 与接收 ACK 帧的时间 t_4，便可以计算报文的往返时间 $\Delta t=t_4-t_1$，AP 和终端之间的距离 $d=\Delta t \times c/2$，c 为光速。

但是在实际环境中，$\Delta t=t_4-t_1=2d/c+\Delta t_{\text{delay}}$，$\Delta t_{\text{delay}}$ 是 Null 帧实际到达终端的时刻和终端回复 ACK 帧的时刻之间的处理时延。每次信号检测的时延不同，会导致 Δt_{delay} 存在波动，这就会影响传播距离测量的精度，时间的测量每波动 1 ns，就会存在 0.15 m 的距离偏移。

为了弥补这一缺陷，IEEE 802.11 标准组在 2016 年发布的 802.11 标准修订版中增加了精准测时机制（Fine Timing Measurement，FTM），用于增强 Wi-Fi 网络的测距能力。进行 FTM 测量的链路两端分别作为发起者和响应者，双方通过进行 FTM-ACK 交互来测量彼此的距离。如图 6-6 所示，响应者需要记录 FTM 帧的发送时间 t_1 和 ACK 帧的接收时间 t_4，发起者记录 FTM 帧的接收时间 t_2 和 ACK 帧的发送时间 t_3，在下一次 FTM-ACK 交互中，响应者将 t_1 和 t_4 反馈给发起者，这样发起者利用 t_2 和 t_3，便可以计算出处理时延 $\Delta t_{\text{delay}}=t_3-t_2$。

图 6-6　FTM 原理

还需要说明的是，由于在室内环境下无线信道存在丰富的多径分量，多径信号之间叠加所形成的衰落会影响接收机对报文的检测。如图 6-7 所示，由于定位系统只关心来自直射径信号的传播距离，如果错误地把反射径信号当作直射径信号，则会增加到达时间（Time of Arrival，ToA）测量的误差。为了克服多径信号对测量接收时间的影响，通常会采用差值或者谱估计的方式对多径分量进行识别，选择最先到达的传播路径作为直射径，同时获得直射径的 ToA。对多径的区分能力取决于无线系统的带宽，带宽越大，对多径的区分能力越强，时间测量精度也越高，反之越低。

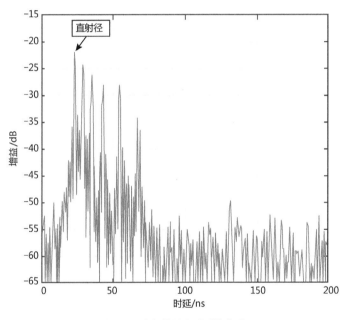

图 6-7　多径信号和时延的关系

2. 到达角度测量

到达角度的测量借鉴了雷达系统中的到达角度测量原理，要求接收机配备由多个接收天线组成的天线阵列，为了便于说明，这里仅以均匀线性阵列举例，如图 6-8 所示。

假设 3 个接收天线在空间中均匀线性分布，天线间距为 d。远处来自终端的信号以平面波的形式到达各接收天

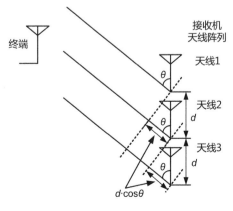

图 6-8　天线阵列

线，到达的信号与线性阵列的夹角为 θ。设天线 1 接收到的信号相位为 ϕ_1，天线 2 接收到的信号相位为 ϕ_2，则天线 2 接收到的信号相位要比天线 1 接收到的信号相位延迟 $(2\pi d \cdot \cos\theta)/\lambda$，其中 λ 为电磁波的波长。该相位差依赖于信号到达角度和阵列结构。由于接收机可以测量天线之间的相位差 $\Delta\phi$，故根据 $\Delta\phi = (2\pi d \cdot \cos\theta)/\lambda$，当天线间距 d 已知时，可求得信号到达角度（θ）。计算信号到达角度的典型算法包括 MUSIC、ESPRIT 等。

需要指出的是，与传播距离相似，在信号到达角度测量中，系统只关心来自视距路径的信号到达角度。

下面介绍几种典型的几何定位技术。

3. 三边定位

三边定位是通过对信号传播距离的测量进行定位的，如图 6-9 所示，利用多个 AP 与待定位终端进行距离测量，获得终端到 3 个 AP 的距离 d_1、d_2、d_3，从而对终端的位置进行估计。具体可以分为基于 RTT 的三边定位和基于 RSSI 的三边定位。

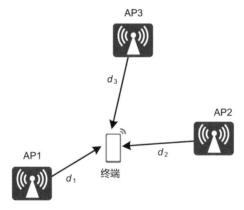

图 6-9 三边定位原理

（1）基于 RTT 的三边定位

基于 RTT 的三边定位是利用终端和 AP 的报文交互，实现对两端距离的测量。如图 6-10 所示，这种技术需要终端分别与关联 AP 和非关联的邻居 AP 依次进行报文交互以获得到各 AP 的距离，然后根据已知的 AP 位置，利用最小二乘法等方法对终端位置进行计算。基于 RTT 的三边定位不需要 AP 之间同步时钟。

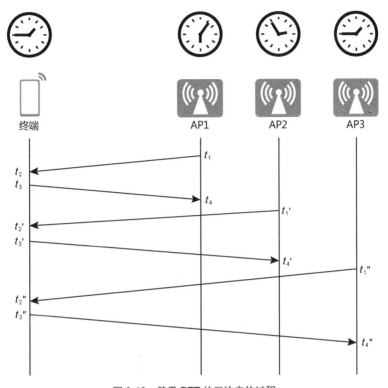

图 6-10　基于 RTT 的三边定位过程

（2）基于 RSSI 的三边定位

基于 RSSI 的三边定位利用接收信号强度和路损模型，实现对两端距离的测量。在不考虑阴影衰落 σ_{SF}^2 和小尺度衰落 σ_{SS}^2 的情况下，RSSI=P_{Tx}−PL。其中 P_{Tx} 是已知的发射功率，PL 是信号传播的路损值。在理想自由空间（Free Space，FS）中，PL 可以表示为：

$$FSPL(dB)=20\lg d+20\lg f+92.45$$

其中，d 为链路两端距离，单位为 km，f 为信号的中心频率，单位为 GHz。可以看出，RSSI 越强，表示两物体之间越近，反之越远，所以可以利用 RSSI 估计两端的距离。由于不同环境下路损模型存在差异，因此在部署阶段需要对使用的路损公式进行建模。

4. 三角定位

三角定位的基本原理是测量链路两端连线方向与参考方向之间形成的角度，获得终端到至少 3 个 AP 的方位角度，从而估计终端的位置，如图 6-11 所示。

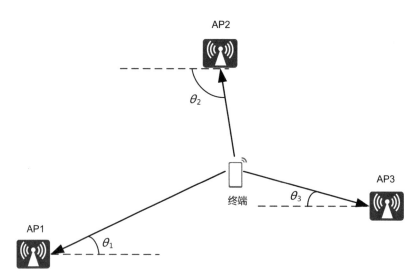

图 6-11　三角定位原理

在网络侧三角定位中，由于只需要测量终端上行信号的到达角度，因此 AP 只需要监听终端的上行报文，不需要额外的报文交互。此外，因为需要测量链路两端视距路径的信号到达角度，所以 AP 需要配置相应的天线阵列。

5. 双曲线定位

双曲线定位是利用被测量物体发送的上行信号到达多个测量物体的时间差计算出信号传播的距离差，通过多个传播距离差估计终端位置，如图 6-12 所示。

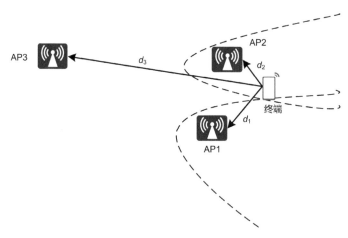

图 6-12　双曲线定位原理

终端上行信号到达各 AP 的距离不同，如果能够测得任意两个 AP 到终端的距离差，如 $\Delta d_{32}=d_3-d_2$、$\Delta d_{31}=d_3-d_1$，就可以获得终端位置坐标与各距离差的解析表达式，再利用迭代高斯 – 牛顿法（Gauss–Newton method）计算终端的位置。为了计算距离差，通常利用 TDoA 进行测量。如图 6-13 所示，终端发送上行报文，周边所有 AP 彼此时钟同步，通过计算各 AP 之间 ToA 的差值便可以获得距离差，例如 $\Delta d_{32}=d_3-d_2=c \cdot (t_3-t_2)$。

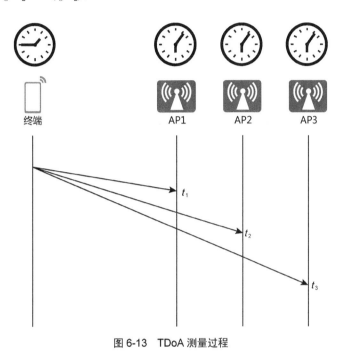

图 6-13　TDoA 测量过程

6.3　短距离无线定位技术的实现方法

在无线定位方案中，为了管理有源设备的位置信息，通常需要借助现有的无线通信技术，在信息交互的同时应用定位技术实现对设备位置的估计。下面介绍室内定位技术在各种短距离无线通信系统中的应用。

6.3.1　室内定位技术在短距离无线通信系统中的应用

这里提到的短距离无线通信系统，指采用不同标准的无线传输方式（包括 Wi-Fi、蓝牙和 UWB）的系统。

1. Wi-Fi

在 Wi-Fi 无线系统中，最常见的定位技术为 RSSI 定位技术。具体是用 AP 作为测量设备，测量 Wi-Fi 终端的位置。AP 接收终端的上行信号，并估计出信号的 RSSI，将 RSSI 发送到定位引擎，由定位引擎根据三边定位原理计算出终端位置。也可以通过 AP 发送 Wi-Fi 信号，由终端接收并解析出 RSSI，最终计算出自己的位置。由于复杂的空间环境等多种因素的影响，Wi-Fi 系统中测量的 RSSI 波动较大，定位精度仅为 3～7 m。

为了进一步提高精度，各厂商会采用指纹定位技术辅助定位。在 AP 部署完成后，将 AP 覆盖区域划分为多个定位方格，并确定每一个定位方格的坐标，使用测试终端将各定位方格对应的 RSSI 特征采集到指纹库，完成指纹库的建立。在定位时，定位引擎收集到被测终端上行信号的 RSSI 时，将其与指纹库中的 RSSI 进行匹配，选出匹配度最高的 RSSI 特征对应的定位方格坐标作为终端的最终位置。该方式定位精度可达 3～5 m。但需要指出的是，指纹定位法的部署成本高，要求 AP 在部署完成后不能随意改变位置，而且对终端的差异性也十分敏感，指纹库的维护还会增加定位方案的维护成本，因此很少使用这种方法。

作为室内定位领域的新兴技术，AoA 定位技术不受信号强度波动的影响，和 RSSI 相比，定位精度有显著提升。该技术不需要评估路损模型，不受发射功率的约束，无须建立指纹库，降低了网络的部署与维护成本。AoA 定位方案利用芯片硬件采集到的 I/Q 数据或 CSI 信息，结合阵列信号处理技术，可在室内环境下达到 1～3 m 的定位精度。但是，由于需要特定结构的阵列天线进行信号方位角度估计，故该方案在硬件成本上要比 RSSI 定位技术高很多。

随着 802.11 协议公布 FTM 及主流芯片厂家相继支持该协议，FTM 也开始受到业界的普遍关注。由于 Wi-Fi 网络的工作带宽为 20 MHz/40 MHz/80 MHz/160 MHz，FTM 技术利用多载波宽带系统实现高精度的信号接收时间的测量，从而实现了高精度的距离测量。在 80 MHz 的系统带宽下，FTM 的测距精度可以达到 1～2 m，这便为实现室内米级定位提供了基础。随着支持 FTM 功能的终端的普及，基于 FTM 的室内定位方案会得到广泛应用。

2. 蓝牙

在蓝牙无线定位系统中，主流的方案与 Wi-Fi RSSI 定位方案类似，采用了基于 RSSI 的指纹定位技术或三边定位技术。随着 BLE 标准的发布，具备低功耗特性的标签设备可采用电池供电，其续航能力长达数年，这使得蓝牙定位方案非常适用于资产管理。将支持 BLE 的蓝牙模块集成在网络设备中，在 3 个广播信道上利用跳频的方式收集 BLE 电子标签发送的上行信号并测量 RSSI，最终根据估计的距离，确定电子标签的位置。基于 BLE 的定位方案精度可达 3～5 m，与

Wi-Fi RSSI 定位方案相比，定位精度有所提升。

此外，由苹果公司在 2013 年 9 月发布的 iBeacon 功能，可以实现对开启蓝牙的智能终端进行定位。该方案是将电池供电的锚点固定分布在室内环境中，部署密度通常要高于 Wi-Fi 设备的部署密度，智能终端会在蓝牙广播信道上监听周边锚点发送的报文，利用收集到的 RSSI 信息实时计算和刷新自己的位置。

3. UWB

在 UWB 无线系统中，定位方案主要应用了三边定位和双曲线定位两种技术，借助 500 MHz/1 GHz 的超大带宽，可以获得百皮秒级别的时间测量精度，使其测量的距离精度可以达到 10 ~ 20 cm。基于 RTT 的三边定位技术需要终端分别与多个锚点进行报文交互来获得彼此之间的距离，这种方案会占用大量的空口资源，限制了可定位终端的数量，所以在实际应用中一般采用 TDoA 的双曲线定位技术。为了保证锚点之间的时间同步，通常可以采用有线同步与无线同步两种方式。有线同步方式即采用外部时钟源统一为网络中的所有锚点进行授时，这种方式部署成本较高，不适合大型的网络；无线同步方式通过空口侧的报文交互实现内部时钟同步，简化了部署方案。

6.3.2　室内定位方案的评价指标

1. 精度

定位精度是空间实体位置信息（通常为坐标）与其真实位置之间的接近程度。无线定位精度主要依赖于以下 3 个方面。

（1）环境

无线环境的不可预测性导致了定位的不确定性。多径影响、人体和墙体的遮挡及其他无线信号的干扰都会对 RSSI、AoA 及 ToA 等参数的测量产生影响，进而影响定位精度。仅仅依赖单一的技术很难实现整个区域内的高精度定位，因此，多种技术的融合定位方案便成为削弱环境因素影响的有效手段。

（2）带宽 / 天线数

无线系统的带宽决定了到达时间测量的精度。UWB 借助大带宽的优势实现了厘米级的测距精度，而 Wi-Fi 设备通常工作在 40 MHz/80 MHz 带宽下，只能实现米级的测距精度。另外，阵列天线所包含的天线数量则决定了到达角度测量的精度，就如同波束成形技术，阵列的口径越大，波束越细；天线数量越多，测量精度越高。

（3）标定精度

终端定位的前提是网络设备的位置是已知的，因此在网络部署阶段需要对网络设备进行标定，标定的精度间接影响了定位的精度。对三边定位和双曲线定位技术来说，AP 的坐标是需要准确记录的，而对三角定位来说，AP 的坐标及天线阵列的朝向都需要准确记录。

2. 功耗

功耗反映了待定位终端的续航能力，主要取决于无线信号的调制方式和刷新率。

（1）调制方式

在无线通信系统中，消耗能量最多的部分就是发射机的功率放大器，而功率放大器的效率取决于无线信号调制方式。对于恒包络调制方式，功率放大器不需要进行回退便处于线性区域，保证了功率放大器的效率。例如，BLE 采用的高斯频移键控（Gaussian Frequency Shift Keying，GFSK）调制及 UWB 采用的 Chirp 调制都保证了其无线模块的低功耗特性。而采用多载波调制技术的 Wi-Fi 网络，具有较高的 PAPR，导致功率放大器效率较低，大大降低了其续航能力。

（2）刷新率

单位时间内终端或电子标签发送的数据越多，其消耗的能量也就越多，进而降低了其续航能力。因此，对电池供电的标签来说，需要在续航能力和刷新率方面进行折中考量。对于 Wi-Fi 终端或电子标签，其功耗较大，所以续航能力是其短板。为了进一步提升续航能力，Wi-Fi 6 标准在节能方面进行了改善，例如，使用 TWT 技术统一调度终端或电子标签的休眠时间和活跃时间，有效减少无用的活跃时间；使用 OMI 技术在活跃时间内使用低功耗的传输方式；兼容只支持 20 MHz 带宽的低功耗终端或电子标签，为其单独设计了传输方式。

3. 成本

设备成本是指用于搭建定位系统所必须购买的设备花销，包括硬件、软件。

部署成本是指在部署安装定位系统（例如指纹的采集、设备安装位置的调整等）时投入的人力成本。

6.3.3 短距离无线定位方案对比

常见的几种短距离无线定位方案对比如表 6-1 所示。

表 6-1 常见的几种短距离无线定位方案对比

定位方案	精度 /m	功耗	部署成本
Wi-Fi RSSI	3 ～ 7	高	Wi-Fi 网络建网成本
Wi-Fi 指纹	3 ～ 5	高	在 Wi-Fi 网络建网成本的基础上，大幅增加了人力成本
Wi-Fi AoA	1 ～ 3	高	在 Wi-Fi 网络建网成本的基础上，增加了安装 AP 的成本，耗费成本高

续表

定位方案	精度 /m	功耗	部署成本
Wi-Fi FTM	1 ～ 2	高	Wi-Fi 网络建网成本
蓝牙 RSSI	3 ～ 5	低	部署密度略高于 Wi-Fi 网络，成本高于 Wi-Fi RSSI 方案
UWB	0.1 ～ 0.2	低	专用设备和网络，网络规划条件严格，部署成本高

| 6.4　基于需求的定位系统设计 |

在前面各节中介绍了定位技术的原理及与短距离无线通信系统结合的室内定位方案，接下来结合实际需求，进一步介绍定位系统的组成和搭建。

6.4.1　定位系统介绍

无论采用何种定位技术、何种无线标准，定位系统都由固定的几部分组成，如图 6-14 所示。

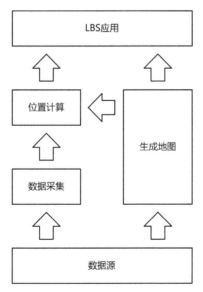

图 6-14　定位系统

（1）数据源
数据源是最原始的数据。

数据源分为两部分。第一部分是可以用于位置计算的数据，包括无线数据、地磁数据和运动数据等。这些数据可以来自机器，也可以来自自然环境，还可以来自人体自身。具体地讲，无线数据如 Wi-Fi 信号，由 AP 或者终端产生，Wi-Fi 信号携带信号强度、信道状态和时间等信息，这些信息都可以用来进行位置计算。地磁数据产生自地球，在室内不同位置呈现出不同的特征，这些特征也可以用来进行位置计算。运动数据是指活动的物体产生的信息（如加速度），只要知道起始点和加速度，就能计算出物体的位置。第二部分是用于绘制地图的数据，包括建筑计算机辅助设计（Computer Aided Design，CAD）图纸、便携文件格式（Portable Document Format，PDF）图纸和建筑信息模型（Building Information Model，BIM）等，这些信息经过加工、美化，即可得到通俗易懂的地图。

（2）数据采集

这里的数据特指采集数据源中用于位置计算的数据。

数据采集模块如图 6-15 所示，该模块的主要作用是接收源数据并完成数据采集，然后将采集到的数据转换成位置计算模块可识别的数据，最后将转换后的数据发送给位置计算模块，即分成 3 个子部分：数据接收、数据转换和数据发送。以 AP 为例，AP 作为无线交换设备，必须具备 Wi-Fi 报文的收发功能；AP 可根据位置计算模块的需要，将接收到的数据转换为 RSSI、时间戳或信号到达角度等信息。对于不同的数据格式，AP 的转换原理也不相同，其中 RSSI 和时间戳相对简单，信号到达角度则相对复杂。无论难易程度如何，定位系统对转换过程都要求快速、准确。转换后的数据会以约定的协议格式发送给位置计算模块，并且协议格式应具备传输效率高、耗费资源少和网络通信安全的基本特征。

需要注意的是，数据采集设备不一定是 AP，也有可能是终端。

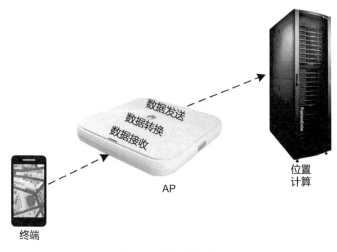

图 6-15　数据采集模块

（3）位置计算

位置计算是定位系统的核心部分。

位置计算模块的主要作用是通过接收数据采集模块发送的数据，计算出被定位物体的坐标。另外，该模块还需要具备开放接口、路径校正和数据采集设备位置标注等功能。位置计算模块根据不同的输入数据，采用不同的计算原理，如 RSSI 采用三边定位，时间戳采用 TDoA 或飞行时间（Time of Flight，ToF）定位，到达角度采用 AoA 定位。与数据转换类似，位置计算也需要准确、快速。开放接口功能是指通过业界通用的接口协议，如 RESTful 接口，将计算出的位置信息提供给其他服务。如前文所述，位置服务应用于导航或者需要获取位置的各类专业应用才有价值，单纯的位置计算并不能达到应用要求。路径校正功能也称为辅助定位，对缩小位置误差至关重要。很多时候，数据采集设备送来的信息并不是只有一种数据，还携带地磁数据、运动数据，这些数据被用来修正终端位置。具体可以先采集数据，建立位置特征库，当收到的数据与某位置特征匹配，则将该坐标标注为物体位置。另外，还可以通过路径校正的基本逻辑（例如物体不可能穿墙而过、不可能行走于室外）修正最终输出的物体位置。一个好的位置计算设备一定离不开强大的路径校正功能。数据采集设备位置标注功能是指要提供方便、快捷的标注手段，否则调整设备点位时工作量会很大。

（4）生成地图

该模块有两个基本功能。第一个功能是根据 PDF 图纸、CAD 图纸和 BIM 信息生成地图，地图用于展示现实环境，可以是二维图，也可以是三维图。第二个功能是提供路径规划功能，该功能常应用于导航，当使用者输入起始点和终止点后，地图上会呈现合理的导航路径。两个功能最终生成的地图信息和路径信息通过开放的接口提供给位置计算设备和上层应用。

（5）LBS 应用

基于位置的服务（Location-Based Service，LBS）模块根据被定位目标的位置信息和所在地图，管理现实环境中的人或物。例如，在地图上呈现不同区域、不同时段的人群密度，即客流分析；在地图上呈现某个终端的轨迹，即轨迹回溯或轨迹跟踪；在地图上实时显示终端的位置，并且地图对被定位人员可见，即导航。

定位系统的各模块可以位于不同的实体设备中，也可以位于同一个实体设备中，相应的定位方案会有所不同。实际部署时，应根据不同的客户需求选择不同的定位方案。直观上可以将需求分为网络侧定位需求和终端侧定位需求，确定了客户需求归属类别后，再根据定位精度、技术和使用人群等细化指标选择定位方案。

6.4.2 网络侧定位解决方案

网络侧定位需求指需要将位置信息呈现于网络侧服务器，此时客户希望获得所关心的人或物的位置，被定位的人或物可以不知道自己的位置信息，满足该需求的定位解决方案被称为网络侧定位解决方案。此类需求包括客流分析、资产管理、高精度定位，即通过服务器获取访客、资产、工业领域特定目标的位置。

下面举例阐述不同的方案实现。

（1）客流分析

客流分析一般应用于商场、展会、机场和运动场等人群聚集的场所。客流分析的目的是向管理者呈现人群的分布、店铺的访问量等信息，定位精度达到米级即可。出入以上场所的大多数为访客，固定人员占比很少，所以将访客随身携带的智能终端作为被定位对象进行客流分析是最佳选择。

定位精度可以达到米级定位的方案有 Wi-Fi RSSI 定位和蓝牙 RSSI 定位。被定位对象是智能终端，一般都支持 Wi-Fi 和蓝牙功能，其中 Wi-Fi 功能更常用，因此选用 Wi-Fi RSSI 定位方案。

该方案中，数据源为智能终端发出的 Wi-Fi 报文，数据采集设备为 AP，位置计算设备为独立的定位引擎，地图生成设备为独立的地图引擎，LBS 应用服务器为网络侧服务器。客流分析方案组网如图 6-16 所示。

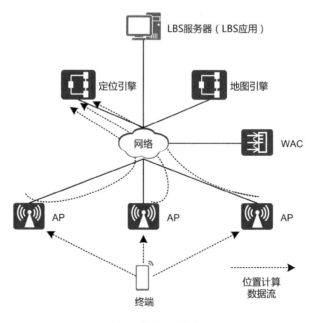

图 6-16 客流分析方案组网

定位引擎、地图引擎和商业智能服务器都以软件的形式提供给客户，三者可以安装于同一台服务器，该服务器可以部署于本地，也可以部署于云端。AP 的安装部署尤为关键，间距、安装高度、天线选型都需要符合定位网络的规格要求，理想的安装参数如表 6-2 所示。

表 6-2　客流分析 AP 的理想安装参数

间距	安装高度	天线选型	安装点位
小于 20 m	小于 5 m	全向天线	定位区域至少被 3 个 AP 覆盖

实际部署 AP 时，在很多区域并不能达到上述的理想条件，此时需要借助定位引擎的辅助位置修正功能达到客户需要的定位标准。如在走廊区域，AP 采用线状部署不满足以上理想参数，此时需要借助地图修正被定位物体的位置。

（2）资产管理

在 5.2 节中已经介绍了资产管理方案，数据源为 Tag 发出的 Wi-Fi 或蓝牙报文，数据采集设备为 AP，位置计算设备为独立的定位引擎，地图生成设备为独立的地图引擎，LBS 应用为网络侧服务器。

（3）高精度定位需求

该需求主要应用于工业领域，要求定位精度小于 1 m。例如，电子围栏通过检测终端位置判断其是否接近或越过边界；汽车生产线上的定位系统定位车辆，判断车体是否停放准确等。对于定位精度要求高又要求覆盖 Wi-Fi 网络的场景，需选用高精度定位融合方案。例如，华为的物联网 AP 通过集成业界主流 UWB 厂商的高精度定位模块，实现双网合一部署，为客户提供融合的室内高精度定位方案。

UWB 定位系统主要包含 UWB 标签、UWB 基站、定位引擎、地图引擎和 LBS 应用。其中，数据源为 UWB 标签发出的报文，数据采集设备为 UWB 基站，位置计算设备为定位引擎，地图生成设备为独立的地图引擎，LBS 应用为网络侧服务器。在高精度定位融合方案中，UWB 基站以插卡的形式集成在 AP 中，为客户提供双网合一、低成本、高精度的定位和业务网络。高精度定位组网如图 6-17 所示。

为了达到亚米级的定位精度，方案实际部署时的要求非常严格，例如要求定位引擎与 AP 部署于同一局域网，同一定位单元内 AP 间不能有遮挡物，AP 间距小于 50 m，AP 安装高度低于 5 m。

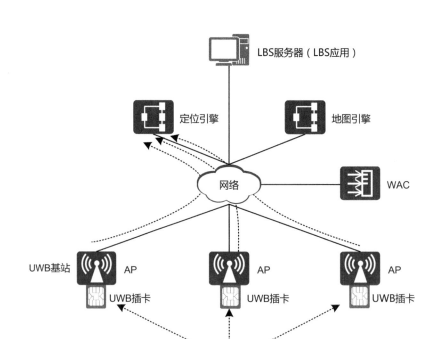

图 6-17　高精度定位组网

6.4.3　终端侧定位解决方案

终端侧定位需求是指需要将位置信息呈现于终端侧，此时客户希望被定位的人或物知道自己的位置信息，客户并不关心位置信息是否上送至网络侧服务器。满足该需求的定位解决方案被称为终端侧定位解决方案。此类需求主要指人员导航，即地图、位置信息都呈现于智能终端，人们利用智能终端方便地从起始地到达目的地。

终端侧定位需求一般要求定位精度达到米级，位置刷新时延小于 3 s，对应的解决方案一般基于蓝牙 iBeacon 完成。终端侧定位组网如图 6-18 所示，图中提供了两种常见的终端侧定位方案组网。两者的共同点是蓝牙 iBeacon 发出的广播帧作为数据源，手机作为数据采集设备及 LBS 应用的承载设备，不同点在于位置计算设备和地图生成设备的差异。

在图 6-18 左侧的组网中，位置计算设备和地图生成设备分别为定位引擎和地图引擎。手机在采集到蓝牙 iBeacon 的信号后，通过 Wi-Fi 网络将定位原始数据发送给定位引擎，定位引擎计算出位置后再把位置信息发送给手机。同时手机会随着位置的变化，不断地从地图引擎获取新位置周边的地图信息。该组网中，手机可以使用简单的小程序提供导航服务。

在图 6-18 右侧的组网中，位置计算设备和地图生成设备均为手机。手机一般会使用单独的 App 提供导航业务。

该方案在实际部署时，iBeacon 间距需要小于 8 m，安装高度低于 5 m。如果 AP 内置蓝牙模块，也可以作为 iBeacon 基站工作。

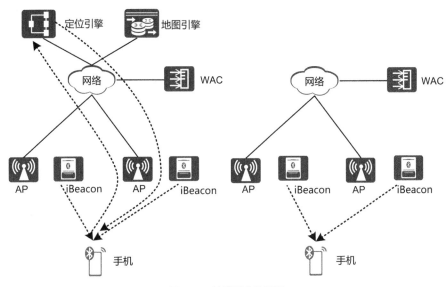

图 6-18　终端侧定位组网

第 7 章
企业 WLAN 组网设计

不同的企业对WLAN的要求是不同的。随着WLAN在企业网络中的应用越来越广泛，如何构建一个满足业务要求的WLAN成为企业面临的重要问题。在构建网络之前，首先要设计良好的架构，选择合适的组网方式。本章介绍WLAN的组网设计思路和典型组网方案。

| 7.1　WLAN 的组成 |

为了便于读者理解不同组网架构的演进和差异，在介绍企业 WLAN 组网之前，有必要介绍 WLAN 包含的基本单元，以及单元间如何连接并构建出一个无线网络。

1. 组成WLAN的基本单元

组成 WLAN 的基本单元是 BSS，BSS 包含 1 个固定的 AP 和多个终端。其中 AP 作为一种基础设施，为终端提供无线通信服务，如图 7-1 所示。AP 是 BSS 的中心，位置相对固定，AP 在哪里，BSS 就在哪里；而终端则分布在 AP 周围，位置相对于 AP 是不固定的，可以自由地移动，靠近或者远离 AP。AP 的覆盖范围被称为基本服务区（Basic Service Area，BSA）或小区，终端可以自由进出小区，只有进入小区的终端才可以和 AP 通信。

小区内的终端除了与 AP 通信，还可以与终端直接通信吗？答案是不能，如果每个终端都随心所欲地发送报文，那么整个小区的信道上将存在严重的冲突和干扰。可以想象一下，AP 是十字路口的交通灯，终端是汽车，每辆汽车只有都遵从交通灯信号才能顺利通过十字路口。一旦汽车不看交通灯，自由通过路口，就极有可能发生撞车事故，造成交通堵塞。小区内的终端只能与 AP 通信，AP 在小区内通告自己的工作信道、编码调制方式等信息，管理与终端的无线连接，在小区内建立"秩序"。这样终端都能发现并找到 AP，有序地共享信道资源，依次与

AP 进行通信，终端间的通信也都通过 AP 进行转发。

（1）BSS 的身份标识

终端要发现和找到 AP，就需要 AP 有一个身份标识并通告给终端，这个身份标识就是 BSSID。为了区分 BSS，要求每个 BSS 都有唯一的 BSSID，所以 BSSID 使用 AP 的 MAC 地址保证其唯一性。

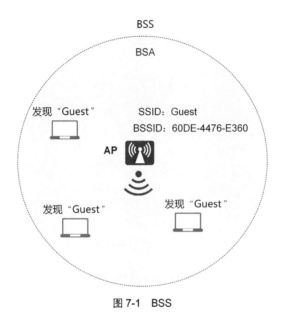

图 7-1　BSS

如果在一个空间部署了多个 BSS，终端就会发现多个 BSSID，只要选择要加入的 BSS 的 BSSID 就可以了。终端并不会自动选择，而是需要用户做出选择。用户在终端上看到的 BSSID 是一连串的"MAC 地址"，不知道分别代表哪一个 BSS。因此，需要一个可以自由设置的字符串作为 AP 的名字，让 AP 的身份更容易被辨识，这就是 SSID。SSID 和 BSSID 并不等同，不同的 BSS 可以设置相同的 SSID。如果将 BSSID 看作 BSS 的身份证号，那么 SSID 就是 BSS 的名字。用户在终端上搜索到的 WLAN 名称就是 SSID。

（2）多个 BSS 共存

早期的 AP 只支持设置 1 个 BSS，如果要在同一空间内部署多个 BSS，则需要安放多个 AP，这不但增加了成本，还会让不同 BSS 间的信道规划变得极为复杂，甚至没有足够的信道资源可以使用。为改善这种状况，现在的 AP 通常支持创建多个虚拟接入点（Virtual Access Point，VAP），每个 VAP 对应 1 个 BSS。这样只需要安放 1 个 AP，就可以部署多个 BSS，再为这些 BSS 设置不同的 SSID，用户就可以看到多个 WLAN 共存，这也称为多 SSID。

因为 BSSID 要使用 AP 的 MAC 地址，所以 AP 支持多少个 VAP，就需要多少个 MAC 地址。VAP、SSID 和 BSSID 的关系如图 7-2 所示。

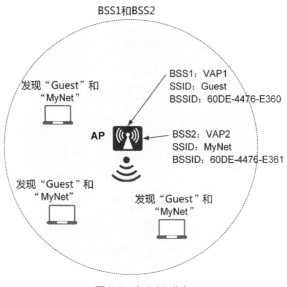

图 7-2　多 BSS 共存

VAP 简化了 WLAN 的部署，但并不意味 VAP 越多越好，在实际部署时，要根据实际需求进行规划。一味增加 VAP 的数量，不仅会延长用户查找 SSID 的时间，还会增加 AP 配置的复杂度。VAP 并不等同于真正的 AP，所有的 VAP 都共享这个 AP 的软件和硬件资源，也共享相同的信道资源，所以 AP 的容量是不变的，并不会随着 VAP 数量的增加而成倍增加。

2. 分布式系统

BSS 解决了 1 个区域内多个终端无线通信的问题，但终端的通信对象往往不在本区域，而是分散在各个地方，甚至在地球的另一端，这就需要 AP 可以连接到一个更大的网络，把不同区域的 BSS 连接起来，让终端可以通信。这个网络就是 AP 的上行网络，称为 BSS 的分布式系统（Distribution System，DS），如图 7-3 所示。

AP 的上行网络通常是以太网，所以 AP 除了支持无线射频，还支持有线接口，与上行网络连接。AP 收到终端的无线报文后，将其转换为有线报文并发送给上行网络，由上行网络完成到另一个 AP 的转发任务。除了有线网络，AP 的上行网络还可以是无线网络。例如，在线缆布放困难的区域，AP 可以和其他工作在网桥模式下的 AP 进行无线对接，或者通过在 AP 上扩展 LTE 功能连接到移动网络。

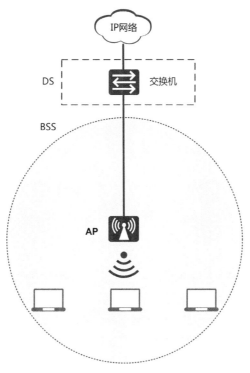

图 7-3 BSS 的分布式系统

BSS 的有效覆盖半径一般是 10 ～ 15 m，对一栋大楼或一个展厅来说，这是远远不够的。解决的方法就是部署更多的 BSS，将所有的 AP 连续、均匀地布放在区域内，再用 BSS 的分布式系统把 AP 连接起来，让用户在任意位置都可以使用 WLAN。

这样虽然解决了覆盖问题，但用户每次从一个 BSS 移动到另一个 BSS 时，都需要重新搜索 SSID，找到新的 BSS 并加入，这是非常不方便的，并且用户在此过程中会处于断网的状态。为了消除 BSS 变化对用户的影响，可以让每个 BSS 都使用相同的 SSID，这样用户不管移动到哪里，都可以认为使用的是同一个 WLAN。

这种扩展 BSS 范围的方式称为 ESS，它以 BSS 为单位自由组合，让 WLAN 的部署变得极为灵活，如图 7-4 所示。各 BSS 相同的 SSID 成了 ESS 的身份标识，叫作扩展服务集标识符（Extended Service Set Identifier，ESSID），用于对终端广播一个可漫游的 WLAN。

网络管理员不仅要让用户可以带着终端在 ESS 内自由移动和漫游，而且更要关心如何管理 AP 建立 ESS，如何管理终端的接入，如何提高终端的漫游效率，如何保障网络的安全，如何快速地定位问题和优化网络等，这些和 WLAN 组网架构的选择有直接的关系。

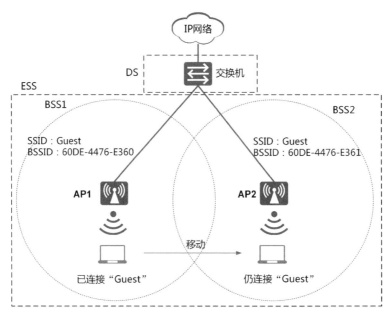

图 7-4　扩展服务集（ESS）

| 7.2　WLAN 组网架构 |

本书的开篇为读者介绍过 WLAN 组网架构由最初的 FAT AP 架构演进为 WAC+FIT AP 架构。本节首先深入介绍两者之间的差异，以及影响 WAC+FIT AP 组网架构的典型要素；然后介绍两个新型组网架构，即针对中小企业、小微分支的云管理架构和 Leader AP 架构；最后介绍匹配行业数字化转型的基于意图驱动的新一代园区网络架构。这几种组网架构的对比如表 7-1 所示。

表 7-1　WLAN 组网架构对比

组网架构	适用范围	特点
FAT AP	家庭	需单独配置，功能较为单一，成本低
WAC+FIT AP	大中型企业	AP 需要配合 WAC 使用，由 WAC 统一管理和配置，功能丰富。对网络维护人员的技能要求高
云管理	中小型企业	AP 需要配合云管理平台使用，由云管理平台统一管理和配置，功能丰富，即插即用。对网络维护人员的技能要求低

续表

组网架构	适用范围	特点
Leader AP	小微企业	Leader AP 可独立工作，也能管理少量 AP，从而实现基本的漫游功能。成本较低，对网络维护人员的技能要求低
新一代园区网络	大中型企业	AP 需要配合 SDN 控制器使用，由 SDN 控制器统一管理和配置，功能丰富，进一步和有线网络融合，结合大数据和 AI 技术，构建极简、智慧和安全的园区网络

7.2.1　FAT AP 架构

　　FAT AP 架构不需要专门的设备集中控制就可以实现无线用户的接入、业务数据的加密和业务数据报文的转发等功能，因此 FAT AP 架构又称为自治式网络架构，如图 7-5 所示。

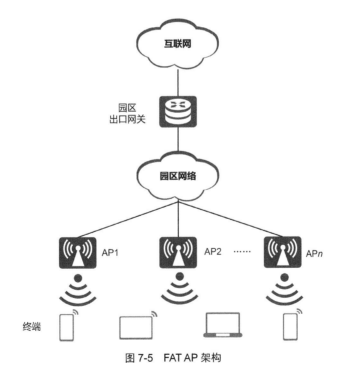

图 7-5　FAT AP 架构

　　独立自治是 FAT AP 的特点，也是 FAT AP 的缺点。当部署单个 AP 时，由于 FAT AP 具备较好的独立性，不需要另外部署集中控制设备，部署起来很方便，成本较低廉，所以 FAT AP 架构是家庭部署 WLAN 的最佳选择。但是在大型企业中，FAT AP 的独立自治就变成了缺点。随着 WLAN 覆盖面积增大，接入用户增多，需要部署的 FAT AP 数量也会增多。而每个 FAT AP 又是独立工作的，缺少统一的控制设备，因此管理、维护这些 FAT AP 就变得十分麻烦。例如，如果需要升级软件，每一台 FAT AP 都需要单独升级一次，耗时、费力。FAT AP 架构无法满足更大覆盖范围内的用户漫游诉求。另外，对于复杂业务，例如，针对网络用户的不同数据类型进行优先级策略控制，FAT AP 架构也无法支持统一控制。

因此，不推荐企业采用 FAT AP 架构，推荐企业选择 WAC+FIT AP 架构、云管理架构、Leader AP 架构等。

7.2.2　WAC+FIT AP 架构

WAC+FIT AP 架构如图 7-6 所示。其中，WAC 负责 WLAN 的接入控制、转发和统计，以及 AP 的配置监控、漫游管理、AP 的网管代理和安全控制；FIT AP 接受 WAC 的管理，负责 802.11 报文的加密 / 解密、802.11 物理层的传输、空口的统计等简单功能。

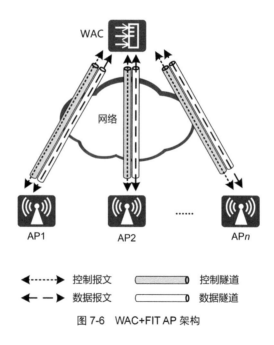

图 7-6　WAC+FIT AP 架构

WAC 和 AP 之间使用的通信协议是 CAPWAP 协议。CAPWAP 协议定义的主要内容有 AP 自动发现 WAC、WAC 对 AP 进行安全认证、AP 从 WAC 获取软件、AP 从 WAC 获得初始和动态配置等。通过该协议，AP 和 WAC 之间建立起 CAPWAP 隧道。CAPWAP 隧道有两种：控制隧道和数据隧道。控制隧道主要传输控制报文（也称管理报文，是 WAC 控制 AP 的报文）；数据隧道主要传输数据报文。CAPWAP 隧道可以进行数据报传输层安全（Datagram Transport Layer Security，DTLS）加密，因此传输报文更加安全。

相比于 FAT AP 架构，WAC+FIT AP 架构的优点如下。

- 配置与部署：通过WAC进行集中的网络配置和管理，不再需要对每个AP进行单独配置操作，可以同时对整网的AP进行信道、功率的自动调整，免去了烦琐的人工调整过程。
- 安全性：FAT AP无法进行统一的升级操作，无法保证所有AP版本都有最新的安全补丁，而WAC+FIT AP架构主要的安全功能是由WAC提供的，软件更新和安全配置仅需在WAC上进行，从而可以快速进行全局安全设置；同时，为了防止加载恶意代码，设备会对软件进行数字签名认证，增强了更新过程的安全性。WAC还具备FAT AP架构无法支持的一些安全功能，包括病毒检测、URL过滤、状态检测防火墙等高级安全特性。
- 更新与扩展：架构的集中管理模式使得同一WAC下的AP有着相同的软件版本。当需要更新时，AP先从WAC获取更新包或补丁，然后由WAC统一更新AP版本。AP和WAC的功能拆分减少了每次版本更新的操作次数，有关用户认证、网管和安全等功能的更新只需在WAC上进行即可。

在 WAC+FIT AP 架构下，不同的组网方式、数据转发方式及 WAC 的数量等因素都会对 WLAN 组网有一定的影响，下面分别介绍。

1.　组网方式

根据 WAC 和 FIT AP 之间的网络属性，组网可以分为二层组网和三层组网，如图 7-7 所示。

- 二层组网下WAC和FIT AP在同一个广播域，AP通过本地广播可以直接找到WAC，比较简单，但缺点是不适用于大型网络。
- 三层组网下WAC和FIT AP不在同一网段，这样配置比较复杂，中间网络必须保证AP和WAC之间路由可达，需要进行额外配置才能使得AP发现WAC。三层组网比较适合中型和大型网络。以大型园区为例，每一栋楼里都会部署AP进行无线覆盖，WAC放在核心机房进行统一控管。这样WAC和FIT AP之间必须采用较为复杂的三层网络。

根据 WAC 部署位置的不同，组网可以分为直连式组网和旁挂式组网，如图 7-8 所示。

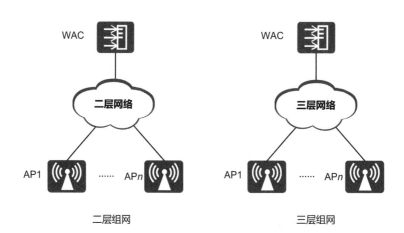

图 7-7　二层组网和三层组网

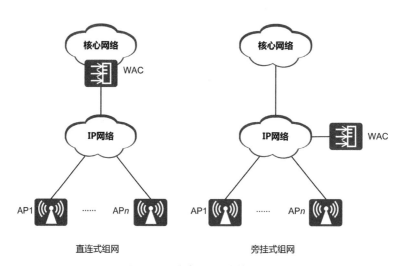

图 7-8　直连式组网和旁挂式组网

（1）直连式组网

直连式组网中，WAC 同时具备无线控制器和汇聚交换机的功能，AP 的数据业务和管理业务都由 WAC 集中转发、处理。直连式组网适用于新建的中小规模集中部署的 WLAN，可以简化网络架构。

（2）旁挂式组网

由于直连式组网中 WAC 需要集中处理 AP 的数据和管理业务，对 WAC 的要求很高，由此诞生了旁挂式组网。旁挂式组网是指 WAC 旁挂在现有网络中（多在汇聚交换机旁边），仅处理 AP 的管理业务，经过设置的 AP 的数据业务可以不经过 WAC 而直接到达上行网络。旁挂式组网还可以应用于现网改造场景，例如，现网已经部署完有线网络，现在需要新增 WLAN，这种场景就可以新增 WAC，将其挂在汇聚交换机旁边。此方案对现网改造少，部署快速、方便。旁挂式组网适用于网络改造场景或者大中规模的 WLAN。

2. 数据转发方式

数据报文的转发方式分为直接转发和隧道转发。

（1）直接转发

直接转发又被称为数据本地转发，是指用户的数据报文到达 AP 后，不经过 CAPWAP 隧道的封装而直接转发到上层网络，如图 7-9 左图所示。

直连式组网大多采用直接转发方式，此组网方式适用于中小规模集中部署的 WLAN，可以简化网络架构。

旁挂式组网也可以采用直接转发方式，如图 7-9 右图所示。数据报文无须经过 WAC 集中处理，无带宽瓶颈问题，而且便于继承现有网络的安全策略，适用于大型园区有线和无线网络一体化或者总部分支场景。

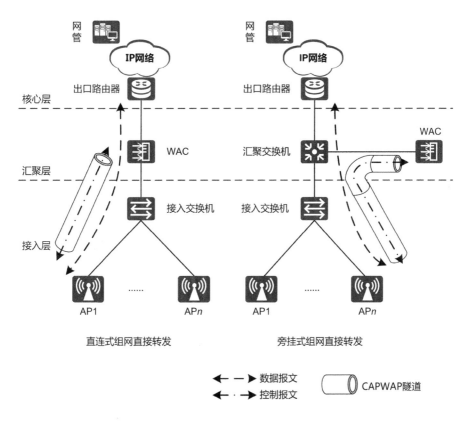

图 7-9　直接转发

（2）隧道转发

隧道转发又被称为数据集中转发，是指用户的数据报文经过 CAPWAP 隧道封装后再由 WAC 转发到上层网络，如图 7-10 所示。隧道转发通常结合旁挂式组网使用，WAC 集中转发数据报文，安全性好，方便集中管理和控制，新增设备部署配置方便，对现网改动小，适用于大型园区 WLAN 独立部署或者集中管控场景。

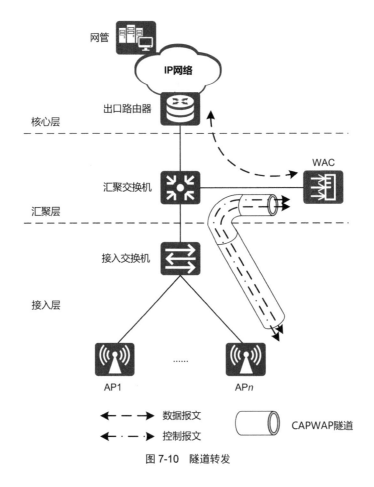

图 7-10 隧道转发

3. VLAN规划

WLAN 中的 VLAN 主要分为两类：管理 VLAN 和业务 VLAN。管理 VLAN 负责传输通过 CAPWAP 隧道转发的报文，包括管理报文和通过 CAPWAP 隧道转发的业务数据报文；业务 VLAN 则负责传输业务数据报文。

在进行 VLAN 规划时需要遵循以下原则。

• 管理VLAN和业务VLAN分离。

· 业务VLAN应根据实际业务需要与SSID匹配映射关系。

业务 VLAN 主要用于区分不同的业务类型或用户群体，在 WLAN 中 SSID 也同样可以承担相应的工作。因此，在 WLAN 规划中必须综合考虑 VLAN 与 SSID 的映射关系，映射关系有 $1:1$、$1:N$、$N:1$、$N:M$ 这 4 种，分别适用于不同的场景，详情如表 7-2 所示。

表 7-2 VLAN 与 SSID 的映射关系

映射关系	适用场景举例
$1:1$	企业需在区域 A 和区域 B 部署 WLAN，希望用户搜索到的 WLAN 只有一个 SSID，并采用相同的数据转发控制策略，则 SSID 和 VLAN 都只需要规划一个。在这个场景中，SSID：VLAN=1：1
$1:N$	企业需在区域 A 和区域 B 部署 WLAN，希望用户搜索到的 WLAN 只有一个 SSID，同时需要采用不同的数据转发控制策略，则可规划一个 SSID 和两个 VLAN（对应不同区域）。在这个场景中，SSID：VLAN=1：2
$N:1$	企业需在区域 A 和区域 B 部署 WLAN，希望用户搜索到 WLAN 即可了解地点信息等，但可采用相同的数据转发控制策略，则可规划两个 SSID（SSID_A 对应区域 A，SSID_B 对应区域 B）和一个 VLAN。在这个场景中，SSID：VLAN=2：1
$N:M$	企业需在区域 A 和区域 B 部署 WLAN，希望用户搜索到 WLAN 即可了解地点信息等，同时需要采用不同的数据转发控制策略，则可规划两个 SSID（SSID_A 对应区域 A，SSID_B 对应区域 B）、两个 VLAN（VLAN_A 对应区域 A，SSID_B 对应区域 B）。在这个场景中，SSID：VLAN=2：2

WLAN 中有一种特殊的场景，就是经常有大量用户从某个区域接入后再漫游到其他区域，导致该区域的用户接入多，对 IP 地址数量要求大。这类区域如场馆入口、酒店的大堂等地方，这种现象一般被称为"门厅效应"。在该场景中，如果一个 SSID 只能对应一个 VLAN、一个 VLAN 对应一个子网，当大量用户从某区域接入时，只能扩大 SSID 对应 VLAN 的子网，保证用户能够获取 IP 地址。这样带来的问题就是广播域扩大，导致产生大量的广播报文，如地址解析协议（Address Resolution Protocol，ARP）、动态主机配置协议（Dynamic Host Configuration Protocol，DHCP）等报文，带来严重的网络拥塞。在该场景中，可考虑使用 VLAN 池（Pool）作为业务 VLAN。VLAN 池具备多个 VLAN 的管理和分配算法，可以实现 SSID 对应多个 VLAN 的方案，并把大量用户分散到不同的 VLAN 中，以减小广播域。

在图 7-11 所示的某个高密场馆中，由于接入用户数量大，需要多台 WAC 才能满足接入需求，而用户从场馆接入后可能会频繁走动，从而在 AP 之间频繁漫游，甚至跨 WAC 漫游。这种情况下，可以根据场馆的实际接入用户数，评估 VLAN 池中实际需要的 VLAN 数量，通过 SSID 绑定 VLAN 池，让用户接入不同的 VLAN，从而减小广播域。另外，通过绑定 VLAN 池，可以让属于同一个 VLAN 池的用户进行二层漫游，不进行三层漫游，从而提升 WLAN 性能。

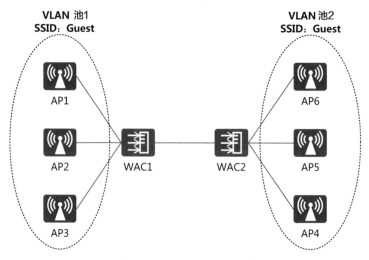

图 7-11　VLAN Pool 应用示例

4. IP规划

IP 地址的规划需要综合考虑全网 WAC、AP 和终端的数量。

• WAC的IP地址：用于管理AP，其数量较少，一般通过静态手工配置。

• AP的IP地址：用于和WAC进行CAPWAP通信，由于AP数量较多，一般使用DHCP服务器动态分配IP地址。推荐使用WAC作为DHCP服务器为AP分配IP地址，当然也可以采用独立的DHCP服务器。如果WAC或者独立DHCP服务器与AP的中间网络是三层网络，则中间网络需要配置DHCP中继，并且保证两者之间路由可达。

• 终端的IP地址：建议通过DHCP动态分配IP地址，不建议静态配置，对于固定无线终端（如无线打印机）可以静态配置。可以使用WAC作为DHCP服务器，也可以采用独立的DHCP服务器。

5. 典型WAC+FIT AP组网对比

本节总结了 4 种 WAC+FIT AP 的典型组网，其特点对比如表 7-3 所示。

表 7-3　4 种典型 WAC+FIT AP 组网的特点对比

组网描述	优点	缺点
直连模式＋二层组网＋直接转发	数据流量无迂回，转发效率高	数据 VLAN 配置复杂
旁挂模式＋二层组网＋直接转发	数据流量无迂回，转发效率高，便于在现有网络上叠加建设 WLAN，也便于热备方案部署	数据 VLAN 配置复杂
旁挂模式＋二层组网＋隧道转发	数据 VLAN 配置简单，隧道转发提供了二层隧道，可支持 802.1X 认证，便于在现有网络上叠加建设 WLAN，也便于热备方案部署	转发效率较低，数据流量有迂回
旁挂模式＋三层组网＋隧道转发	数据 VLAN 配置简单，隧道转发提供了二层隧道，可支持 802.1X 认证，便于在现有网络上叠加建设 WLAN，也便于热备方案部署	转发效率较低，数据流量有迂回

6. WAC备份

在进行组网设计时，需要考虑设备和冗余链路的冗余设计、部署倒换策略等。这样即使单点设备发生故障，系统功能也不会受影响。对 WAC+FIT AP 架构而言，重点是 WAC 备份的方案。

常见的 WAC 备份方案有 3 种，分别是虚拟路由冗余协议（Virtual Router Redundancy Protocol，VRRP）双机热备、双链路双机热备和 N+1 备份。

（1）VRRP 双机热备

VRRP 双机热备是两台 WAC 组成一个 VRRP 备份组，主备 WAC 具有相同的虚拟 IP 地址，主 WAC 通过 Hot Standby（HSB）主备通道同步业务信息到备 WAC 上，如图 7-12 所示。该方案中，AP 只感知到一个 WAC 的存在，WAC 间的切换由 VRRP 决定。这种方案一般将主备 WAC 部署在同一地理位置，和其他备份方案比较，其业务切换速度非常快。

（2）双链路双机热备

在该方案中，AP 与主备 WAC 之间分别建立 CAPWAP 隧道，WAC 间的业务信息通过 HSB 主备通道同步。当 AP 和主 WAC 间的链路断开，AP 会通知备 WAC 切换成主 WAC。

双链路双机热备除了支持主备备份，还支持负载分担模式。负载分担模式下可以指定一部分 AP（AP2）的主 WAC 为 WAC1，与其建立 CAPWAP 主链路；另一部分 AP（AP1）的主 WAC 为 WAC2，与其建立 CAPWAP 主链路。当 WAC1 发生故障时，WAC2 替代 WAC1 来管理 AP2，WAC2 与 AP2 之间建立 CAPWAP 链路，为 AP 提供业务服务。但是对于 AP1 上的业务流量，主用设备 WAC2 正常工作，流量转发路径不变，如图 7-13 所示。

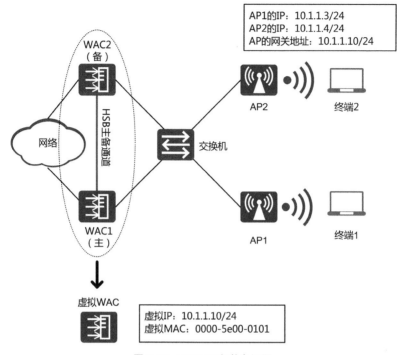

图 7-12　VRRP 双机热备组网

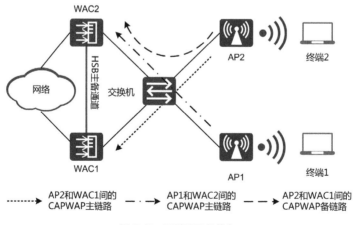

图 7-13　双链路双机热备

双链路双机热备的主备 WAC 不受地理位置限制，部署灵活，可进行负载分担，有效利用资源，但业务切换速度较慢。

（3）N+1 备份

N+1 备份是指在 WAC+FIT AP 的网络架构中，使用一台 WAC 作为备 WAC，为多台主 WAC 提供备份服务的一种解决方案,如图 7-14 所示。网络正常情况下,AP 只与各自所属的主 WAC 建立 CAPWAP 链路。当主 WAC 发生故障或主 WAC 与 AP 间的 CAPWAP 链路发生故障时,备 WAC 替代主 WAC 来管理 AP,备 WAC 与 AP 间建立 CAPWAP 链路,为 AP 提供业务服务。

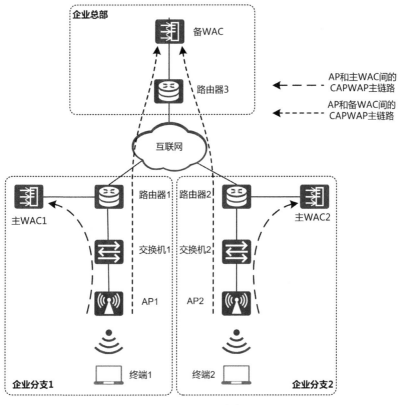

图 7-14 N+1 备份

VRRP 双机热备、双链路双机热备和 N+1 备份方案之间的差异如表 7-4 所示。

表 7-4 3 种备份方案的比较

对比项	VRRP 双机热备的参数细节	双链路双机热备的参数细节	N+1 备份的参数细节
切换速度	主备切换速度快,对业务影响小。通过配置 VRRP 抢占时间,相比于其他备份方案可实现更快的切换	AP 状态切换慢,需等待检测到 CAPWAP 断链超时后才会切换,主备切换后终端不需要重新上线	AP 状态切换慢,需等待检测到 CAPWAP 断链超时后才会切换,AP、终端均需要重新上线,业务会出现短暂中断

续表

对比项	VRRP 双机热备的参数细节	双链路双机热备的参数细节	N+1 备份的参数细节
主备 WAC 异地部署	VRRP 是二层协议，不支持主备 WAC 异地部署	支持	支持
适用范围	对可靠性要求高且无须异地部署主备 WAC 的场景	对可靠性要求高且要求异地部署主备 WAC 的场景	对可靠性要求较低且对成本控制要求较高的场景

7. 跨WAC漫游

当网络规模扩大后，要部署多个 WAC，就需要不同 WAC 间彼此预先同步或实时查询漫游终端的状态信息，以实现终端在 WAC 间的平滑漫游，保证漫游后终端的流量正常转发，实现更大范围的无线覆盖和漫游。在此背景下，跨 WAC 漫游技术诞生了。

在介绍跨 WAC 漫游技术之前，介绍如下几个基本概念。

（1）跨 WAC 漫游中涉及的角色

• Home WAC（HWAC）：一个无线终端首次关联的WAC。

• Home AP（HAP）：一个无线终端首次关联的AP。

• Foreign WAC（FWAC）：一个无线终端漫游后关联的WAC。

• Foreign AP（FAP）：一个无线终端漫游后关联的AP。

用户可能连续发生多次漫游，但是 HWAC 和 HAP 始终会是第一次关联的 WAC 和 AP，FWAC 和 FAP 随着用户的每次漫游不断迁移。

（2）WAC 间隧道

为了支持 WAC 间漫游，需要在 WAC 间交换用户的一些信息，以及转发用户的流量，因此要在 WAC 间建立一条隧道作为管理报文和数据转发的通道。

（3）漫游组

显然，网络中任意两个 WAC 间不一定都支持 WAC 间漫游，因此通过人为划定一个 WAC 组，属于同一个组的 WAC 之间才能支持 WAC 间漫游，这个组就叫作漫游组。

（4）二层漫游 / 三层漫游

在大规模 WLAN（如大型园区）中接入的无线终端数量庞大，网络管理员通常会将一个 WLAN 划分成多个子网，以减少网络中的广播报文。用户在相同子网间漫游，称为二层漫游。用户在不同子网间漫游，称为三层漫游。

特别地，对 VLAN 池来说，同一个 VLAN 池内的用户漫游是二层漫游，不同 VLAN 池的用户漫游是三层漫游。

跨 WAC 漫游的原理介绍如下。

二层漫游时，用户漫游前后还在同一个子网中，FAP/FWAC 对二层漫游用户的报文转发与普通新上线用户没有区别，直接在 FAP/FWAC 本地的网络转发，不需要通过 WAC 间隧道转回到 HAP/HWAC 进行中转。

三层漫游时，用户漫游前后不在同一个子网中，为了支持用户漫游后仍能正常访问漫游前的网络，需要将用户流量通过隧道转发到原来的子网进行中转。具体做法是，先选择一台能够和漫游前网络的网关二层互通的设备作为家乡代理，然后将用户流量从 FAP 通过隧道转发到家乡代理，再由家乡代理中转。同样地，网络侧发往用户的报文也会先到家乡代理，再由家乡代理通过隧道转发到FAP。

家乡代理通常由 HAP 或 HWAC 兼任，在不同数据转发方式下具体的选择如下。

- 在隧道转发方式下，家乡代理选择HWAC，因为此时可以假定通过HWAC能够访问用户的网关。FAP和家乡代理之间的隧道实际包括两段：FAP和FWAC之间的WAC间隧道，以及FWAC和HWAC之间的CAPWAP隧道。数据报文从FAP转发到HWAC之后，再通过HWAC进行中转到达上层网络，如图7-15所示。

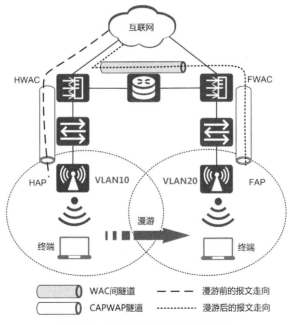

图 7-15 三层漫游隧道转发流量走向

- 在直接转发方式下，家乡代理默认选择HAP，此时FAP和家乡代理之间的隧道包括三小段：FAP和FWAC之间的CAPWAP隧道，FWAC和HWAC之间的

WAC间隧道，以及HWAC和HAP之间的CAPWAP隧道。数据报文从FAP转发到HAP进行中转，再通过HAP进行中转到达上层网络，如图7-16所示。

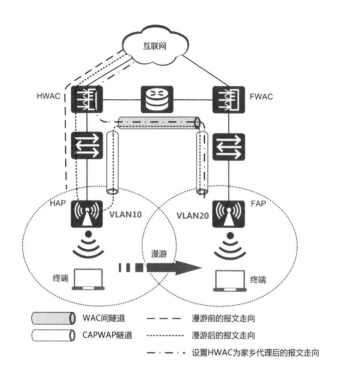

图 7-16　三层漫游直接转发流量走向

特别地，如果 HAP 和 HWAC 在同一个子网时，可以将性能更强的 HWAC 设置为家乡代理，这样流量仅需要转发至 HWAC 即可，减少了 HAP 的负荷并提高了转发效率。

8.　Navi WAC

大型企业在部署无线网络时，在为内部员工提供接入服务的同时，通常还需要为访客提供无线接入服务，而访客数据可能会给网络带来潜在的安全威胁。通过 Navi WAC 组网架构，企业可以将访客流量引导到安全的半信任区中的 Navi WAC 进行集中管理，从而实现内部员工接入和访客接入的安全隔离。

如图 7-17 所示，对企业员工而言，流量在企业内网转发，员工可以访问企业内网通用服务器；对访客而言，流量通过 CAPWAP 隧道转发到安全的半信任区，在半信任区统一分配 IP 地址并进行认证，并且只能访问半信任区中的服务器和互联网资源。

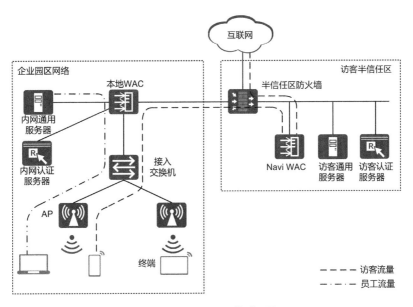

图 7-17　Navi WAC 典型组网

7.2.3　云管理架构

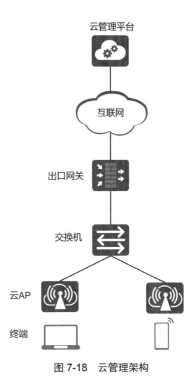

在部署网络时，传统网络解决方案存在部署成本高、后期运维困难等问题，尤其是对于分支站点数量多、站点地域分散的企业，这些问题尤为明显。云管理架构可以很好地解决这个问题，通过云管理平台，实现在任意地点对设备进行集中的管理和维护，可大大降低网络部署运维成本，如图 7-18 所示。

当云 AP 布放完成后，无须网络管理员到安装现场对云 AP 进行软件调试，云 AP 上电后即可自动连接到指定的云管理平台加载指定的配置文件、软件包和补丁文件等系统文件，实现云 AP 零配置上线。网络管理员可以随时随地通过云管理平台统一给 AP 下发配置，使业务批量配置更快捷。

云管理架构相比传统的 WAC+FIT AP 架构，有如下优势。

图 7-18　云管理架构

- 即插即用，自动开局，减少网络部署成本。
- 统一运维。所有云管理网元统一在云管理平台上进行监控和管理。
- 工具化。通常情况下，云解决方案会在云端提供各类工具，有效降低 OPEX。例如，华为CloudCampus解决方案提供了端到端的云工具（如 CloudCampus App）。

📖说明

华为云管理平台：iMaster NCE-Campus 作为"华为 CloudCampus 解决方案"的核心部件，提供对华为网络设备（如 AP、接入路由器、交换机和防火墙等）的统一管理。通过云管理平台不仅可实现对多租户的统一管理、网络设备的即插即用、网络业务批量部署等功能，而且由云管理平台提供的应用程序接口（Application Program Interface，API）可与第三方平台对接，扩展更多的增值业务。

7.2.4 Leader AP 架构

一些小微企业想要搭建自己的无线网络，实现独立管理且不采用云管理架构。如果使用 FAT AP 架构，不能统一管理和维护 AP，也无法为用户提供良好的漫游体验；如果选用 WAC+FIT AP 架构，则因为终端数量少，无线覆盖面积小，需要的 AP 数量不多，却要为 WAC 设备和证书花费较高的成本。如果在组网中，某个 AP 能够承担管理其他 AP 的职责，提供统一运维和连续漫游的功能，就能够满足这类小微企业的需求，而 Leader AP 架构恰好能满足这一需求，如图 7-19 所示。

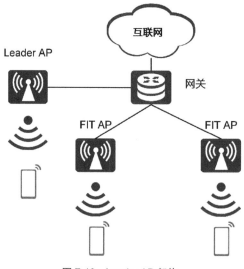

图 7-19　Leader AP 架构

Leader AP 架构中只包含 AP。用户购买 AP 后，将其中 1 个 AP 设置为 Leader AP 模式，将其他 AP 以 FIT AP 模式接入网络，与 Leader AP 二层互通。Leader AP 在二层网络中广播自己的角色，其他 AP 就可以自动发现并接入 Leader AP。Leader AP 的功能和 WAC 非常类似，提供基于 CAPWAP 隧道的统一接入管理和配置运维，以及集中的无线资源管理和漫游管理。用户只需登录 Leader AP，配置无线业务，所有 AP 都会提供相同的无线业务，终端可以在不同 AP 间漫游。

7.2.5　下一代组网架构的发展

随着物联网、大数据、云计算和 AI 等新技术在各行业中的应用，企业的运营模式和生产模式都面临着数字化转型，而企业园区网络作为连接物理世界和数字世界的桥梁，不可避免会遇到新的挑战。面对海量增长的数据和应用，园区网络的部署应更加简单和快速，运行应更加安全和可靠，管理和运维应更加智能。为了应对数字化转型给园区网络带来的冲击和挑战，适应未来园区网络的发展趋势，华为公司提出新一代园区网络架构。新一代园区网络架构的核心理念包含超宽、极简、智慧、安全和开放 5 个方面，希望能为广大网络从业人员指明未来园区网络的发展方向。

典型的新一代园区网络架构如图 7-20 所示，分为网络层、管理层和应用层。

1. 网络层

网络层实现新一代园区网络的超宽能力。新一代园区网络引入虚拟化技术，把网络层分为物理网络（Underlay 网络）和虚拟网络（Overlay 网络）。

- 物理网络：为园区网络提供基础连接服务，与传统园区网络一样，可以分为接入层、汇聚层、核心层和出口区，由交换机、路由器、防火墙、WAC 和 AP 组成。
- 虚拟网络：在物理网络上构建出一个或者多个虚拟的 Overlay 网络，业务策略被部署在虚拟网络上，服务于不同的业务，或者服务于不同的客户群。

物理网络和虚拟网络完全解耦，物理网络跟随摩尔定律持续演进，构建超宽转发、超宽接入的网络能力；虚拟网络采用 Overlay 技术先屏蔽复杂的物理设备组网，然后基于 Overlay 技术构建任意可达的园区交换网，进而实现极简的虚拟网络创建。

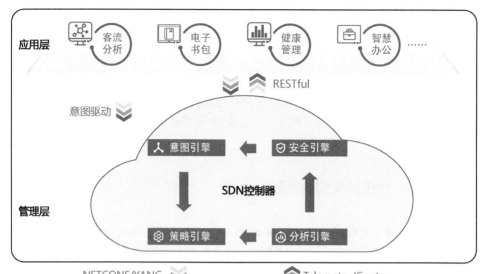

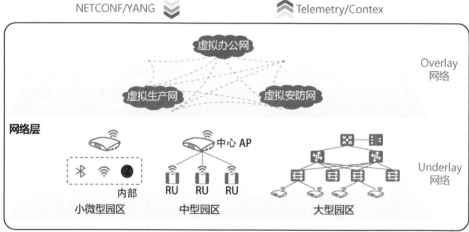

图 7-20　新一代园区网络架构

2. 管理层

管理层作为"智慧的大脑"，为园区网络提供配置管理、业务管理、网络维护、故障检测和安全威胁分析等网络级管理服务。新一代园区网络以软件定义网络（Software Defined Network，SDN）控制器为中心，SDN 控制器采用先进的 SDN 管理理念，改变之前对每台设备的业务进行管理的模型，从用户视角出发，以业务为中心对园区网络重新进行抽象，提炼出意图引擎、策略引擎、安全引擎和分析引擎，如表 7–5 所示。最终通过这 4 个引擎，结合大数据和 AI 技术，构建极简、智慧和安全的园区网络。

表 7-5　新一代园区网络的管理层

引擎	能力	描述
意图引擎	极简	让管理员能够使用自然语言管理网络。意图引擎自动将自然语言翻译成网络设备可执行的语言，并将配置下发到网络设备
策略引擎	极简	让管理员能够基于人与人、人与应用、应用与应用，而不是基于 IP 网段等网络要素来配置访问规则和策略。策略引擎的操作对象是人和应用，与园区网络完全解耦，实现最大的灵活性和易用性
安全引擎	安全	让管理员无须再时刻担心网络安全问题。安全引擎采用大数据分析和 AI 技术，通过多维度风险评估，主动发现网络上潜在的安全威胁和风险；一旦发现安全隐患，自动联动意图引擎及时做出隔离或阻断措施
分析引擎	智慧	让管理员运维网络时从被动变为主动。分析引擎借助大数据、AI 等技术进行业务关联分析，快速定位并解决网络中的问题，在终端用户还没有感知到故障时，就提前通知到管理员

3. 应用层

应用层构建了新一代园区网络的生态。新一代园区网络基于 SDN 控制器提供了标准化的北向接口，使得业务服务器可以针对 SDN 控制器的北向接口进行编程，以应用组件的方式在 SDN 控制器上呈现。

应用层包含网络厂商提供的标准应用。例如，各种网络业务的控制应用、网络运维类应用以及网络安全类应用，这类应用构成了 SDN 控制器的标准功能。同时针对园区的个性化需求，SDN 控制器提供开放性的第三方接入功能。一方面，网络厂商可以与第三方伙伴合作开发第三方应用和解决方案（例如，IoT 类解决方案、商业智能化解决方案等）；另一方面，网络厂商提供第三方定制功能，允许客户自行编程，按需定制自己的应用。

4. 新一代园区网络中的WLAN

在企业的数字化转型过程中，人们早已感受到了无线连接方式为工作和生产带来的便利，接入无线化是园区网络未来的发展方向，WLAN 将成为园区网络主流的接入方式。在新一代园区网络中，WLAN 的物理网络位置没有变化，仍然位于网络层中的接入层。不同的是 AP 在网络层将被资源池化，由管理层统一管理和调度，WLAN 的部署和运维将得到极大的简化，结合应用层实现全场景的无线解决方案。新一代园区网络和传统园区网络中 WLAN 的对比如表 7-6 所示。

表 7-6　新一代园区网络和传统园区网络中 WLAN 的对比

能力	新一代园区网络中 WLAN 的特点	传统园区网络中 WLAN 的特点
超宽	无线标准演进到了 Wi-Fi 7 标准，最大无线带宽为 23 Gbit/s，并发连接数提升了 4 倍，时延降低至 20 ms 内。 AP 内置 IoT 模块，将 WLAN 和各种物联网合一，建立人和物的全连接网络	
极简	WLAN 的规划、设计、部署、运维由 SDN 控制器一站式完成。 业务配置由 SDN 控制器自动化部署，支持精细化的策略控制，保证用户在全网移动时策略和业务体验一致	WLAN 的规划、设计、部署、运维需使用不同的平台和工具。 需要登录到每台 WAC 上进行业务配置，无法保证用户全网移动时策略和业务体验一致
智慧	WLAN 状态实时可视，结合历史数据智能预测网络变化趋势。 无线环境变化后可以结合大数据和 AI 进行智能射频调优，调优速度快、准确度高。 故障发生后，快速定界并通知管理员，部分故障无须人工处理，可自动恢复	无法实时感知 WLAN 状态，不能预测网络变化趋势。 无线环境变化后，无法及时调优，调优效果可能无法达到预期。 故障发生后，定界困难，对技能要求高，人工排障耗时长
安全	设备支持标准的无线安全加密协议，对无线用户鉴权，检测和反制非法无线设备和非法攻击。 大数据安全协防，基于全网进行多场景、多维综合分析，提前发现甚至预测威胁，对威胁进行快速处置	主要依靠设备的安全功能提供安全保障。 对于复杂的安全攻击，需专业人员花费大量时间分析日志和溯源。处置发现的威胁时，需要登录设备配置应对的策略，速度慢
开放	为应用层提供丰富的 API，包括认证授权、位置服务、人群画像、网络运维和智慧物联等业务，让行业伙伴可以快速开发相关行业应用	合作伙伴独立开发、华为公司独自开发或者和合作伙伴联合开发解决方案，开发周期长，无法匹配快速增长的行业应用需求

| 7.3　WLAN 典型组网方案 |

7.3.1　大型园区的组网方案

大型园区是指大中型企业总部、大型分支机构、高校和机场等场所。大型园区中 WLAN 部署的 AP 数量较多，从网络运维及安全角度考虑，主要采用 WAC+FIT AP 架构来进行 WLAN 组网。

大型园区的 WAC 组网方案主要有两种：独立 WAC 方案组网和随板 WAC 方案组网。

1. 独立WAC方案组网

当园区有线网络已经部署完成，需要单独增加无线网络部署或者无线网络规模较大时，建议部署独立 WAC。对于大型园区一般采用 WAC 旁挂（挂在汇

聚 / 核心交换机旁）部署。为减少对现有有线网络的变动，以及方便 WAC 的集中
管理和控制，建议在此场景下采用隧道转发方式。为提高 WAC 的可靠性，独立
WAC 方案中通常部署 VRRP 双机热备，如图 7-21 所示。

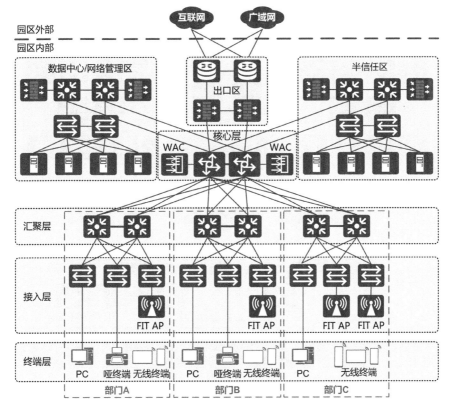

图 7-21　独立 WAC 方案组网

2. 随板WAC方案组网

在新建的园区网络中，既存在有线接入设备，也存在无线接入设备，由于有
线、无线接入设备较多且分布较广，接入设备的管理、配置较为复杂。用户希望
可以对有线、无线接入设备进行统一的管理与配置，以减少管理成本，此时建议
使用随板 WAC 方案。随板 WAC 方案的核心是以太网络处理器（Ethernet Network
Processor，ENP）系列随板 WAC，方案将 WAC 功能集成在敏捷交换机上，通过
在交换机上安装特殊的业务单板，使交换机管理有线接入设备的同时，还能管理
无线接入设备。

使用随板 WAC 部署网络，可以同时为有线用户和无线用户提供网络接入的
服务，实现对有线用户和无线用户的统一管理。随板 WAC 方案的可靠性可以借

助交换机自带的可靠性技术（堆叠和链路聚合技术），做到设备级和链路级冗余备份，如图 7-22 所示。

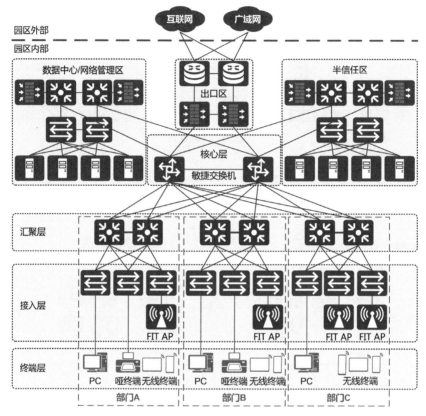

图 7-22　随板 WAC 方案组网

7.3.2　企业分支的组网方案

在总部与分支均部署了 WLAN 且总部需要管理分支机构 WLAN 的场景下，可以使用企业分支机构 WLAN 组网方案。根据网络规模，企业分支机构组网可以分成大型企业分支机构组网、小型企业分支机构组网和多分支、多租户组网。

1. 大型企业分支机构组网

大型企业分支机构组网是指在企业分支也会部署 WAC，由分支 WAC 管理分支的无线网络，然后由总部的网管统一配置和监控，如图 7-23 所示。

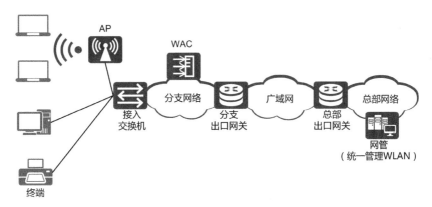

图 7-23　大型企业分支机构组网

2. 小型企业分支机构组网

小型企业分支机构组网是指直接由总部 WAC 管理总部和分支的 AP，如图 7-24 所示。

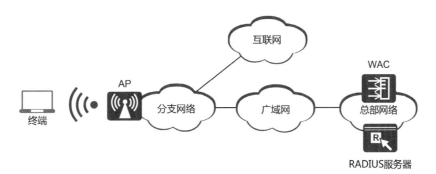

图 7-24　小型企业分支机构组网

此场景下，总部与分支之间跨越广域网，WAC 与 RADIUS 服务器部署在园区总部，AP 部署在分支。此时一般采用本地转发方式，分支用户由分支网关分配 IP 地址，直接从分支访问互联网。如果分支和总部之间存在互访诉求，一般会在分支和总部之间部署互联网络层安全协议（Internet Protocol Security，IPSec）、虚拟专用网络（Virtual Private Network，VPN）隧道。

3. 多分支、多租户组网

多分支、多租户组网采用云管理架构，在分支部署 AP，各分支可独立管理；并在总部的数据中心部署 WAC，与分支 AP 建立隧道，分支访问总部的流量都通过隧道转发到 WAC，如图 7-25 所示。

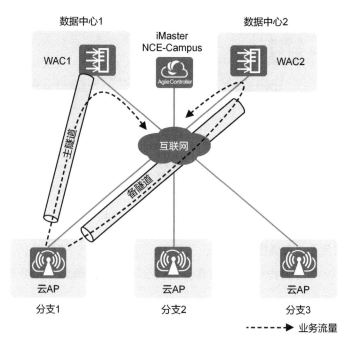

图 7-25　多分支、多租户组网（以华为的 iMaster NCE-Campus 为例）

多分支企业（如连锁门店、金融分支站点等）一般有如下关键需求。

- 不同分支有独立的租户管理员，需要分权、分域管理。
- 基于安全考虑，分支的IP地址须由总部集中分配，且不允许NAT操作。
- 分支存在访问总部数据中心业务的诉求，同时考虑到总部与分支间的带宽限制，只有访问总部数据中心的流量需要通过隧道转发到总部，分支内访问本地网络资源和互联网的流量可以通过分支本地出口实现。

基于上述需求，可以使用云管理 AP+Tunnel AC 方案。该方案利用云管理的能力，实现多分支的分权、分域管理；同时增加 Tunnel AC 作为总部的数据访问锚点，分支到总部的数据需要通过 AP 和 Tunnel AC 的加密隧道安全传输，其他流量通过本地出口传输。该方案兼顾了企业多分支场景下管理面的分权、分域和数据面的总部集中安全访问的业务需求。

7.3.3　中小企业和小微分支的组网方案

中小企业的雇员规模一般为几十人到数百人，更小的微型企业仅有几人到十几人，如采用公寓式办公楼（Small Office / Home Office，SOHO）模式的企业团队。小微分支的雇员也很少，一般在几人到几十人，是企业分布在各地的分支机构，如连锁的超市、酒店、中介、办事处等场所。这类场所的特点是人数少，场

地面积有限，部署无线网络需要的 AP 数量一般不超过 50 台。如果采用 WAC +
FIT AP 架构，由于 AP 数量太少，无法分摊 WAC 的成本，总成本会偏高。这种
场景下，采用免 WAC 的云管理架构或者 Leader AP 架构是最佳选择。

1. 小微分支组网

对于连锁超市、酒店等小微分支，其分支数量多、地域分布分散，使用传统
的网络架构存在部署成本高、后期运维困难等问题，采用云管理架构可以解决这
些问题。云管理架构可以在任意地点通过云管理平台实现对 AP 的管理和维护，
降低了网络运维成本，如图 7-26 所示。

2. 中小企业组网

对于独立的中小企业，没有多分支集中管理的要求，同时为了节省网络部署
成本，独立管理自己的网络，可以采用 Leader AP 架构，通过 Leader AP 在本地集
中管理 FIT AP，统一部署无线业务和维护无线网络，如图 7-27 所示。

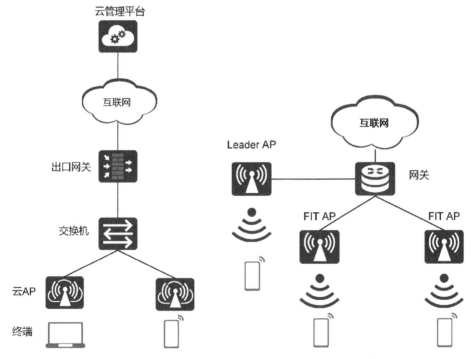

图 7-26　采用云管理架构的小微分支组网　　　图 7-27　采用 Leader AP 架构的中小企业组网

第8章
企业 WLAN 网规设计

对于规模较大的企业WLAN，无线网络规划设计（简称网规设计）是决定无线网络质量的关键因素之一。良好的网规设计可以同时满足信号覆盖广、避免冲突和网络容量大等需求，本章从实际建网流程出发，介绍企业WLAN网规设计的方法。

| 8.1　网规设计理念 |

如果没有进行专业的网规设计，在 WLAN 项目交付后可能会问题频发，常见问题如下。

（1）AP 信号弱

由于在规划 AP 位置时没有考虑实际环境，导致信号覆盖出现盲区。例如，在大办公室中要求单个 AP 的覆盖半径超过 20 m，导致在边缘区域终端检测到的下行信号强度低于 -75 dBm，终端无法接入网络或用户上网体验很差。

（2）终端上网速率慢

WLAN 采用的是 CSMA/CA 机制，并发用户数量越多，信道竞争越激烈，相互冲突的概率也会迅速增大。例如，在礼堂中，座位分布密集，如果选用一般的双射频 AP，每个频段上会承载过多的用户，导致用户报文冲突概率变大，终端上网速率慢，这时需要使用三射频 AP 或高密小角度定向天线 AP 来增加网络容量。

（3）同频干扰严重

同频干扰是指两个 AP 工作频率相同时互相干扰，导致无线网络质量变得很差，网速非常慢，甚至不可用。因此，同频 AP 间隔得越远越好。

（4）VIP 区域体验不够好

VIP 区域是 WLAN 覆盖的重点区域，VIP 客户的业务和体验需要重点保障，在设计方案时要单独予以考虑。

以上问题都可以通过专业的网规设计来避免。在进行网规设计之前，首先要知道什么样的无线网络是用户体验好的网络，如何通过一些量化的指标来度量和评估这个网络。华为公司提出了 WLAN 精品网络的概念，并制定了相应的建网标准，牵引后续网规设计的各个环节，如图 8-1 所示。WLAN 精品网络的核心理念是"用户随时随地 X Mbit/s"。

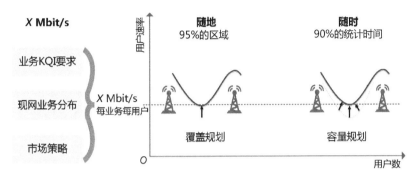

注：KQI 即 Key Quality Indicator，关键质量指标。

图 8-1　华为 WLAN 精品网络

（1）X Mbit/s

网络规划要有前瞻性，以满足未来 3 ～ 5 年的业务需求为设计目标。在企业办公场景中，随着 Wi-Fi 7 标准的普及，VR/AR、4K/8K 高清视频和全无线云桌面等企业应用会快速普及，这些应用要求的网络带宽是现在的数倍。要让用户得到良好的体验，网络的速率就要足够快，所以体验速率和续航速率是 X Mbit/s 的核心要素。

体验速率：即在信号覆盖良好的区域，网络负载正常情况下用户感知的速率。这个速率和用户使用测速软件测得的速率基本一致。在重点保障信号覆盖的区域，用户可以获得更高的体验速率，是否规划 VIP 区域由客户的实际建网需求决定。

续航速率：即在信号连续覆盖区域的所有位置（现网中达到 95% 的区域），网络忙时的最低速率。这个速率决定了网络最基本的保障能力。

除了以上两个指标，时延、覆盖等也是需要考虑的无线网络关键绩效指标（Key Performance Indicator，KPI），各项 KPI 的推荐值如表 8-1 所示。

表 8-1　WLAN 的 KPI 推荐值

KPI	推荐值
用户体验速率	>100 Mbit/s
VIP 区域体验速率	> 300 Mbit/s
用户续航速率	>16 Mbit/s
下行平均时延	高优先级应用 <10 ms 低优先级应用 <20 ms
一般覆盖区占比（上行 RSSI < − 65 dBm）	<5%

（2）随时

在网络覆盖的所有区域，当网络负载小于 80% 时进行统计，在 90% 的统计时间内，用户的上网速率不低于 16 Mbit/s。这个 16 Mbit/s 即续航速率，也就是说用户在建筑物的遮挡区域或者网络的边缘，也可以获得这个速率。

在网络覆盖的中心区域，当网络负载小于 50% 时进行统计，在 90% 的统计时间内，用户的上网速率不低于 100 Mbit/s，这个 100 Mbit/s 即用户在良好覆盖区获得的体验速率。

在网络覆盖的 VIP 区域，当网络负载小于 50% 时进行统计，在 90% 的统计时间内，用户体验速率不低于 300 Mbit/s，为了达到这个体验速率，需要对 VIP 区域进行更为细致的网规设计。

（3）随地

网络规划满足连续覆盖的要求，95% 的区域信号覆盖强度满足体验速率（100 Mbit/s）和续航速率（16 Mbit/s）的要求。

下面将围绕如何建设这样一个精品无线网络来介绍网规设计的方法。

| 8.2　网络规划流程 |

WLAN 网络规划基本流程如图 8-2 所示，具体说明如下。

图 8-2　网络规划基本流程

① 向客户收集项目的需求，包括基本信息。

② 进行现场工勘，收集干扰源、障碍物等信息用于网规设计。

③ 网规设计。根据工勘结果和用户的需求，明确 WLAN 覆盖方式（室内覆盖/室外覆盖/高密覆盖/回传），然后从网络覆盖、网络容量和 AP 布放 3 个方面进行网络规划方案的设计。通常可以借助专业的软件工具来完成网络规划方案的设计工作，并模拟网络覆盖效果，例如华为的 WLAN Planner 云网规软件。打开软件，导入实际图纸后，添加障碍物信息，软件会自动布放 AP，通过 3D 仿真模拟真实的空间，还可以根据用户设定的行走路线，模拟路线上各点位的覆盖效果，用户可以直观地看出是否达到该区域的覆盖要求，如图 8-3 所示。

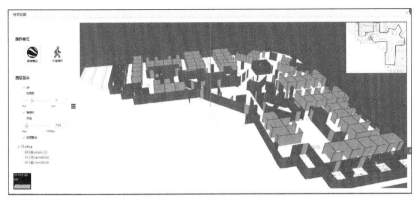

图 8-3　云网规软件 3D 仿真

④ 根据网规设计方案进行安装施工。

⑤ 施工结束后，还需要进行验收测试。测试内容包括是否达到网络覆盖、业务使用等方面的要求。可使用网络测试工具进行验收测试。例如，使用 CloudCampus App，可以测试各个区域的覆盖效果及常用业务是否能够正常使用。

⑥ 验收通过后，整个网络规划流程结束。

| 8.3　需求收集与现场工勘 |

8.3.1　需求收集

WLAN 网络规划的第一步是需求收集。首先与客户沟通、澄清需求，明确建网目标，需要收集的具体信息可参考表 8-2。

表 8-2　WLAN 网络规划需求

需求	说明
法规限制	确认 EIRP 限制和可用信道。例如，中国国家码下，支持 2.4 GHz 频段的信道 1 ~ 13（EIRP 27）、5 GHz 频段的信道 36 ~ 64（EIRP 23）、信道 149 ~ 165（EIRP 27）
图纸信息	确认包含比例尺信息的图纸的完整性，建筑 CAD 图纸一般可以从客户的基建管理办公室获得
覆盖区域	确认客户要求的重点覆盖区域（如办公区、会议室等）和普通覆盖区域（如楼梯、卫生间等）

需求	说明
信号强度	确认客户对覆盖区域内信号强度的要求，例如，重点区域 -65 dBm ～ -40 dBm，普通区域不低于 -75 dBm
接入人数	确认在当前覆盖区域中的接入人数和接入终端总数。在无线办公场景下，一般按照每人一部手机和一部笔记本考虑，则接入终端总数 = 接入人数 ×2
终端类型	确认现网终端类型和数量，普通终端如手机、Pad、笔记本计算机，特殊终端如扫码枪、收银机等。各终端 MIMO 类型的占比，用于估算所需 AP 的性能（可选，基于客户技术能力）
带宽	确认客户规划的主要业务类型和每个用户对带宽的需求
覆盖方式	确认客户是否明确要求采用室内放装式、室内面板或室外覆盖
配电方式	确认客户对供电方式是否有明确要求，现场有哪些供电区域和设施，是否可以使用
交换机位置	确认 WLAN 上行有线侧交换机的位置

8.3.2　现场工勘

WLAN 网络规划的基础是现场工勘。通过现场工勘，可获取终端类型、楼层高度、建筑材质及信号衰减、干扰源、新增障碍物和弱电井位置等信息，由此可以确定 AP 选型、AP 安装方式、AP 位置和供电走线等设计。通常可以借助工具辅助完成现场工勘，常用工具如表 8-3 和图 8-4 所示。

1. 工具准备

表 8-3　现场工勘常用工具

类型	名称	说明
软件	Android Pad 工勘工具	·支持标注障碍物位置和类型，测试信号衰减并记录。 ·支持标注干扰源位置和类型，探测 AP 干扰源并记录其信道和发射功率。 ·支持添加标注信息，如在图纸上添加照片、文字等标注。 ·支持修改比例尺、楼层属性。 ·支持与 WLAN Planner 互相导入工程数据
	CloudCampus App	CloudCampus App 是一款非常便捷的 Wi-Fi 信号检测工具，能帮助用户检测网络速度和安全性，具备找 AP、查终端、看干扰等多个功能。其中 CloudCampus App 的工勘模块能够支持多种记录方式，如记录文字信息、语音信息、图片信息等
	inSSIDer	inSSIDer 是一款第三方无线网络信号扫描工具。用户可以通过 inSSIDer 快速地找到用户周围的热点，收集 MAC 地址、网络名称、加密方式、无线传输速率等信息

续表

类型	名称	说明
软件	WLAN Planner	WLAN Planner 是由华为公司推出的一款专业的无线网络规划辅助工具，主要用于勘测现场环境、规划 AP 布放位置、仿真网络信号和输出报告等，可以帮助用户轻松完成无线网络的规划和 AP 的布放，大大提高工作效率
	高德地图 /Google Earth	（室外场景）用于标记 AP 经纬度、查看障碍物、确认项目环境等
硬件	室内测距仪	（室内场景）用来测量 AP 布放高度、AP 和障碍物之间的距离、场馆的长宽高等
	相机	记录站点环境情况，如 AP 安装环境下障碍物的信息等。室内场景可以使用 Pad 工勘工具完成，室外场景建议携带相机
	测试 AP（含配套电源及落地支架）	配合 Pad 工勘工具进行室内场景障碍物的信号衰减测试。请注意携带测试 AP（FAT 模式）时，需要同时携带电源（用于给测试 AP 供电）和落地支架（要求支架可升至 2 m，用于模拟 AP 吸顶安装场景）
其他	建筑图纸	项目相关图纸，需提前打印，方便现场工勘使用

| 相机 | 室内测距仪 | 测试AP | 电源 | 落地支架 |

图 8-4　现场工勘常用工具

2. 工勘采集项

在较为复杂的场景中，工勘周期可能较长，为了防止遗漏部分细节，应按照工勘信息采集表去执行工勘，最好在图纸对应点位上详细记录工勘信息。

下面以企业办公场景为例，介绍室内场景需要采集的工勘信息，具体内容如表 8–4 所示。

表 8-4　工勘采集信息

工勘采集信息	信息记录（示例）	备注
楼层的层高	普通室内楼层高度为 3 m	获取镂空区域、大厅或者报告厅等区域的层高信息至关重要。可借助室内测距仪测量
建筑材质及信号衰减	240 mm 砖墙（2.4 GHz 信号衰减值为 15 dB，5 GHz 信号衰减值为 25 dB），12 mm 有色玻璃（2.4 GHz 信号衰减值为 8 dB，5 GHz 信号衰减值为 10 dB）	获取现场建筑材质的厚度及信号衰减，如有条件，可现场测试衰减。如无法测试，可通过查询表 8-6 获取衰减值

续表

工勘采集信息	信息记录（示例）	备注
干扰源	检测到有其他 Wi-Fi 干扰，已在图纸上额外标注干扰源信息	检测现场是否有干扰，包括手机热点、其他厂商的 Wi-Fi 设备、非 Wi-Fi 干扰（如蓝牙、微波炉等）。可借助工具（CloudCampus App）记录干扰源信息
新增障碍物	现场有新增隔断，已在图纸上额外标注	确认现场是否与建筑图纸完全一致，对不一致的区域需重点标注，尽量拍摄照片记录
现场照片	拍照记录全景照片	尽量全面地拍摄现场的照片，用于记录环境、传递勘测信息
AP 选型	室内放装式 AP	根据场景选用室内放装式 AP、室内面板 AP、室外 AP 或者高密 AP
安装方式和位置	吸顶安装在天花板下，壁挂安装在墙上	确定是否能吸顶安装。若无法吸顶安装，考虑壁挂安装或面板安装
弱电井位置	已在图纸上标注弱电井位置	在图纸上标注弱电井位置，用于放置交换机
供电走线	已在图纸上绘制供电走线	在图纸上标注 PoE 的供电走线。建议 PoE 网线长度不超过 80 m
特殊要求	漫游丢包率小于 1%，时延小于 20 ms	用户特殊需求，如漫游的丢包率、时延等
其他	无	其他

在无线网络环境中，由于障碍物对无线信号有着较强的屏蔽作用，从而影响用户的最终体验，因此在现场工勘过程中，需要特别关注并掌握对障碍物造成未知的信号衰减的具体测试方法。下面将结合工具来介绍测试信号衰减的方法。

📖说明

对于空间结构类似的区域，可只选择一处典型区域进行测试。

3. 测试障碍物的信号衰减

步骤①：选定待测障碍物。选择的目标通常是室内典型的障碍物，或者材质不确定的障碍物（如天花板、有装饰的墙体）。

步骤②：放置并开启测试 AP（FAT 模式）。要求测试 AP 放置的位置和待测障碍物之间无任何遮挡，距离待测障碍物 4～5 m。测试 AP 尽量不要紧贴待测障碍物，因为靠近信号源的地方信号强度波动较大，会影响测试的准确性。

步骤③：用信号扫描工具（手机安装 CloudCampus App 或笔记本计算机安装 inSSIDer 软件），在障碍物两侧分别测试信号强度，两者相减即得到信号衰减值。建议多测量几组数据以减小误差。

如图 8-5 所示,配置好测试 AP 的 2.4 GHz 和 5 GHz 射频参数后,在测试点 1 测得 2.4 GHz 和 5 GHz 信号强度均为 –50 dBm,在测试点 2 测得 2.4 GHz 信号强度为 –60 dBm,5 GHz 信号强度为 –65 dBm,则可以计算出障碍物的 2.4 GHz 信号衰减值为 10 dB,5 GHz 信号衰减值为 15 dB。

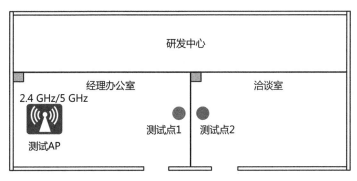

图 8-5 障碍物衰减测试

步骤④:将测试得到的信号衰减值录入网络规划工具(例如 WLAN Planner)中,如图 8-6 所示。

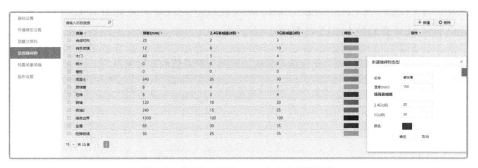

图 8-6 在 WLAN Planner 中自定义障碍物

|8.4 网络覆盖设计|

为了提升用户的使用体验,在做网络规划时需要考虑对无线网络覆盖区域信号强度的要求。表 8-5 列出了覆盖区域与信号强度的对应关系。

表 8-5 覆盖区域与信号强度的对应关系

覆盖区域	信号强度要求	一般项目中的典型区域
重点覆盖区域	-40 dBm ～ -65 dBm	宿舍、图书室、教室、酒店房间、大堂、会议室、办公室、展厅等
一般覆盖区域	>-75 dBm	过道、厨房、储物室、更衣间等
特殊覆盖区域	根据实际情况确认	客户基于业务安全或物业等其他原因限定的覆盖 / 安装区域或不允许覆盖 / 安装的区域

精品网络对一般覆盖区域的信号强度有更高的要求，需大于 -65 dBm。推荐使用带有智能天线的 AP，通过智能天线的波束成形，既可以保证覆盖区域的信号强度满足要求，又可以尽量避免 AP 间的同频干扰。

在空旷无遮挡的环境下，单 AP 覆盖半径可达 15 m，一旦存在障碍物，则覆盖半径需根据障碍物的信号衰减相应缩短。此时可根据如下的信号强度计算公式得出实际信号强度。

信号强度 =AP 发射功率 + 天线增益 - 传输距离衰减值 - 障碍物信号衰减值

当不考虑干扰、障碍物等因素，信号传输距离在 15 m 时，5 GHz 的信号强度为：

AP 发射功率（20 dBm）+ 天线增益（4 dBi）- 传输距离衰减值（88.3 dB）- 障碍物信号衰减值（0 dB）= -64.3 dBm

其中，室内场景中无线信号的传输距离与衰减值的映射关系如表 8-6 所示，常见障碍物的信号衰减值如表 8-7 所示。

表 8-6 无线信号的传输距离与衰减值的映射关系

距离 /m	2.4 GHz 信号衰减值 /dB	5 GHz 信号衰减值 /dB
1	46	53
2	53.5	62
5	63.5	74
10	71	83
15	75.4	88.3
20	78.5	92
40	86	101
80	93.6	110.1

表 8-7 常见障碍物的信号衰减值

典型障碍物（材质）	厚度 /mm	2.4 GHz 信号衰减值 /dB	5 GHz 信号衰减值 /dB
合成材料	20	2	3
石棉	8	3	4
木门	40	3	4
玻璃窗	8	4	7

续表

典型障碍物（材质）	厚度 /mm	2.4 GHz 信号衰减值 /dB	5 GHz 信号衰减值 /dB
有色玻璃	12	8	10
砖墙	120	10	20
砖墙	240	15	25
防弹玻璃	30	25	35
混凝土	240	25	30
金属	80	30	35

表 8-7 中的数据已预置在 WLAN Planner 中，可辅助用户进行 AP 规划和热图仿真。当然，用户也可根据前述测试障碍物信号衰减的方法来对未知的障碍物信号衰减进行测试，并录入网络规划工具中。

| 8.5　网络容量设计 |

对无线网络容量的设计大多基于实际业务需求，主要从 AP 性能、带宽需求（续航速率）、用户数和无线环境等方面出发，估算出满足业务带宽所需的 AP 数量。对于园区办公、教育等场景，承载在无线网络上的业务会越来越丰富，业务的带宽需求也在逐年增加，需要以满足未来 3 ~ 5 年的业务需求为目标来建设网络。对于酒店、商超、室外覆盖等场景，可以按照实际业务需求来设计，兼顾业务需求和成本的考虑。

表 8-8 是 AP 工作在 802.11ax 标准 HT40 模式时，不同单用户带宽需求下，单 AP 建议接入的并发用户数典型值。

表 8-8　802.11ax 标准 HT40 模式下不同单用户带宽对应的 AP 并发用户数典型值

单用户带宽 /（Mbit · s⁻¹）	2×2 MIMO（终端性能）		
	5 GHz 射频并发用户数	2.4 GHz 射频并发用户数	双射频并发用户数
30	7	3	10
16	13	5	18
6	26	13	39
4	36	17	53
2	51	30	81

注：表8-8的数据的测试终端必须支持802.11ax标准。

表 8-9 是 AP 工作在 802.11be 标准 HT40 模式时，不同单用户带宽需求下，单 AP 建议接入的并发用户数典型值。

表 8-9　802.11be 标准 HT40 模式下不同单用户带宽对应的 AP 并发用户数典型值

单用户带宽 / (Mbit·s⁻¹)	2×2 MIMO（终端性能）		
	5 GHz 射频并发用户数	2.4 GHz 射频并发用户数	双射频并发用户数
30	9	4	13
16	15	7	22
6	32	16	48
4	42	22	64
2	56	36	92

注：表8-9的数据的测试终端必须支持802.11be标准。

1. 典型场景下WLAN终端并发率

不同场景下，用户使用 WLAN 的情况也不一样，表 8-10 是根据经验归纳总结的常见场景下的 WLAN 终端并发率参考值。例如，在纯无线办公场景下，每个用户使用 1 台笔记本计算机和 1 部手机，在没有明确业务的情况下，可认为终端并发率为 40%。

表 8-10　WLAN 终端并发率参考值

场景	场景描述	WLAN 用户并发上网程度	并发率参考值
办公室	已有有线宽带接入，手机为主	一般	25% ～ 40%
办公室	没有有线宽带接入，每人一部笔记本计算机和手机	高	>40%
校园多媒体教室	终端以 Pad 为主	高	100%
校园宿舍	少量有线宽带接入，终端普及率为 100%	高	>50%
展厅	有线接口少，以手机为主，有少量笔记本计算机和 Pad	一般	25% ～ 40%
酒店	已有有线宽带接入，以笔记本计算机为主，有少量手机	一般	25% ～ 40%
室外街道 / 休闲场所	终端以手机 /Pad 为主	低	20% ～ 30%
体育场馆	终端以手机 /Pad 为主	低	20% ～ 30%
交通枢纽	终端以手机 /Pad 为主，有少量笔记本计算机	低	10% ～ 20%

场景	场景描述	WLAN 用户并发上网程度	并发率参考值
园区	终端以手机 /Pad 为主，有少量笔记本计算机	低	20% ～ 30%

注：不同场景的业务类型多种多样，在进行网络容量设计时应充分考虑业务类型、终端并发率、在线用户活跃程度，通过充分的调研确定可信的用户并发率。

2. 单用户带宽需求估算

用户需要多少带宽取决于用户使用的业务类型。不同类型业务的典型带宽需求如表 8-11 所示。

表 8-11　不同类型业务的典型带宽需求

业务类型	典型带宽 / (kbit · s^{-1})
网页浏览	4000
视频（480P）	3200
视频（720P）	6400
视频（1080P）	12 000
视频（4K）	22 500
VoIP（音频）	128
VoIP（视频）	6400
邮件	16 000
文件传输	16 000
社交网站	1200
即时通信	256
手机游戏	1000
VR 视频	40 000

注：VoIP即 Voice over Internet Protocol，基于IP的语音传输。目前，VoIP也可以传送除语音外的传真、视频和数据业务。表中数据由华为公司 iLab实验室提供，是在WLAN体验良好的前提下的各业务对应的带宽。

　　一般来说，用户不可能只使用一种业务，常常要用到多种业务。因此，如果要精确计算用户需要多少带宽，还需要知道在一段时间内每种业务的使用占比，然后把每种业务所需带宽与其占比相乘，再将所得结果相加，这样就得到了所需的带宽。但这个过程过于复杂，因此，在带宽不是特别受限的情况下，一般选取常用业务中所需带宽最大的业务，将其对应的带宽值作为单用户的带宽需求。例如，在办公场景中，可以将邮件 / 文件传输所需的 16 000 kbit/s 作为用户所需带宽。

鉴于大带宽（如公司大会的网络直播等）业务需求的快速增长，一般建议进行带宽规划时应留有一定的余量，并考虑未来几年的业务演进情况。

3. AP数量估算

AP 数量的估算包含两个维度，一个是满足信号覆盖需求而计算得到的 AP 数量，另一个是满足容量需求计算得到的 AP 数量。

- 满足信号覆盖需求：可根据8.3节的相关内容先计算满足不同边缘信号强度要求的AP间距，然后根据空间大小算出所需的AP数量。
- 满足容量需求：根据如下公式计算，单AP性能是单用户带宽对应的AP并发用户数。先根据实际的业务场景，使用表8-11中的数据估算单用户带宽需求，再根据单用户带宽，使用表8-8或表8-9中的数据查找带宽对应的AP并发用户数，代入公式计算。

$$所需 AP 数量 = \frac{接入终端数 \times 并发率}{单 AP 性能}$$

根据信号覆盖和容量需求分别计算出所需 AP 数量后，选择数值较大者作为方案预估的 AP 数量。根据以往的项目经验，企业 WLAN 的大多数场景都是容量受限场景，因此可简单地从满足容量需求的维度来估算整个方案所需的 AP 数量。对于用户数少、带宽小的场景，如工厂的生产线，要从满足信号覆盖需求的维度来估算 AP 数量。

| 8.6　AP 布放设计 |

1. AP布放场景

AP 布放场景主要分为室内和室外两种，两种场景的布放规则需要根据实际情况进行设计，但在大部分室内网络规划场景中，布放设计的基本原则是相同的。

- 减少信号穿过障碍物的次数：保证信号穿过墙壁、天花板等障碍物的次数最少；尽量使信号能够垂直穿过墙壁、天花板等障碍物。
- 保证AP正面正对目标覆盖区域：如果大厅里只布放一个AP，尽量布放在中央位置；如果布放两个AP，则可以放在两个对角上；AP布放方向可调，应确保AP正面正对目标覆盖区域，保证良好的覆盖效果。
- 远离干扰源：AP布放位置需远离电子设备，避免覆盖区域内存在微波炉、无线摄像头、无线电话等电子设备。

典型的 AP 布放场景和设计方案如下。

（1）普通室内场景

此类场景包含教室、会议室和办公室等，其特点是房间建筑结构简单、障碍物少，一般使用全向天线放装式 AP，布放规则较为简单。

根据房间大小，一般分为 3 类情况安装 AP，如图 8-7 所示。

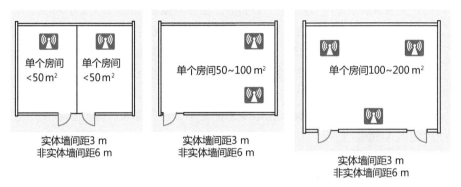

图 8-7　普通室内场景 AP 布放方案

- 单个房间面积小于 50 m² 时，安装 1 个 AP 即可。
- 单个房间面积为 50～100 m² 时，安装 2 个 AP。
- 房间面积大于 100 m² 时，根据实际情况计算 AP 数量，并采用等边三角形布局方式进行布放。

（2）房间密集型场景

此类场景包含酒店客房、宿舍和病房等，其特点是房间面积小、密度大，一般采取面板 AP，如图 8-8 所示，每个房间布放一个面板 AP。

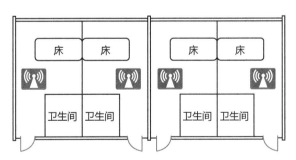

图 8-8　房间密集型场景 AP 布放方案

（3）高密场景

此类场景包含体育馆、大型会议室和售票大厅等，其特点是区域面积大、人员密集。

根据 AP 安装高度的不同，有以下 4 种布放规则。

- AP安装高度为4~6 m时，使用三射频全向天线放装式AP进行覆盖，AP间距10~15 m布放。
- AP安装高度为6（不含）~10 m时，使用小角度内置定向天线AP（例如30°×30°）进行覆盖，根据用户容量规划，AP间距10~14 m布放。
- AP安装高度在10（不含）~25 m时，使用外置天线AP加外置小角度定向天线（例如15°×15°）进行覆盖，根据用户容量规划，AP间距8~16 m布放。
- AP安装高度大于25 m时，使用外置天线AP加外置小角度定向天线进行覆盖，根据天线选型与用户容量，计算合适的AP间距。

（4）室内公共区域场景

此类场景包含走廊等，此类区域要求满足信号覆盖即可，因此推荐使用全向天线放装式 AP 吸顶安装。如图 8-9 所示，推荐 AP 按照 20 m 等间距直线型覆盖。

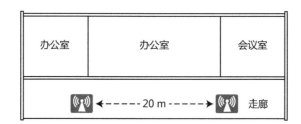

图 8-9 室内公共区域场景 AP 布放方案

（5）室外场景

此类场景包含公园、广场和街道等，其特点是视野开阔、障碍物较少，根据实际场景分为以下 3 种。

- 公园，如图8-10的左图所示，使用全向天线进行覆盖，AP间距为50~60 m。
- 广场，如图8-10的右图所示，使用大角度定向天线进行覆盖，AP以壁挂式安装在建筑物外墙上，高度为4~6 m，AP间距为30~40 m。

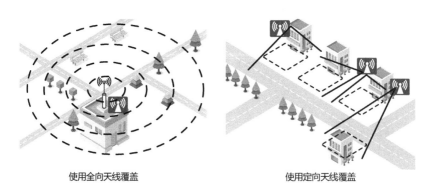

图 8-10 公园和广场场景 AP 布放方案

・道路，如图8-11所示，使用定向天线进行覆盖，AP间距为120～150 m。

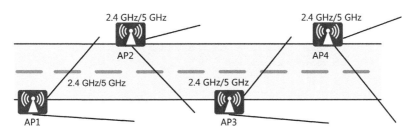

图 8-11　道路场景 AP 布放方案

除了上面介绍的 AP 布放设计原则，在安装过程中，对安装方式也有相应的要求，具体如下。

・兼顾美观性：对于美观性要求低的普通室内场景，AP可直接外露安装；而对于高端办公区域，考虑到美观性，可安装在非金属吊顶内部或者增加美化罩。

・设置合适的漫游重叠区域：对于有漫游需求的区域，相邻AP的覆盖范围保持10%～15%的重叠，以保证终端在AP间平滑切换。

・避免障碍物遮挡：AP位置离立柱较近时，射频信号被阻挡后，会在立柱后方形成比较大的射频阴影，在布放AP时，要充分考虑柱子对信号的影响，避免出现覆盖盲区或弱覆盖区。金属物品对无线信号的反射作用较大，AP或天线应避免安放在金属天花板等金属物品后面。

2.　信道规划

为了减少 AP 之间的干扰，对于覆盖区域房间比较密集的场景，还需要注意信道的规划，如图 8-12 所示，遵循的原则是使同信道 AP 间距最远。

WLAN Planner 可以自动规划 AP 的信道，有效提升了网络规划人员的工作效率。WAC 也具备自动射频调优功能，根据检测到的干扰和邻居 AP 信息来统一设置 AP 的信道与功率，极大简化了运维人员的配置操作。

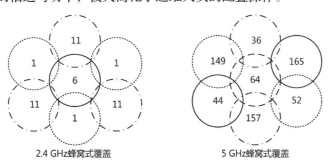

图 8-12　典型信道规划

对于多层楼宇场景，需要减少跨楼层干扰，避免信道冲突，统一信道规划，如图 8-13 所示。

楼层	不同楼层信道规划		
七楼	1	6	11
六楼	11	1	6
五楼	6	11	1
四楼	1	6	11
三楼	11	1	6
二楼	6	11	1
一楼	1	6	11

图 8-13　多层楼宇信道规划

| 8.7　供电和走线设计 |

8.7.1　供电方式

AP 的供电有两种方式：PoE 供电和适配器直流（Direct Current，DC）供电。

1. PoE供电

在绝大多数应用场景中，如企业办公、教室、宿舍和场馆等，推荐使用 PoE 供电。PoE，通俗地讲，就是一根网线搞定以太网数据传输和供电。选择 PoE 供电，施工便捷，有效解决了取电困难的问题，供电稳定、安全。

PoE 供电的电源一般来自 PoE 交换机，如图 8-14 所示，该设备现已大量普及。PoE 交换机一般部署在中心机房或中间节点机柜中，不同规格型号支持 8 口 / 16 口 /24 口 /32 口 /64 口的端口能力，满足挂接不同数量 AP 的需求。

受限于网线的损耗，IEEE 802.3 标准族采纳了 ANSI/TIA/EIA-568-B 对网

图 8-14　PoE 交换机

线的规格要求，该标准族定义了 CAT5e/6/6A 等线缆类别，以满足 100 m 传输距离下不同的传输带宽和使用的金属导线直径要求，如表 8–12 所示。

表 8-12　网线类型与参数

网线类型	传输带宽	以太网传输速率	金属导线直径
CAT5e	100 MHz	100 Mbit/s、1 Gbit/s、2.5 Gbit/s	22AWG ～ 24AWG
CAT6	250 MHz	5 Gbit/s	22AWG ～ 24AWG
CAT6A	500 MHz	10 Gbit/s	22AWG ～ 24AWG

📖 说明

IEEE 802.3bz 标准中明确要求网线间外来串扰的 ALSNR（Alien Link Signal–to–Noise Ratio，外来链路信噪比）参数大于 0，因此在 5 Gbit/s 或 10 Gbit/s 速率下，用户需要使用相应规格的屏蔽网线，否则可能导致持续丢包等严重问题。

美国线规（American Wire Gauge，AWG）是美国电子工业协会定义的关于线缆金属导体直径的代号，网线的导体直径一般采用该标记。数字越小，表示导体直径越大。

IEEE 802.3af/at/bt 标准是关于 PoE 供电的标准，参照 ISO/IEC 11801 标准规定了网线在 100 m 长度下的直流电阻，如表 8–13 所示。上述 ANSI/TIA/EIA–568–B 定义的 CAT5e/6/6A 等线缆也满足该标准的要求。网线作为供电媒介，直流电阻会产生电压压降，消耗供电源端的功率。因此在选择网线时，直流电阻越小的线缆对系统的能耗损耗越小。

表 8-13　PoE 供电标准对网线直流电阻的要求和输出功率

标准	100 m 网线的直流电阻 /Ω	输出功率 / W
802.3af	20	≤ 15.4
802.3at	12.5	≤ 30
802.3bt	12.5	≤ 90

在选择 PoE 交换机时，需要考虑 PoE 接口的传输速率和供电标准是否和 AP 匹配。例如，网络中使用支持 Wi-Fi 6 标准的 AP，其最大传输速率是 6 Gbit/s，最大功耗是 30 W，则 PoE 交换机的 PoE 接口应支持 10 Gbit/s 的传输速率才能充分发挥 AP 的性能，供电标准应支持 802.3at 标准或 802.3bt 标准，才能保证对 AP 的供电。

在施工时，网线布线所花费的时间占整网工程量的 50% ～ 60%，并且涉及线缆穿墙、穿管和埋线等对建筑物本身有影响的工程活动，所以为了保证未来的网络升级需求，一般选用较高规格的网线。而且，由于现实环境的信号串扰和网线扭曲等原因，甚至可能出现跳线连接的情况，建议控制单段网线的最大长度不超过 80 m。

在实际组网中，室外 AP 应用场景及个别 PoE 交换机无法供电的室内场景可选择 PoE 电源模块对 AP 进行供电，PoE 电源模块如图 8-15 所示。需要注意的是，PoE 电源模块本身不作为网络节点，只起到网络中继的作用，两端的网线总长度不能超过网络节点的要求。

在室外应用场景中，AP 的供电和数据接入一般分开进行。供电通过 PoE 供电模块就近接入电网（交流电），但因为网线长度的限制，很难在 AP 周围满足数据接入的需求，此时一般采用光纤传输数据。光纤传输可以简单、有效地增加网络节点之间的传输距离。例如，使用多模光模块配合多模光纤，传输距离可以达到 550 m；不同功率等级的单模光模块配合单模光纤，传输距离可以达到 2 km、10 km 甚至 80 km。

2. 适配器DC供电

在室内个别点位不具备 PoE 供电条件的场景下，可采用 DC 供电。选用合适的电源适配器，直接给 AP 供电即可。此时 AP 上行网络仍然需要使用网线作为媒介。DC 供电如图 8-16 所示。

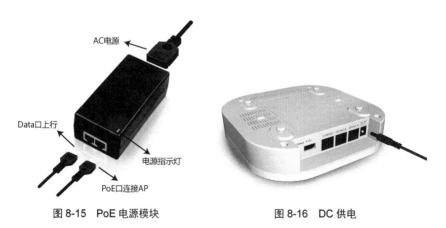

AC电源

Data口上行

电源指示灯

PoE口连接AP

图 8-15　PoE 电源模块　　　　图 8-16　DC 供电

8.7.2　走线设计

在具体的施工过程中，首先根据前期网络规划，选取合适的 AP 安装点位；然后根据上述原则，确定上行网络节点；最后部署网线。部署网线的时候有以下几点注意事项。

- 网线长度需要预留5 m左右，以备后期AP因干扰或信号覆盖不佳所需的安装点位微调。
- 网线需要远离强电、强磁干扰源。
- 提前与客户确认网线部署方案，避免因物业、美观性等其他原因导致客户不同意施工。

第9章
企业 WLAN 场景化设计

前一章介绍了WLAN通用的网规设计方法，本章对典型场景进行场景分析和网规设计，以帮助读者更深入地了解并掌握WLAN不同场景的业务特点、特性选用和网规设计方法，并将其应用到实际的项目中。

| 9.1 企业办公 |

企业办公场景是指企业的办公区域，包括会议室与经理室等，是企业 WLAN 最主要的应用场景之一。通常该场景的用户密度较高，对网络容量需求高，对网络质量敏感。

1. 业务特点

（1）空间特征

企业办公场景如图 9-1 所示，主要有以下关键特征。

图 9-1 企业办公场景

- 空间：高度一般不超过4 m，面积差异较大，从几平方米到上千平方米不等。
- 遮挡：办公室里的遮挡比较普遍，包括工位隔间及较大面积办公室的支撑柱等，这些都会对信号形成一定的阻挡。
- 干扰：独立的办公区中，外来干扰一般较少，但如果多家公司合租同一楼层办公，各家公司的WLAN间会存在比较严重的干扰。

（2）业务特征

企业办公场景下，主要的终端类型是笔记本计算机（含无线网卡）和一些通过无线网络连接的办公设备（打印机、电子白板等）。主要应用分为如下几类。

- 办公类个人业务：办公软件、即时通信软件、E-mail、文件传输、桌面共享和桌面云等，员工主要在笔记本计算机、办公PC和Pad上使用这些应用，一般访问企业的内部网络。
- 非办公类个人业务：视频、游戏和社交软件等，员工主要在个人的手机设备上使用这些应用，一般访问互联网。
- 企业物联网业务：资产管理、能效控制（空调、照明灯）等。

2. 网络设计最佳实践

基于企业办公场景的业务特点，网络设计最佳实践如下，涉及特性如表 9-1 所示。

表 9-1　企业办公场景下的特性列表

类别	特性名称	特性说明
精品无线网络	AP 性能	AP 支持 Wi-Fi 6 或 Wi-Fi 7 标准，支持 2.4 GHz 4×4 MIMO 和 5 GHz 8×8 MIMO 共 12 个空间流，5 GHz 射频的 8 个空间流可以充分利用 AP 的强劲性能
	MU-MIMO	由于终端的空间流数（1 或 2 个）小于 AP 的空间流数，单个终端无法利用 AP 的全部性能，必须通过 MU-MIMO 技术使多个终端同时与 AP 进行数据传输。MU-MIMO 增强特性开启后，容量至少可提升 1 倍
	负载均衡	企业办公场景属于典型的室内高密场景，在有大量终端接入的情况下，需要在 AP 之间以及同一个 AP 内的 2.4 GHz/5 GHz 射频间进行负载均衡
	智能天线	华为智能天线技术可以使 AP 的覆盖范围扩大 15% 左右，并且通过波束成形降低对其他 AP 和终端的干扰
	AI 漫游	支持员工与访客在各个区域的漫游接入。 支持 PMK Cache、802.11r 快速漫游技术，以及网络侧发起的主动漫游引导技术。 主动漫游引导技术是指网络侧实时监控终端的链路状态，在链路恶化的时候，主动将终端牵引到新的 AP 下，避免终端一直连接在原来信号差的 AP 上。 华为 AI 漫游技术的漫游引导成功率在 80% 以上，该技术可以在 5 s 内识别终端的黏性连接并及时引导终端漫游

续表

类别	特性名称	特性说明
精品无线网络	基于业务的 QoS 控制	企业办公场景分为办公业务和个人业务，不同业务对网络的 QoS 要求是不一样的。为了保障关键业务（例如 VoIP、电子白板等）的体验，需要基于业务类型进行 QoS 控制。华为层次化 QoS 技术支持对用户业务的精细识别，可以保障关键业务在突发干扰、高负载情况下语音流不丢包，视频流不卡顿
	大数据智能调优	华为大数据智能调优技术是 AI 技术和射频调优技术最新的结合成果，它可以结合长周期的历史数据，如干扰、负载等，对网络进行迭代式的调整和优化，最终逼近全网的最优配置
	高可靠性	为了防止设备故障导致网络不可用，需要部署 WAC 的双机热备
	WLAN 无线安全	支持非法终端与非法 AP 的识别与反制。支持非法攻击的识别与防御
多网融合	资产管理（可选）	提供企业内贵重资产位置的跟踪管理
	室内导航（可选）	为企业访客提供必要的定位与导航功能
用户接入认证和策略控制	用户接入与认证	支持多种用户认证方式，包括：对员工通常采用 802.1X 认证方式、对访客通常采用 Portal 认证方式、对办公设备通常采用 MAC 认证方式、访客与员工接入不同的 SSID
	用户权限控制	针对访客与员工，采用不同的权限控制与访问方式，例如，访客只有互联网访问权限，员工可以访问企业的数据中心或者企业办公系统等

（1）精品无线网络

办公网络作为企业的生产网络，网络效率直接影响着企业的生产效率，网络建设必须具有前瞻性，能够承载企业 3 ～ 5 年的关键业务，无线网络要满足如下要求。

- 具备"随时随地100 Mbit/s"的大容量能力。关键技术（标准）是 Wi-Fi 6/Wi-Fi 7标准、多空间流（8×8）的MU-MIMO技术等。
- 具备多AP连续组网抗干扰能力，能做到40 MHz/80 MHz大带宽连续组网。关键技术是智能天线、动态抗干扰技术、BSS Color等。

- 具备良好的漫游能力。关键技术是基于802.11k/v/r标准的AI漫游，针对主流终端厂商产品漫游行为的兼容性优化。
- 具备良好的应用识别和QoS能力。关键技术是精准的应用识别、层次化的QoS。

（2）多网融合

支持融合物联网，使用物联网 AP 能够实现基于 RFID、蓝牙等技术的资产管理方案，实现基于 Wi-Fi、蓝牙技术的室内定位方案。

（3）用户接入认证和策略控制

支持企业级的用户接入认证方案，具有完备的策略控制能力。

3. 网络规划

（1）网络覆盖设计

企业办公场景一般较为开阔，存在办公隔间、柱子等遮挡，一般 AP 的间距为 10 ～ 15 m 即可满足覆盖要求。

（2）网络容量设计

企业办公场景的业务量增长快，考虑未来 3 ～ 5 年业务对网络的需求，建议选用支持 Wi-Fi 7 标准的 AP，空间流数可达到 12 个。另外，企业配备的无线终端也需要尽早升级到支持 Wi-Fi 7 标准的机型，以充分发挥无线网络的性能。

支持 Wi-Fi 7 标准的 AP 在容量、多用户并发和抗干扰能力方面有明显提升，如表 9-2 所示。组网时，网络规划会有一些变化。

表 9-2　支持 Wi-Fi 5 标准和 Wi-Fi 7 标准的 AP 性能对比

对比项	AP 的性能参数	
	Wi-Fi 5	Wi-Fi 7
信道带宽	20 MHz/40 MHz	40 MHz/80 MHz
用户平均速率	50 Mbit/s	100 Mbit/s
用户峰值速率	100 Mbit/s	300 Mbit/s
单射频的并发终端数量	6 ～ 10 个	20 ～ 40 个

从表 9-2 中可以看出使用支持 Wi-Fi 7 标准的 AP 时，用户的峰值速率有大幅提升，但考虑到当前大多数终端不支持 Wi-Fi 7 标准，即使部署了支持 Wi-Fi 7 标准的 AP，也无法完全发挥整个网络的性能。等到支持 Wi-Fi 7 的终端成为主流终端后，网络性能才能逐步提升。

（3）AP 布放设计

对于宽度较小的非连续半开放空间，AP 布放设计如图 9-2 所示，AP 间距为 10 ～ 15 m。

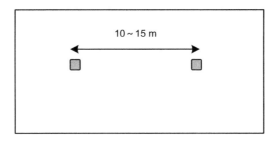

■AP布放点位

图 9-2 企业办公场景 AP 布放方案——非连续半开放空间

对于宽度较大的连续半开放空间，推荐的 AP 布放设计如图 9-3 所示，采用 W 形点位部署 AP，AP 间距为 10 ～ 15 m。

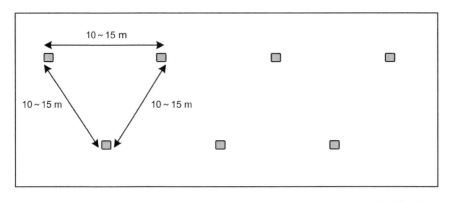

■AP布放点位

图 9-3 企业办公场景 AP 布放方案——连续半开放空间

企业办公场景房间障碍物较少、人员密度中等，推荐使用全向天线放装式 AP 吸顶安装。

另外，走廊区域根据具体情况可能也会需要覆盖信号。为了防止室内外的信号干扰，在走廊布放 AP 时，AP 的位置需远离办公室，要求与实体墙的间距为 3 m、与非实体墙（如石膏板 / 玻璃）的间距为 6 m。

|9.2 体育场 / 展馆|

体育场 / 展馆场景主要指体育场、体育馆、展馆与大型会议厅等，用户密度高，属于典型的高密场景，网络规划要求高。

1. 业务特点

（1）空间特征

体育场 / 展馆场景如图 9-4 所示，主要有以下关键特征。

- 空间：体育场/展馆场景的空间特点是不规则（如体育馆看台多为不规则曲面）具有多样性，高度最高可达十几米，实际环境对网络规划方案影响大，必须要进行专业的网规设计。
- 遮挡：体育场馆类场景遮挡较少，而展馆类场景因展位的部署遮挡较严重。
- 干扰：体育场/展馆场景空间高度高，部署AP时会存在较大的同频干扰；人流密集，接入终端的密度大，用户间的冲突和干扰也很严重。

图 9-4　体育场 / 展馆场景

（2）业务特征

在体育场 / 展馆场景中，WLAN 主要承载个人业务与展会业务，主要以个人业务为主。

- 对于个人业务，要优先保障用户平稳的使用体验，避免体验跌落（速率突然下降），用户体验速率要保证在16 Mbit/s以上。
- 展会业务可能存在专业直播、视频回传类的业务，建议规划专门的VIP区域，进行有针对性的保障。

2. 网络设计最佳实践

基于体育场 / 展馆场景的业务特点，网络设计最佳实践如下，涉及的特性如表 9-3 所示。

（1）精品无线网络：体育场 / 展馆是典型的高密部署场景，无线网络要满足如下要求。

- 具备"随时随地16 Mbit/s，每AP接入用户数100以上"的大容量和多用户并发能力。关键技术是OFDMA、DFA（AP可以在三射频和双射频模式下自动切换）。
- 具备多AP连续组网抗干扰能力。关键技术是小角度定向天线（外置或者内置）、动态抗干扰技术、BSS Color等。

（2）多网融合：支持和物联网融合，使用物联网 AP，能够实现基于 RFID、蓝牙等技术的资产标签和人员铭牌标签的管理，支持基于 Wi-Fi、蓝牙技术的室内定位方案。

表 9-3　体育场 / 展馆场景下的特性列表

类别	特性名称	特性说明
精品无线网络	DFA	AP 支持双射频、双射频 + 扫描、三射频等多种模式，并且能够在几种模式间自动切换，以提升 AP 在多场景覆盖区域内的无线吞吐率
	OFDMA	多用户并发性能比 Wi-Fi 5 标准提升了 4 倍
	小角度定向天线	采用小角度定向天线，满足指定方向信号覆盖的同时，还能有效减少对其他 AP 的干扰。 内置小角度定向天线的 AP，节省安装成本并提升运维效率
	MU-MIMO	由于终端的空间流数（1 或 2 个）小于 AP 的空间流数，单个终端无法利用 AP 的全部性能，必须通过 MU-MIMO 技术使多个终端同时与 AP 进行数据传输。MU-MIMO 增强特性开启后，容量至少可提升 1 倍
	负载均衡	在有大量终端接入的情况下，需要在 AP 之间以及同一个 AP 内的 2.4 GHz/5 GHz 射频间进行负载均衡
多网融合	资产管理（可选）	能够为参展企业提供资产和人员铭牌的跟踪管理功能
	室内导航（可选）	能够为参展人员提供必要的定位与导航功能

3. 网络规划

本节将以体育场看台为例介绍该类场景的网络规划。

从体育场场景的业务特点分析，一般情况下，单用户带宽可按 16 Mbit/s 设计，一台双频 AP 需要接入 100 个左右的用户。

由于体育场场景高度较高，为了防止 AP 间干扰要控制 AP 覆盖的范围，一般推荐使用内置小角度定向天线的 AP。

体育场看台的网络规划方案有边上覆盖和顶棚覆盖。

（1）边上覆盖 2.4 GHz 信号

如图 9–5 所示，AP 安装在最后一排座位后的墙上，建议采用角度为 18°（2.4 GHz）的外置天线，2.4 GHz 天线之间的间距需要大于 12 m，AP 的信道按照信道 1/ 信道 9/ 信道 5/ 信道 13 的顺序周期性重复。

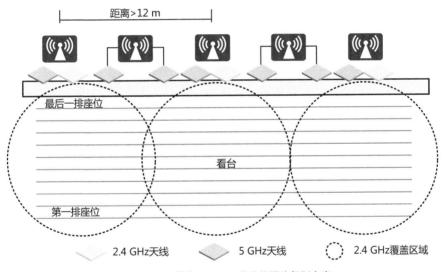

图 9-5　边上覆盖 2.4 GHz 信号的网络规划方案

（2）边上覆盖 5 GHz 信号

如图 9–6 所示，建议采用角度为 15°（5 GHz）的外置天线，5 GHz 天线之间的间距大于 4 m，避免 AP 之间干扰。高频和低频信号应重叠覆盖，以中国国家码为例，高频下建议采用信道 149 ～ 165，低频下建议采用信道 36 ～ 64。

此方案也可以采用内置小角度定向天线（角度小于 30°）的三射频 AP，覆盖方案如图 9–7 所示，AP 间距需要大于 8 m。如果开启 2.4 GHz 射频，则开启 2.4 GHz 射频的 AP 间距需大于 16 m。

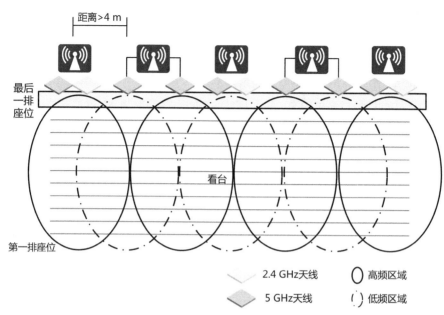

图 9-6　边上覆盖 5 GHz 信号的网络规划方案 1

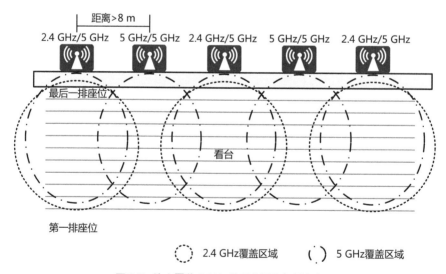

图 9-7　边上覆盖 5 GHz 信号的网络规划方案 2

（3）顶棚覆盖

如图 9–8 所示，顶棚距离地面高度低于 20 m 时，AP 安装在顶棚的马道上，建议采用角度为 18°（2.4 GHz）和 15°（5 GHz）的外置天线。2.4 GHz 天线之间的间距大于 12 m，按照信道 1/ 信道 9/ 信道 5/ 信道 13 的顺序布放，5 GHz 天线之间的间距为 4 m。

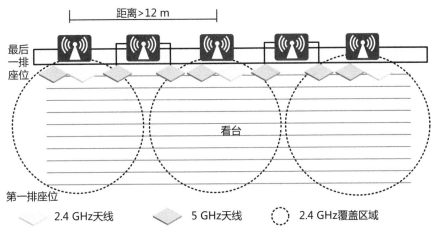

图 9-8　顶棚距离地面高度低于 20 m 的网络规划方案

如图 9-9 所示，顶棚距离地面高度高于 20 m 时，AP 安装在顶棚的马道上，建议采用角度为 18°（2.4 GHz）和 15°（5 GHz）的外置天线。2.4 GHz 天线之间的间距大于 16 m（由于 AP 安装高度增加，会导致相邻 AP 的覆盖重叠区域增加，干扰严重，因此要增加 AP 间距），按照信道 1/ 信道 9/ 信道 5/ 信道 13 的顺序布放，5 GHz 天线之间的间距为 4 m，需要选购 5 m 馈线。

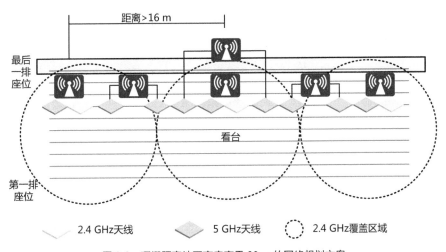

图 9-9　顶棚距离地面高度高于 20 m 的网络规划方案

（4）看台区场景信道规划设计

合理规划各个 AP 的信道，避免网络自身的干扰，尽量避开已有信道的干扰，对保证 WLAN 的接入性能至关重要。信道规划的整体原则是使同频 AP、邻频 AP

的距离尽量远，提高信道的复用率，同时考虑同层、上下层 AP 信道规划。信道规划如图 9-10 所示。

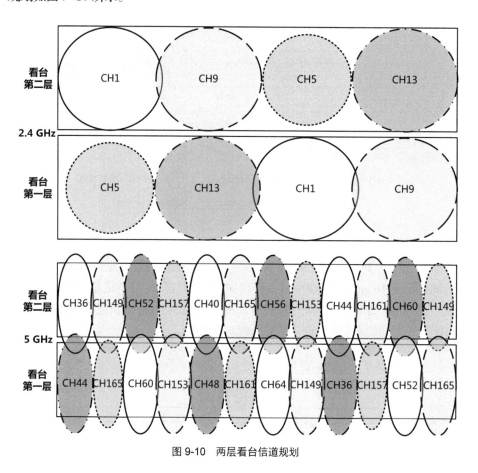

图 9-10 两层看台信道规划

|9.3 酒店客房 / 宿舍 / 病房 |

酒店客房 / 宿舍 / 病房场景为典型的房间密集型场景，其特点是房间密集且每个房间终端数较少，无线网络主要提供基本的上网服务，对于病房还涉及提供移动医疗业务。该场景通常对部署成本有要求。

1. 业务特点

（1）空间特征

酒店客房 / 宿舍 / 病房场景如图 9-11 所示，主要有以下关键特征。

- 空间：高度一般不超过 4 m，面积一般在 20 m² 左右。
- 遮挡：该场景下的遮挡主要是卫生间的墙体。
- 干扰：在宿舍中，可能存在强干扰源，例如微波炉、个人路由器等。
- 密度：房间部署密集，但是单房间内终端数量不多。

图 9-11　房间密集型场景

（2）业务特征

在酒店客房 / 宿舍场景中，以提供个人上网服务为主，单用户体验速率要达 100 Mbit/s 以上，对个人娱乐类的游戏以及直播业务，需要重点保障。

病房场景需考虑移动医疗业务，如果客户有医疗移动终端"零漫游"的需求，需要设备具有 SFN 漫游特性。

2. 网络设计最佳实践

基于该场景的业务特点分析，网络设计最佳实践如下，涉及特性如表 9-4 所示。

表 9-4　房间密集型场景下精品无线网络的特性列表

特性名称	特性说明
AP 性能	AP 支持 Wi-Fi 6 或 Wi-Fi 7 标准，支持 2.4 GHz 2×2 MIMO 和 5 GHz 4×4 MIMO 共 6 个空间流，多空间流可以满足单用户 100 Mbit/s 的大容量要求
智能天线	华为智能天线技术可以使 AP 的覆盖范围增加 15% 左右，保证房间内无覆盖死角，并且通过波束成形可以减小对其他 AP 和终端的干扰
MU-MIMO	由于终端的空间流数（1 或 2 个）小于 AP 的空间流数，单个终端无法利用 AP 的全部性能，必须通过 MU-MIMO 技术使多个终端同时与 AP 进行数据传输。MU-MIMO 增强特性开启后，容量至少可提升 1 倍
AI 漫游	可以让终端在房间和房间、房间和走廊移动时获得良好的漫游体验
基于业务的 QoS 控制（游戏加速）	酒店客房 / 宿舍 / 病房场景中，主要提供个人上网业务，其中游戏对时延最为敏感，华为 QoS 管理针对游戏进行了特别优化，可保障游戏时延小于 15 ms

续表

特性名称	特性说明
SFN 漫游	在医院病房场景中，移动医疗业务通常对漫游切换时延的敏感度高，SFN 漫游功能提供了无缝漫游能力，以确保移动医疗业务的高质量体验
有线接入	AP 支持下行有线接口，可以让用户的有线终端使用网线接入网络。下行有线口可以对接入的终端进行认证，以保障网络的安全性
零漫游分布式架构	部署零漫游分布式架构，可以实现无线终端在房间之间移动时不发生漫游，解决漫游丢包、业务受损的问题。典型应用场景如医院病房区域，可提高医护工作效率

精品无线网络：酒店客房/宿舍/病房是典型的房间密集型场景，无线网络要满足如下要求。

- 具备"随时随地100 Mbit/s"的大容量能力。关键技术（标准）是 Wi-Fi 6/7标准、智能天线。
- 具备漫游"零丢包"的能力。关键技术是零漫游分布式架构。
- 具备良好的应用识别和QoS能力。关键技术是精准的应用识别技术、层次化的QoS、游戏加速。

3. 网络规划

（1）房间密集型场景的面板 AP 方案

酒店客房、宿舍、病房都是房间相对密集的场景，每个房间内用户数通常在 10 个以下，推荐为每个房间部署 1 个 AP 即可满足容量与覆盖要求。

酒店客房的网络规划方案如图 9-12 所示。

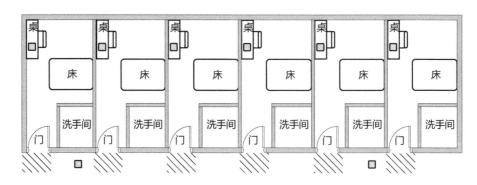

□ AP布放点位　＼＼ 走廊不推荐布放的区域

图 9-12　面板 AP 网络规划方案

建议在房间内部署面板 AP。AP 部署点位参考图 9-12，每个房间放置一个面板 AP，推荐在房间内书桌上安装（宿舍、病房一般为壁挂式安装，安装点可选择屋门所在的墙壁），走廊每隔约 3 个房间放置 1 个放装 AP，推荐安装在远离门口的位置。

（2）医院病房的零漫游分布式方案

医疗 PDA 查房场景对网络带宽的需求不大，主要关注信号覆盖完整、漫游不丢包。因此，设计方案时需要重点关注病房、护士站和走廊的信号连续覆盖。

以华为的零漫游分布式系统为例，通过一台分布式 AP（DAP）连接 8 个 ORU和 64 个 AU，搭配新一代超长光电混合缆实现 500 m 超远距离部署，可使 Wi-Fi网络覆盖最多 64 个房间，形成零漫游、业务零中断的 Wi-Fi 网络，如图 9-13所示。

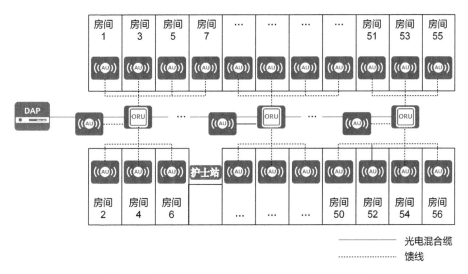

图 9-13 采用华为零漫游分布式系统的医院病房网络规划

具体的部署方式如下。

- DAP部署于楼层的弱电间。

- ORU部署于走廊，一般采用绑扎、吸顶或挂墙等安装方式，为了确保视觉美观，可以通过吸顶方式隐藏安装在天花板内部的水泥顶上；ORU通过光电混合缆与DAP连接，推荐使用一个DAP配套7个ORU的设计方案。

- 病房内使用AU覆盖，采用吸顶方式安装于房间正中间上方；AU通过馈线与ORU连接，一个ORU最多支持8个AU；走廊AU间距10~15m，尽量兼顾覆盖护士站（如果无法兼顾，则护士站需要单独部署AU）；需综合考虑性能、施工和成本，选择合理长度的馈线。馈线需要按照建筑楼层常见的弱电走线原则设计（如图9-13所示），走斜线或两点直连为错误的设计方式。

信道配置时，5 GHz 频段使用 80 MHz 带宽（信道 36/52/149），2.4 GHz 频段使用 20 MHz 带宽（信道 1/6/11）；相邻楼层的信道需要错开；信道需要手动配置。

| 9.4 教室 |

教室场景主要有两种情况，一种是只提供教学服务，如中小学的电子教室；还有一种是除了教学服务，也给师生提供上网服务，如高校的教室。

1. 业务特点

（1）空间特征

教室场景如图 9-14 所示，主要有以下关键特征。

· 高度一般不超过 4 m（阶梯教室高于 4 m），面积一般为 80 m^2 左右。

· 无遮挡，干扰较小。

图 9-14 教室场景

（2）业务特征

高校教室与中小学教室的业务特征各不相同。高校教室中，以网页浏览类与社交类业务为主；中小学教室中，以教学类业务为主，这些业务包括视频、电子白板、文件下载与桌面共享等。

这两种场景的共同特征是用户数量多，业务并发率高，尤其是中小学教室场景，存在所有学生同时打开一个课件视频的情况。

2. 网络设计最佳实践

基于教室场景的业务特点，网络设计的最佳实践如下，涉及特性如表 9-5 所示。

精品无线网络：教室是典型的大容量、高并发、多用户部署场景，无线网络要满足如下要求。

- 具备 "随时随地 100 Mbit/s" 的大容量能力。关键技术（标准）是 Wi-Fi 6 标准、多空间流（8×8）的 MU-MIMO、DFA 等。
- 具备多 AP 连续组网抗干扰能力，能做到 80 MHz/160 MHz 大带宽连续组网。关键技术是智能天线、动态抗干扰技术、BSS Color 等。

表 9-5　教室场景下精品无线网络的特性列表

特性名称	特性说明
AP 性能	支持 Wi-Fi 6 或 Wi-Fi 7 标准和 12 个空间流，多空间流可以满足单用户 100 Mbit/s 的大容量需求
DFA	AP 支持双射频（4+8）和三射频（4+4+4）两种模式，并且能够自动切换，以提升 AP 在多场景覆盖区域内的无线吞吐率
OFDMA	多用户并发性能比 Wi-Fi 5 标准提升了 4 倍
MU-MIMO	由于终端的空间流数（1 或 2 个）小于 AP 的空间流数，单个终端无法利用 AP 的全部性能，必须通过 MU-MIMO 技术使多个终端同时与 AP 进行数据传输。MU-MIMO 增强特性开启后，容量至少可提升 1 倍
智能天线	华为智能天线技术可以使 AP 的覆盖范围增加 15% 左右，并且通过波束成形可以降低对其他 AP 和终端的干扰
负载均衡	阶梯教室一般会部署 2～3 个 AP，在多个 AP 之间要进行负载均衡，避免大量终端进入教室时都连接到靠近门口的 AP，造成 AP 的负载严重不均衡
抗干扰特性	教室之间天然有墙体的阻隔，采用动态抗干扰技术以及 Wi-Fi 6 标准的 BSS Color 技术，能够实现 80 MHz/160 MHz 的大带宽连续组网

3. 网络规划

教室场景网络规划方案如图 9-15 所示。

该场景对美观性、容量和信号覆盖要求高。

- 普通教室：吸顶安装在横梁或天花板下方，适用于 100 m² 及以下的房间，部署一个 AP。
- 阶梯教室：吸顶安装在天花板下方，采用 W 形点位部署，AP 间距为 15 m，按照每个 AP 接入 60 人部署。

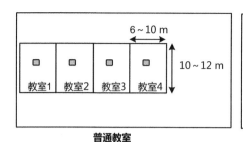
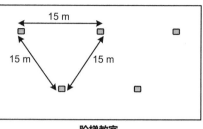

图 9-15　教室场景网络规划方案

| 9.5　商超 / 零售连锁 |

商超场景主要指大型商场和超市，零售连锁场景一般指零售商店、咖啡厅、连锁门店。该场景中部署的 WLAN，从早期作为吸引顾客、提升顾客满意度的一种增值业务，到现在承载无线收银、电子价签和精准营销等新业务，已成为商超 / 零售连锁的关键基础设施。

1. 业务特点

（1）空间特征

商超 / 零售连锁场景如图 9-16 所示，主要有以下关键特征。

- 空间：不同商超的空间高度和面积差异较大，大型商场中一般存在大面积空旷区域（如中庭），需要考虑跨楼层的干扰；零售连锁店铺的面积较小，为 $10 \sim 100 \ m^2$。
- 遮挡：遮挡面积一般较大，主要包括货架、墙壁与玻璃门等。
- 干扰：存在 Wi-Fi 干扰，包括同楼层和跨楼层的干扰以及非 Wi-Fi 的干扰，如蓝牙等无线通信技术使用的频段和 Wi-Fi 网络有重叠。

图 9-16　商超 / 零售连锁场景

（2）业务特征

WLAN 承载的业务包括企业业务与个人业务。

· 企业业务：包括企业内部应用、无线支付业务和物联网业务。

· 个人应用：网页浏览类，如商品比价、商家导航等；社交/游戏类，如语音应用和手机游戏等。

2. 网络设计最佳实践

基于商超 / 零售连锁场景的业务特点分析，网络设计最佳实践如下，涉及特性如表 9-6 所示。

表 9-6　商超 / 零售连锁场景下的特性列表

类别	特性名称	特性说明
网络管理能力	安全隧道功能	对于需要远程访问总店服务器的直营店或加盟店，需支持 VPN 类的安全隧道功能，如 IPSec、SSL 等特性，保障业务的安全性
	云管理功能	对于小微分支，没有专业的 IT 运维人员，推荐采用云管理架构，不需要具备专业的技能就可以完成网络部署，而且服务商能够提供专业的技术保障
	广域逃生	对于 WAC 部署在总部统一管理各分支 AP 的情况，当 WAC 出现故障时，分支的 AP 仍然可以为用户提供上网服务
	有线接入	AP 支持下行有线接口，可以让用户的有线终端使用网线接入网络。下行有线接口可以对接入的终端进行认证，以保障网络的安全性
多网融合	物联网AP	电子价签可以有效降低成本，快速调整商品价格和信息,提升顾客的购物体验；资产标签可以有效管理企业的贵重资产，提升资产盘点效率，实时观测资产的位置；室内定位一般用于大型商场和超市，能够为顾客提供个性化的导购和停车场找车等增值服务，提升顾客的购物体验

（1）多网融合

支持和物联网融合，使用物联网 AP，能够实现基于 RFID 的电子价签管理方案；实现基于 RFID、蓝牙等技术的资产标签管理方案；实现基于 Wi-Fi、蓝牙技术的室内定位方案。

（2）网络管理能力

支持零售多分支云管理功能，支持 IPSec 隧道功能。

3. 网络规划

商超场景的企业业务对带宽需求一般不是很大，主要关注信号覆盖、时延和可靠性，比如需要避免 WLAN 与物联网（如电子价签、BLE 标签等）的相互干扰；个人应用对带宽要求也不高，按 16 Mbit/s 规划即可。在该场景下，由于遮挡较多、建筑结构复杂，最关键的还是要解决信号覆盖问题。

以下几个场景需要保证重点覆盖，包括大型商场的公共区 / 走廊场景、超市场景、零售连锁场景等。

（1）公共区 / 走廊场景的网络规划方案

如图 9-17 所示，一般部署普通全向天线放装式 AP，AP 安装在天花板下方，AP 间距 20 ～ 25 m。

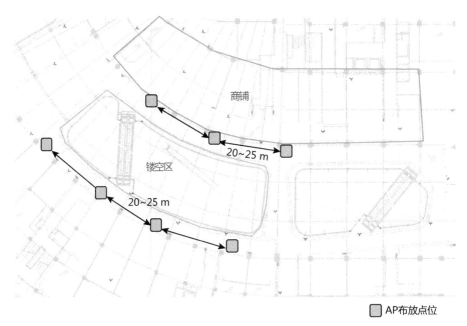

图 9-17　公共区 / 走廊场景的网络规划方案

（2）超市场景的网络规划方案

如图 9-18 所示，部署全向天线放装式 AP。

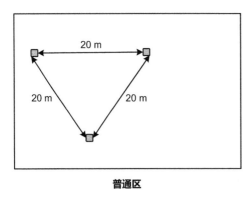 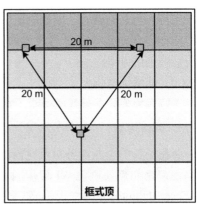

图 9-18　超市场景的网络规划方案

- 普通区：AP吸顶安装在天花板下方，AP间距为20 m，按等边三角形布放。
- 框式顶的镂空区：AP依靠周围框式结构吸顶安装，AP间距约20 m。

（3）零售连锁场景的网络规划方案

零售连锁主要包括两类，以零售店铺和咖啡厅为例。

零售店铺场景网络规划方案如图 9-19 所示。大店铺以 AP 覆盖半径为 8～10 m 部署，小店铺按照每个店铺 1 个 AP 部署。单 AP 覆盖面积为 100～200 m^2。

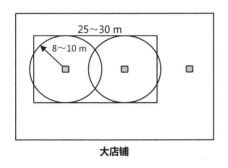
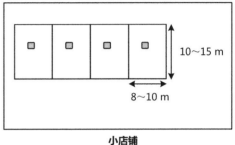

图 9-19　零售店铺场景的网络规划方案

咖啡厅场景网络规划方案如图 9-20 所示。室内场景使用内置全向天线放装式 AP 吸顶安装，AP 间距为 12 m，按等边三角形布放。室外场景中，室外区域推荐使用内置大角度定向天线的室外 AP，AP 部署在整个咖啡厅区域的长边上（可挂墙或者立杆），对座位区进行覆盖，参考室外场景中的室外 AP 点位部署；咖啡制作区一般为一个单独的室内结构，推荐使用一个内置全向天线放装式 AP 吸顶安装。

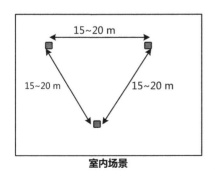
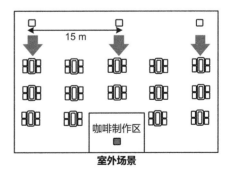

图 9-20　咖啡厅场景的网络规划方案

| 9.6　广场 / 街道 |

广场 / 街道场景主要包括两类区域，一类是比较开阔的区域，如广场、操场、公园与景点等；另一类则是狭长的沿道路区域，例如街道与商业步行街等。这些场景的主要特点是覆盖区域广和室外环境较恶劣。

1.　业务特点

（1）空间特征

广场 / 街道场景如图 9-21 所示，主要有以下关键特征。

- 空间：室外区域，覆盖范围宽阔或沿道路覆盖。
- 遮挡：遮挡情况严重，存在建筑群、树木等障碍物，对网络规划要求高。
- 干扰：室外存在同频段雷达信号的干扰。
- 环境：存在盐雾、雷电、暴雨和沙尘等恶劣天气。

图 9-21　广场 / 街道景点场景

（2）业务特征

在广场 / 街道场景下，主要以用户上网业务（包括网页浏览、社交类业务等）为主。

2.　网络设计最佳实践

广场 / 街道场景主要是室外部署场景，要满足室外 AP 的技术指标要求，涉及特性如表 9-7 所示。

表 9-7　广场 / 街道场景下的特性列表

类别	特性名称	特性说明
室外 AP 性能	防尘防水	为应对室外复杂的环境，需选择具有防尘防水能力的室外 AP
	防雷	为应对室外雷电天气，需要选择具有防雷能力的室外 AP
	防腐蚀	室外 AP 具备在沿海或其他腐蚀性环境工作的能力
	宽温	室外环境全年温差较大，需要 AP 支持更宽的工作温度范围
	定向天线	通过使用定向天线，以高增益提升覆盖距离或者回传能力
无线级联能力	Mesh	Mesh 可在 AP 之间建立无线链路实现数据的无线传输，尤其适用于布放线缆困难的环境，通过 AP 的无线级联，可以实现灵活组网，有效降低成本。主要应用于视频监控的无线回传和农村的网络覆盖场景
	室外远距离覆盖能力	室外 AP 配合定向天线，可实现 300 ～ 800 m 的超远距离覆盖，应用于农村的网络覆盖等场景

3. 网络规划

由于广场 / 街道场景下主要以用户手机上网为主，为每个用户分配 8 ～ 16 Mbit/s 的带宽即可。

室外场景分类如表 9-8 所示。

表 9-8　室外场景分类

场景类型	建筑特点	用户特点	建网特点	产品选型
广场 / 公园 / 旅游景点	场所空旷	人员流动性强，以手机用户为主，对带宽要求不高	覆盖面积广，对带宽要求不高	中央区域可布放，选择全向天线中央区域不能布放，可选用定向天线，布放在周边高大建筑屋顶
商业街 / 步行街	建筑群集中，高低不等	人员流动性强，以手机用户为主，对带宽要求不高	沿道路覆盖，对带宽要求不高	选用大角度天线增加覆盖范围，沿街两边交错布放

（1）广场 / 公园 / 旅游景点场景的网络规划方案

可以根据覆盖面积、站点选址、容量等因素灵活选择不同的 AP 和天线。对于不同的场景，也需要制定对应的覆盖规则。针对视野开阔、障碍物较少的场景，如图 8-10 中的场景，采用室外 AP 外接全向天线方式进行覆盖，AP 间距为 50 ～ 60 m。

对建筑大楼前的广场覆盖，推荐在建筑物外墙上采用以壁挂式安装室外大角度定向天线 AP，建议 AP 的安装高度为 4 ～ 6 m，AP 间距为 30 ～ 40 m。

（2）商业街 / 步行街场景

商业街 / 步行街场景主要可以分为两个场景：无绿化道路和宽绿化道路。

　　无绿化道路的覆盖方案适用于无绿化或绿化稀疏不会遮挡信号、较狭窄的道路，如图 9-22 所示，在布放 AP 时有以下 3 点建议。
- 采用定向天线，W形点位部署，沿路向前覆盖，信道依次错开。
- 安装条件受限时，可以安装在同侧。
- 存在低矮绿化时，AP的安装高度可适当提高至6～8 m。

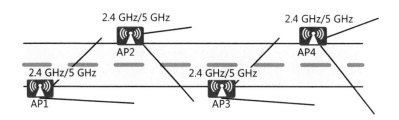

图 9-22　无绿化道路的覆盖方案

　　宽绿化道路的覆盖方案适用于存在宽绿化带遮挡的道路，如图 9-23 所示，在布放 AP 时有以下 3 点建议。
- 如果覆盖人行区域，两边的人行区域应分别部署AP。
- 如果需要同时覆盖马路，则需要在马路上也安装AP，同时天线需安装在绿化带内侧，可参考无绿化情况部署。
- AP天线安装需要探出绿化区域，防止被绿化带所遮挡。

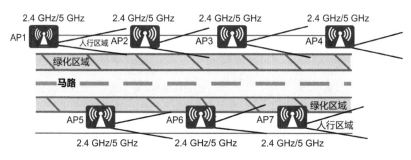

图 9-23　宽绿化道路的覆盖方案

| 9.7　生产车间 / 仓储 |

　　在工业 4.0 时代，新一代信息技术与制造业的深度融合带来了影响深远的产业变革。当前，Wi-Fi 7 标准正在打造一个高性能、高可靠的无线网络，助力制造行业智能化转型。

生产车间的加工设备多使用金属材质，外观高大且布放密集，容易造成无线网络覆盖的死角。另外，在产品测试过程中，经常需要在短时间内下载超大的固件，这要求无线网络能够提供稳定可靠的连接和承载业务的大带宽。所以高容量、高稳定、强覆盖是生产车间网络方案设计的目标。

仓储环境复杂，其特点为障碍物密集，容易造成无线网络的覆盖出现死角。让无线网络覆盖无死角、无线终端无缝漫游，提供稳定和可靠的无线网络，是仓储无线网络方案设计的目标。

1. 业务特点

（1）空间特征

生产车间场景如图 9-24 所示，主要有以下关键特征。

图 9-24　生产车间场景

- 空间：室内环境，加工设备多为金属材质，外观高大且布放密集。
- 遮挡：设备密集布放，遮挡严重，无线网络容易出现覆盖盲区，对网规设计要求高。
- 干扰：因为频谱资源有限，容易出现同频或邻频干扰。

仓储场景如图 9-25 所示，主要有以下关键特征。

- 空间：室内区域，结构复杂，置物架密集堆放。
- 遮挡：遮挡情况严重，置物架形成高密度、多层次的遮挡，对网规设计要求高。

- 干扰：存在其他无线系统的干扰，如物联网。
- 环境：部分场景的环境有特殊要求，例如低温的冷冻仓库。

图 9-25　仓储场景

（2）业务特征

生产车间：主要是无线客户预置设备的数据传输。通过无线网络传输固件，如车机固件升级，对单终端带宽要求达到 300 Mbit/s；高清质检视频采集，如传输 4K 视频，要求达到 25 Mbit/s 的带宽。另外，可能同时存在使用 IoT 技术进行通信的传感器和仪器。

仓储：AGV 在移动过程中需要收发指令和反馈任务完成情况，这要求无线网络实现"零丢包"和低时延，通常要求时延低于 50 ms；PDA 采集货品信息后，需要通过无线网络传输至数据中心，要求 PDA 漫游时数据传输无中断。

2. 网络设计最佳实践

基于生产车间 / 仓储场景的业务特点，建议部署特性如表 9-9 所示。

表 9-9　生产车间 / 仓储场景下的特性列表

特性名称	特性说明
物联网 AP	在 WLAN 的基础上，实现各种物联网连接方式在 AP 上的共站址、共回传、统一入口和统一管理，并具有灵活、可扩展等特点
WLAN 无线安全	支持非法终端与非法 AP 的识别与反制。 支持非法攻击的识别与防御。 支持频谱扫描，确定环境中的干扰源

续表

特性名称	特性说明
自动导航漫游优化功能	能够让 AGV 高效搜索 Wi-Fi 信号，快速决策漫游的目标 AP，实现漫游"零丢包"和低时延
双发选收	能够在 CPE 和 AC 之间建立两条并发数据的链路，通过冗余链路和先到先处理策略达到减少丢包、降低时延的目的，并能有效避免单链路故障影响业务，从而提升无线网络业务的可靠性

3. 网络规划

生产车间场景主要的业务需求包括无线 CPE 的数据传输以及传感器和仪器仪表等物联网设备的数据传输。

（1）无线 CPE 传输场景

生产车间存在短时间内传输大数据包的业务需求，以往采用有线的方式进行传输，线路复杂，为了改善车间环境，现在通常采用无线的方式进行传输。例如，车机固件升级时，对网络带宽要求高，需要保证无线业务的高可靠性，避免出现批量停机。

为了满足大带宽和高可靠的要求，推荐使用支持 Wi-Fi 6 或更高标准的定向天线 AP，每个 AP 连接一个 CPE 终端，AP 的安装高度应小于 8 m，定向天线的覆盖方向应对准 CPE，并且中间不能有障碍物遮挡，还要确保周围不能存在较强的干扰信号，以保证较高的空口传输速率，如图 9-26 所示。

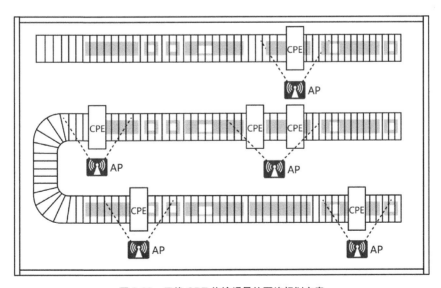

图 9-26　无线 CPE 传输场景的网络规划方案

（2）物联网设备共存场景

生产车间内存在大量的物联网设备，如传感器、仪器仪表等，这些设备通过 ZigBee、WirelessHART 等短距离无线通信技术传输数据，满足工业中实时工厂应用所需要的可靠、稳定和安全的无线通信要求。

生产车间中传感器等设备通常安装在有特定需求的区域，对物联网 AP 而言，其安装位置可以根据物联网设备的位置来确定。由于不同物联网设备的传输距离不同，AP 的安装高度和间距要求也不一样，AP 与物联网设备的间距需小于物联网协议所支持的最远距离。

仓储的典型业务是 AGV、扫码拣货等业务，对带宽需求不大，对时延和丢包比较敏感，因此主要关注信号覆盖、时延和可靠性。

① AGV 场景的网络规划方案一。

固定区域 AGV：该场景主要是 AGV 在仓库内来回搬运货物，货架高度一般在 2.5 m 左右，作为工业设备，要保证无线通信的可靠性，仓库全区域信号强度需大于 −65 dBm。

该场景中推荐使用外置全向天线放装式 AP，吸顶安装在仓库上方，且为了减少与 AGV 之间障碍物的信号遮挡，AP 应尽量安装在过道正上方。要求 AP 安装高度为 6 m，按等边三角形（间距为 15 m）布放，如图 9-27 所示。

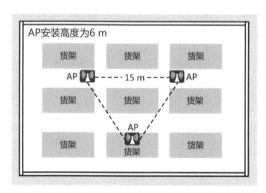

图 9-27　AGV 场景的网络规划方案一

跨区域 AGV：该场景主要是 AGV 在规划的行驶路线上搬运货物，行驶线路全区域信号强度需大于 −65 dBm，由于 AGV 移动范围广，网络规划也需要保证良好的漫游效果。

该场景中推荐使用外置全向天线放装式 AP，将 AP 吸顶安装在行驶线路上方，且安装高度不超过 6 m。AP 在行驶线路上等间距（15 m）布放，根据实际测量的信号强度判断是否需要在拐角处增加 AP。

② AGV 场景的网络规划方案二。

该方案中的 AGV 场景描述与方案一相似，适用于 AGV 对漫游丢包敏感场景；使用华为零漫游分布式系统，通过 1 个 DAP 覆盖整个仓库，确保 AGV 在整个仓库行驶过程中不发生漫游，从而避免漫游丢包，如图 9-28 所示。

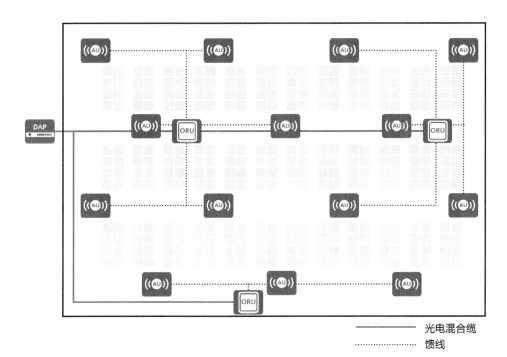

光电混合缆
馈线

图 9-28　AGV 场景的网络规划方案二

具体的部署方式如下。

- DAP部署于楼层的弱电间，一个DAP最多部署8个ORU，推荐部署7个，预留1个备份ORU。
- AU安装高度不超过6 m，部署于AGV行驶线路上（优先部署于路口），AU间距不超过15 m，推荐10～12 m；AU通过馈线与ORU连接，需综合考虑性能、施工和成本，选择长度合理的馈线。
- ORU采用吸顶或挂墙方式安装；ORU通过光电混合缆与DAP连接，需合理规划ORU位置，确保ORU与AU的最长连线不超过馈线长度18 m的限制，基于项目图纸选择ORU与AU的实际连线组合。

信道配置时，5 GHz 频段使用 80 MHz 带宽（信道 36/52/149），2.4 GHz 频段使用 20 MHz 带宽（信道 1/6/11）。

③ 扫码拣货场景的网络规划方案。

该场景主要有高货架区、矮货架区、接货区、打包区等，高货架区供叉车取货，矮货架区和其他区域供拣货员取货。由于高货架区信号遮挡比较严重，因此高货架区和矮货架区有不同的网络规划方案，如图 9-29 所示。

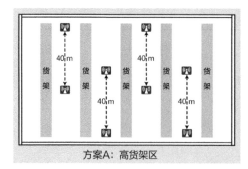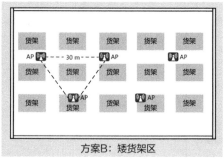

图 9-29　扫码拣货场景的网络规划方案

该场景中使用外置全向天线放装式 AP，AP 吸顶安装在仓库上方。如图 9-27 所示，高货架区参考方案 A，单通道内 AP 以间距 40 m 布放；矮货架区参考方案 B，AP 按等边三角形以间距 30 m 布放。

第 10 章
企业 WLAN 网络运维

网络运维是指园区网络管理员为了保证网络的正常稳定运行而进行的必不可少的日常网络维护工作。网络运维的主要工作包括日常监控、网络巡检、设备升级、故障处理和网络变更。其中，网络变更指的是对网络承载业务的配置调整或者网络设备的更换，本质上属于小规模业务或设备的设计和部署。这部分内容在其他章节已有介绍，本章不再重点介绍。本章重点介绍前几项内容以及智能运维。

| 10.1　日常监控 |

为保证网络的服务质量，网络管理员需要日常监控网络设备的各项运行指标和设备状态，来了解整个网络的运行情况和存在的问题。当对网络管理（简称网管）要求不高时，网络管理员可使用设备自带的 Web 网管功能进行基本监控；当对网络管理要求较高时，网络管理员需要使用独立部署的网管设备定期采集数据来进行监控。

1. 监控手段

（1）本地 Web 网管方式

WAC 和 FAT AP 都有自带的 Web 网管功能，使用 Web 网管功能即可监控设备的各项重要指标。只是由于设备本身存储空间和数据处理能力有限，自带的 Web 网管功能一般只能看到实时监控信息，而专业的网管设备通常可以存储数月的监控信息。

（2）SNMP 方式

1990 年首次正式发布的简单网络管理协议（Simple Network Management Protocol，SNMP）是传统网管所使用的管理协议。通过"网络管理网络"的方式，传统网管实现了对批量网络设备的高效监控和管理。同时，SNMP 可以无视不同产品之间的差异，实现对不同种类和厂商的网络设备的统一监控。传统网管对网络监控数据的获取，主要通过接受设备主动上报的 Trap 告警和定期通过 SNMP 读取管理设备的管理信息库（Management Information Base，MIB）节点数据来实现。eSight 网管即传统园区网络配套的网管设备，能对 WAC、AP、交换机等多种网络设备进行监控和管理。

以 SNMP 为基础的传统网管也存在如下局限性。

- 传统网管部署在用户网络内部，对规模小或分支多的园区网络来说，部署成本过高。因此，很多网络没有部署网管，导致网络疏于监控和管理而造成故障频发，网络使用体验差。
- 传统网管都是从设备角度监控网络状态，采集设备上的告警、日志、命令行或MIB数据来监测网络故障。而很多网络故障往往不是设备问题，并不能从设备侧感知，这种情况下需要从用户终端视角和用户应用视角来监控网络，进而全方位感知网络故障。
- 传统网管通过主动、定时地访问设备的方式获取运行数据，存在获取数据的周期长、占用资源多的问题。传统网管无法感知分钟级及更短时间的微观故障，同时每次获取大量的数据也会导致设备的CPU占用率升高，对设备承载的网络业务产生影响。

（3）Telemetry 方式

Telemetry 是新一代的网络监控技术，相比于传统网管，在监控功能上进行了优化，改进点主要包括以下 4 个。

- Telemetry采取云管理的方式，网络监控服务部署于云端服务器中。所有设备的管理采取按设备配套和集中部署的方式，部署和维护成本较低，网络管理员可以随时随地监控网络。
- 通过Telemetry来实现对设备、网络、用户和应用故障的监控。由设备集成网络级、设备级、用户级和应用级的性能探针，以分钟级甚至秒级的粒度感知各层级的运行状态和质量。然后将数据打包上送给服务器，服务器对数据信息进行加工整合，形成各项业务的运行轨迹和趋势图，为后续网络问题的分析、定位提供全面的数据支撑。
- 基于Telemetry上送的原始数据，服务器自动进行质量评价，将难以理解的各项性能指标数据转化为质量评分，帮助网络管理员快速识别网络运行状态。
- 大数据存储和数据挖掘能力。为了实现对大量网络设备数据的采集和秒级的数据记录，在服务器侧引入了大数据存储和查询功能，支持对大量网络数据的长期保存。一般来说，历史网络数据至少需要保存3个月到半年以上的时间，以支撑对历史问题的分析和排查。

2. 主要监控指标

对于一个典型的 WLAN，通常要关注的监控指标如表 10-1 所示。

表 10-1　典型 WLAN 的监控指标

指标类别		指标名称	描述
设备信息（WAC、AP）	设备基本信息	设备名称、型号、硬件 PCB 及物料清单（Bill of Materials，BOM）信息、内存及存储空间大小、MAC 地址、系统时间等	设备的基本情况，一般是静态信息
	设备状态	启动时间、在线时长、重启原因、CPU 占用率、内存占用率、AP 上线状态、AP 上线失败 / 下线原因、端口工作状态、协商速率、收发包计数等	设备的动态信息，能表明设备基本运行状态，通常此类指标异常设备会发送 Trap 告警或有一些恢复的动作。例如，内存占用率如果持续不断升高，有内存泄漏风险，一般设备会告警甚至采用复位方式尝试恢复
射频及空口信息	射频信息	运行状态、频段、信道、带宽、工作模式、射频发射功率等	射频的基本工作指标，其中最需要关注的是信道和射频发射功率是否合理
	空口环境	信道利用率、丢包率、误包率、重传率、同频干扰强度、邻频干扰强度、非 Wi-Fi 干扰强度等	空口工作质量的重要指标，如果这些指标过低，则用户很可能无法获得较好的用户体验，需要考虑排查干扰源、调整调优参数甚至整改无线网络规划
终端信息	基本信息	用户 MAC、用户名、终端类型、认证方式、接入的 AP/AP 组、接入的 SSID、在线时长、上线失败 / 下线原因、所访问的应用	用于用户数据的分析，比如终端类型分类占比统计、用户行为分析（如停留时长、访问应用类别分布等）
	关键业务指标	上线成功率、上线时延、频段、RSSI、SNR、协商速率、吞吐率、重传率、丢包率、漫游轨迹等	用户空口的关键性指标，能体现用户的空口体验是否顺畅，也能衍生分析网络负载、用户漫游情况及关键算法是否运作正常等，例如，通过 5 GHz 用户占比、射频负载、用户信号强度等指标观察频谱导航功能是否正常运作
业务信息	业务指标	如语音视频会话的应用、起止时间、双方 IP、平均主观得分（Mean Opinion Score，MOS）、抖动、时延、丢包率等	根据网络的具体使用，选择关注的业务指标进行观察

|10.2 网络巡检|

日常监控主要关注当前网络和设备的运行状态，而网络巡检更多地关注还没有实际影响业务的潜在问题，在对网络业务产生影响之前发现并消除这些风险。网络设备厂商会定期发布一些设备问题预警或整改通知，为了判断设备是否存在预警或整改提及的问题，需要网络管理员通过设备管理接口登录到设备逐一排查，这就是早期的设备巡检。随着网络规模越来越大、网络设备种类越来越多，完全人工的网络设备全面巡检已经变得越来越困难。

巡检工具的推出实现了巡检工作的自动化，如华为产品配套的巡检工具 eDesk，其单机版界面如图 10-1 和图 10-2 所示。

图 10-1 单机版 eDesk 界面 1

巡检工作工具化的主要优点如下。

- 通过将数据采集和数据分析步骤脚本化，实现了对风险问题的自动分析和识别，降低了问题识别难度，减少了工作量。
- 通过批量设备自动化遍历巡检的方式，实现了整个网络不同类型设备的自动化巡检，减少了巡检工作量。
- 设备厂商通过定期发布最新巡检工具和巡检脚本的方式，不断积累巡检经验，保障了巡检质量。

- 除了巡检，还可提供其他操作，例如软件已知Bug的查询、License申请等。

图 10-2　单机版 eDesk 界面 2

一般进行的巡检内容如表10-2所示。

表 10-2　巡检内容

巡检分类	巡检项	说明
版本	软件版本	检查版本及补丁是否为正式发布，补丁是否已正确安装
设备基本配置	配置文件、系统时间、License、Debug 开关等	检查配置文件是否已正常保存，以及设置、系统时间是否准确、License 文件是否正常、网管服务是否正常打开、Debug 开关是否都正常关闭
	路由、VLAN 检查	检查有无设置黑洞路由、VLAN 是否已正确创建
	认证、DHCP、VRRP、信道、调优等常用业务配置检查	检查常用配置是否已正确、合理地配置
	其他业务检查	检查非常用业务（如 Mesh、WIDS 等）的配置是否正确
设备运行情况	部件基本状态、重要协议和表项状态、告警、业务繁忙状态等	• 检查电源、风扇、温度、CPU、内存、存储空间等器件的基本状态。 • 检查 VRRP、生成树协议（Spanning Tree Protocol，STP）、通用路由封装（Generic Routing Encapsulation，GRE）协议等基本协议的运行状态

续表

巡检分类	巡检项	说明
设备运行情况	部件基本状态、重要协议和表项状态、告警、业务繁忙状态等	• 检查 ARP 表项、MAC 地址学习、网络地址转换（Network Address Translation，NAT）、中央处理器承诺接入速率（Central Processor Committed Access Rate，CPCAR）等重要表项和流量状态。 • 查看重要告警
	端口状态及统计检查	检查是否有闲置端口未关闭、端口的备注是否正确描述了用途、端口常用配置、端口统计信息（确认有无错误报文等）
	AP 基本状态	检查 AP 在线状态、工作模式、心跳、升级参数等
	检查用户接入的相关服务器及设备状态是否正常	确认 RADIUS 等服务器的连通性及配置的正确性，以及用户接入数是否已达到某类接入算法的限制边界等
	检查空口环境	检查信道占用率、5 GHz 使用率、无线用户吞吐率等

单机版 eDesk 巡检工具同时还存在如下问题。

• 巡检工具需要接入设备网络，网络管理员必须携带工具到现场进行巡检。

• 巡检工具需要不断更新升级，以确保巡检结果的有效性和全面性。

• 巡检工具采集的数据只应用于单次巡检，下次巡检需要重新采集，数据利用率低。

新一代的网络巡检技术改进了上述问题。

采用云工具进行巡检，设备只需接入云管理网络即可完成巡检，无须网络管理员到现场。网络管理员只要制定巡检范围、巡检时间即可在云上自动完成巡检，巡检工具无须升级即可时刻保持最新版本。

巡检功能采用采集功能和分析功能分离的架构，每次巡检采集数据都保存在服务器上，可以随时对已采集数据进行新增分析，提高数据利用率，减少对设备的依赖，并可以对多次采集的数据进行时间趋势分析。

例如，华为公司推出的云服务平台 ServiceTurbo Cloud 已整合了云化巡查及 eDesk 提供的版本推荐等巡检服务工具，能够更好地支撑网络管理员的运维工作。

10.3 设备升级

设备厂商会随着新的设备和软件版本的发布不断地跟踪问题，并通过周期性地发布补丁和新版本软件的方式解决这些问题。为了保证网络设备的稳定性，用户应该尽量保证设备软件版本为最新版本，避免已知网络问题的发生。另外，用户需要使用新版本的功能或新版本发布的设备形态时，也需要进行软件升级。

1. 升级操作

WAC 设备升级比较简单，把对应的系统软件通过服务器或是直接使用 Web 网管功能加载到设备，并设置为下次启动软件后重启设备即可。使用 Web 网管功能升级 WAC 配置如图 10-3 所示。

图 10-3　Web 网管升级 WAC 配置的界面

AP 设备提供如下两种升级方式，可以让系统立即升级或是设定一个合适的时间段，如在 24：00 进行定时升级。

（1）WAC 方式

将需要升级的软件下载后，通过文件传送协议（File Transfer Protocol，FTP）/ 安全文件传送协议（Secure File Transfer Protocol，SFTP）/Web 方式上传到 WAC 设备上，然后通过 WAC 给各 AP 进行升级。由于各 AP 都需要从 WAC 上获取软件，AP 数量较多时需要依次下载。

（2）FTP/SFTP 方式

将需要升级的软件下载后放置在 FTP/SFTP 服务器上，各 AP 从服务器上获取软件。AP 数量较多时也需要依次下载，但服务器并发能力比 WAC 并发能力要强很多。如果 AP 数量较多，推荐使用这种方式。

使用 Web 网管功能对 AP 进行升级（WAC 方式及 FTP/SFTP 方式），如图 10-4 所示。

图 10-4　使用 Web 网管对 AP 进行升级

2. 升级状态查看

WAC 升级期间设备处于无法连接状态，是无法查看升级状态信息的。AP 设备的升级状态可以在 WAC 上进行查看，能看到 AP 当前的升级状态：正在排队等待下载、正在下载 / 写入版本及升级结果（成功 / 失败及失败原因）。图 10-5 所示是查看 AP 升级状态的 Web 网管界面。

AP ID ▲	AP名称 ▲	AP MAC地址 ▲	组名称 ▲	类型 ▲	升级版本 ▲	升级时间 ▲	升级状态 ▲
12			default	AD9431DN-24X	V200R009C00SPC20...	--	升级中(文件写入: 10%)
66			default	AD9431DN-24X	V200R009C00SPC20...	--	升级中(文件下载: 2%)
63			default	AD9431DN-24X	V200R009C00SPC20...	--	升级中(文件下载: 14%)
5			default	AD9431DN-24X	V200R009C00SPC20...	--	升级中(文件写入: 13%)
35			default	AD9431DN-24X	V200R009C00SPC20...	--	升级中(文件写入: 12%)
27			default	AD9431DN-24X	V200R009C00SPC20...	--	升级中(文件写入: 9%)
36			default	AD9431DN-24X	V200R009C00SPC20...	--	升级中(文件下载: 60%)
31			default	AD9431DN-24X	V200R009C00SPC20...	--	升级中(文件写入: 10%)
67			default	AD9431DN-24X	V200R009C00SPC20...	--	升级中(文件下载: 15%)
70			default	AD9431DN-24X	V200R009C00SPC20...	--	升级中(文件下载: 5%)

图 10-5　查看 AP 升级状态的 Web 网管界面

3. 升级注意事项

网络管理员在进行升级时，鉴于网络的影响，还应注意如下事项。

- 避免同时对过多设备进行升级，可对设备分组分批升级，一来可避免集中从服务器或WAC下载系统软件导致网络压力过大，二来分批升级也能避免所有AP业务同时中断的情况发生。
- 对于AP数量较多的场景，或是WAC和AP是异地部署的场景，如总部分支场景，建议尽量把系统软件下载到AP所在网络的FTP/SFTP服务器上，以保障下载速度；尽量避免在AP业务量较大时进行下载操作，因为系统软件下载会占用带宽并影响CPU处理能力。
- 升级WAC时，应确保当前使用的配置文件已保存好并下载到本地进行备份。
- 当WAC与AP都需要升级时，可以先将AP系统软件下载到AP本地但不马上升级，然后将WAC系统软件也下载好并设置成功后，再复位WAC一同升级，从而控制升级时间为最短。
- 升级前，建议阅读对应版本的升级指导书，跨度过大的版本之间可能会有配置兼容性问题，需要用工具进行配置转换操作。

| 10.4　故障处理 |

尽管 WLAN 组网方式不尽相同，一般情况下，仍可以根据物理上的联系分段排查网络故障。WLAN 典型组网如图 10-6 所示，网络中的关键链路主要有如下 4 段。

① 终端与 AP 之间的链路，包括终端本身与无线环境。

② AP 与交换机之间的链路，包括 AP 硬件、供电、系统软件等。

③ 交换机与 WAC 之间的链路，包括交换机与 WAC 的硬件连接、系统软件和配置等。

④ 交换机与 RADIUS/DHCP 等服务器之间的链路，包括服务器运行状态、版本和配置等。

解决问题时，根据问题涉及的链路，进行逐步排查。

- 如果是单终端的个性问题，首先排查终端与AP之间的链路，然后排查AP本身是否出现故障；最后检查交换机及WAC上是否存在异常。
- 如果是多终端的共性问题，主要排查其他3段链路的问题，一般先从与WAC相关的链路开始查起。

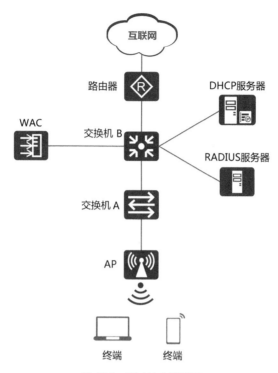

图 10-6　WLAN 典型组网

通常，WLAN 中有如下几类常见故障，如表 10-3 所示。

表 10-3　WLAN 中的常见故障

故障类别	故障现象
AP 管理类问题	AP 上线失败、AP 异常掉线、AP 升级失败、AP FAT-FIT 模式切换失败等
用户上线类问题	用户无法搜索到 Wi-Fi 信号、用户关联网络失败、用户认证失败（802.1X 认证／内外置 Portal 认证／微信认证等）
用户业务性能问题	终端网络慢、终端漫游失败、终端信号弱或丢包等
WAC 管理类问题	WAC 升级失败、CPU 占用率高、设备登录失败（Web/STelnet/Telnet）等
WLAN 业务类问题	调优不生效或效果不佳、Mesh 网络中 AP 无法上线或建链速率低等

下面以 AP 上线失败问题为例，介绍一般的故障排查诊断过程。AP 能够成功上线涉及的链路有：AP 与交换机之间的链路、交换机与 WAC 之间的链路、交换机与 DHCP 服务器之间的链路，可以按如下步骤逐步排查。

步骤①：先确认 WAC 是否已收到 AP 的上线请求。可查看 WAC 上是否有此 AP 的上线失败记录，如果有相应的失败记录，说明 WAC 与 AP 之间的链路没有问题，此时可根据 WAC 上的实际提示信息有针对性地解决问题。

- 有些原因可能只涉及WAC或AP的配置，例如，可能由于接入的AP的数量已达到WAC管理规格上限或License规格上限、WAC上没有配置此AP的MAC地址或设备序列号、WAC与AP的版本不匹配无法纳管、AP被加入黑名单、WAC与AP之间DTLS密钥不一致等。
- 有些原因可能涉及其他链路的配置问题或连接问题，如AP获取DHCP地址失败，则需要进行步骤②以排查AP与DHCP服务器之间的问题。

如果没有相应失败记录，则进入步骤③排查 WAC 与 AP 之间的链路是否正常。

步骤②：检查 AP 与 DHCP 服务器之间的网络可达性，即两者是否可以互相 ping 通，可分段隔离 AP 与交换机之间的链路、交换机与 DHCP 服务器之间的链路。通常需要检查设备本身的物理状态、物理连线的连接状态、相关的网络及业务配置（接口及 VLAN 配置、IP 地址配置、DHCP 地址池、AP 端口模式等）。

步骤③：检查 WAC 与 AP 之间的网络可达性，即两者是否可以互相 ping 通，可分段隔离 AP 与交换机之间的链路、交换机与 WAC 之间的链路；通常需要检查设备本身的物理状态、物理连线的连接状态、相关的网络及业务配置（主要有 CAPWAP 源地址、接口及 VLAN 配置、IP 地址配置、AP 端口模式等）。

通常经过上述排查后可以发现故障点，如果仍然不行，则建议联系技术支持人员，收集各设备上的相关信息后进一步确认问题。

故障诊断本身是一个非常复杂的过程，前面的分段处理只是一种诊断问题的方法或是推荐的处理步骤，不同的故障有多种不同的处理手段。表 10-4 列出了当前主流设备提供的相关能力，以及常用的一些问题诊断参考资料。

表 10-4　当前主流设备具备的相关能力和一些问题诊断参考资料

运维管理能力	运维管理功能	具体手段
故障发现能力	故障告警监控	设备内部会持续监控一些重要指标，如 AP 掉线、用户达到上线规格、CPU 占用率高等，发现异常后，设备会主动上报告警，网络管理员可在相应的监控平台或设备日志中看到相关的告警信息
	指标监控	主要关注的 WLAN 指标已在 10.1 节中进行了相关介绍，这里不再重复
	故障可视化	对一些重要的故障，如 AP 重要状态异常、空口环境恶化等，可以在监控平台上归纳显示。例如，Web 网管会提供 AP 当前的总掉线率、信道利用率分布等信息
故障采集能力	Syslog	可通过 Syslog 将设备的用户日志上报给本地网络部署的日志服务器
	日志采集	设备本地保存的用户日志、操作日志、诊断日志文件，可供下载后进行问题分析

续表

运维管理能力	运维管理功能	具体手段
故障采集能力	指标采集	如 10.1 节中所介绍的，设备可提供由网管设备通过 SNMP 或 Telemetry 方式采集设备的日常运行指标的功能
	一键式信息采集	设备提供了一键式信息采集的能力，会遍历主要的监控、诊断命令，收集各个模块的重要信息，供后期问题定位
故障诊断能力	命令行	可以远程登录设备命令行界面执行命令行
	设备信息分析	根据导出的日志文件、指标及一键采集的信息，聚焦故障发生的时间段进行模块级分析
	抓包	使用辅助的抓包工具，获取相关网络段或设备上的报文，辅助问题定位
故障诊断相关案例参考	维护类文档	设备厂商的技术支持网站会提供很多维护类的文档，这些文档详细地介绍了 WLAN 故障的处理方法，并按步骤介绍了多种常见故障的定界方法

| 10.5　智能运维 |

当前 WLAN 的网络运维手段主要还是聚焦在设备本身。但用户的业务通常是端到端的，整个网络通路中任何一个环节出现问题都可能导致用户的业务体验恶化。另外，对网络的监控及信息展示偏向于被动展示网络状态，当网络出现问题时，通常要依赖用户报障才能感知，无法智能地展示全网的业务指标、自动地发现潜在网络问题，当网络管理员感知到网络问题的时候，用户也已经感知到了。

理想的网络运维模式应该从以设备为中心的网络管理转变为以用户体验为中心的 AI 智能运维，基于运维系统的预测性和智能化提升用户的业务体验。在新一代的新一代园区网络中，SDN 控制器提供了一种智能化、自动化的主动网络分析系统，融入大数据收集能力、AI 计算能力，同时对故障进行预测，提前对网络进行调整，降低故障发生率，如图 10-7 所示。

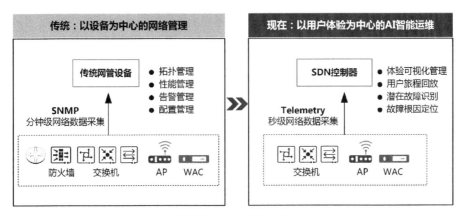

图 10-7　智能运维方式

借助于 AI 的强大分析能力及服务器的数据存储能力，SDN 控制器可以展示网络总体指标和用户体验指标，识别问题、对问题定界，并具备主动通知及输出运维报告等辅助功能，帮助网络管理员全方位、系统地管理网络，简化网络运维工作，智能运维的能力如表 10-5 所示。

表 10-5　智能运维的能力

功能	说明
体验可视	**每时刻**：基于 Telemetry 技术，动态秒级抓取网络 KPI 数据，实时性高，流程可还原，故障可回溯。 **每用户**：通过多维度采集数据，实时呈现每个用户的网络画像，全旅程网络体验（谁、何时、连接至哪个 AP、体验、问题）可视。 **每应用**：实时语音与实时视频应用体验感知，音视频应用流程可视
故障识别和 主动预测	**自动识别故障**：通过大数据和 AI 技术，自动识别连接类、空口性能类、漫游类、设备类和应用类等网络问题，提升潜在问题识别率。 **发现潜在问题**：利用机器学习历史数据动态生成基线，通过和实时数据对比分析来预测可能发生的故障
故障定界和 根因分析	**快速定界故障**：基于网络运维专家系统和多种 AI 算法，智能识别故障模式以及影响范围，协助管理员定界问题。 **智能根因分析**：基于大数据平台，分析问题可能发生的原因并给出修复建议，例如对于调优算法类的问题，可在基于全网终端画像基础上，结合调优算法进行自动调优动作
主动通知	**主动通知**：重大问题主动发送邮件或短信通知。 **运维报告**：定期推送运维报告及总结

1. 体验可视

要实现体验可视化，就必须要有足够的数据，并且获取数据的速率要足够高，这样才能保证分析结果的准确性，所以数据的采集就变得尤为重要。衡量 WLAN 质量的 KPI 主要包括 AP、射频和用户 3 个维度，需要采集的数据和时间精度如表 10-6 所示。数据采集完成后，系统就能结合 AI 算法、相关性分析和异常模式等方法，主动识别弱信号覆盖、高干扰和高信道利用率等空口性能类及连接类问题。

表 10-6　WLAN 采集的数据

测量对象	主要测量指标	采集设备	最小采样周期 /s
AP	CPU 利用率、内存利用率、在线用户数	AP	10
射频	在线用户数、信道利用率、噪声、流量、反压队列、干扰率、功率	AP	10
用户	RSSI、协商速率、丢包率、时延、DHCP、802.1X 认证	AP	10

例如，WLAN 最常遇到用户体验差的问题，在传统的网络运维中，运维人员难以感知，无法及时对网络做出合理的优化，只能在用户上报问题时修复问题。在定位问题时，一般需要专业工程师到现场，模拟用户当时的情况或者需要多次复现。而对于智能运维，系统可以自动分析全网用户的体验质量，并给出质差用户的具体体验数据，发现质差用户时，运维人员可以查看出现质差的时间及分析引起质差的原因，从而快速解决问题，如图 10-8 所示。

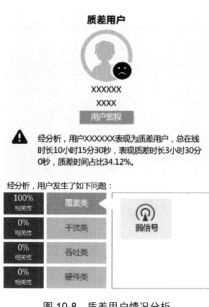

图 10-8　质差用户情况分析

2．故障识别和主动预测

在传统的网络运维中，只能是出现问题后去解决问题。假设可以对故障进行预测，提前发现可能出现的问题，及时对网络进行加固或者修复，就能避免问题发生，使业务不受影响。

基于大数据分析，通过智能运维的故障识别和主动预测，可以实现对网络中某些故障提前预测并预警。例如，用户在接入网络的过程中，因各种各样的原因，经常会出现接入失败的情况，这其实并不一定是网络故障。如图 10-9 所示，SDN 控制器基于历史大数据训练生成基线，正常在基线范围内的失败、异常被认为是终端的行为，仅当超过基线时，系统才会自动识别异常，并对其进行模式识别和根因分析，及时识别出故障，通知运维人员提前处理。

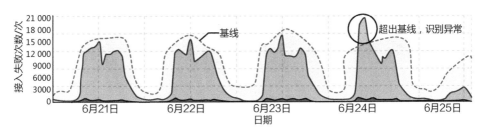

图 10-9　故障基线及异常检测

3. 故障定界和根因分析

网络运维人员的主要职责是看护好网络，当出现问题时，要能快速识别故障原因，解决问题，减少对业务的影响。传统的问题定界方式主要是依靠人工分析海量的数据及个人经验，故障定界困难。在智能运维中，SDN 控制器可以利用协议回放，以图形化的方式在界面展示故障发生时报文的交互过程，帮助运维人员迅速定界问题。

例如，用户遇到接入网络困难或者无法接入的问题，SDN 控制器的协议回放可以让用户接入的三阶段（关联、认证和 DHCP）全流程可视，通过细化各个协议交互阶段的结果与耗时，进行用户接入过程的精细化分析，快速获取用户接入的异常点，从而实现问题的精准定界，如图 10-10 所示。

4. 智能运维改变了网络的运维方式

有了强大的 SDN 控制器，再结合移动端 App，可以想象一下，在不久的未来网络管理员是如何管理网络的。

管理员上班后打开控制器的仪表盘，查看各个指标是否正常，并巡检对应的故障问题，确认是否一切正常。如果在开会，可以使用手机 App 检查。

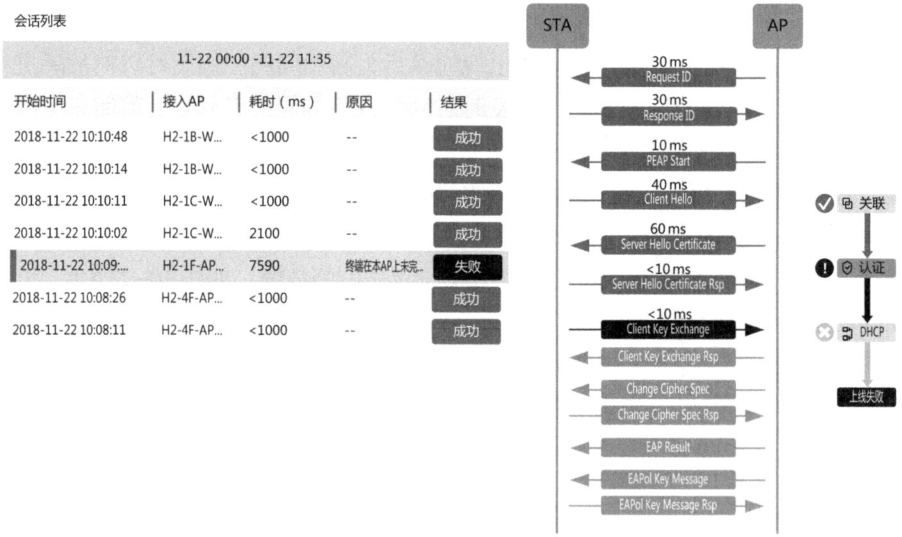

图 10-10　协议回放

　　上午 10 点，平台上推送了设备的一个新版本，管理员查看新版本的变更点，发现能解决前期遇到的一个问题，于是设置定时升级，计划在后天晚上 10 点执行，因为那天是周五，晚上和周末使用网络的人员较少。

　　下午 3 点，平台上显示有大量用户接入失败，管理员的手机也收到了短信提醒。点击进入平台的详情页面，显示的原因是 DHCP 地址获取失败，于是登录 DHCP 服务器检查，发现是一个已经出现过的问题，服务器的新版本还没有发布，但提供了解决问题的方法。管理员迅速进行相应操作，将服务器恢复。刚刚操作完，就收到同事打来的报障电话，管理员向同事说明了情况并表明已经处理完毕，网络马上恢复，并通过内部通信平台给同事群发消息通告这一情况。

　　周五下午 6 点，管理员准时下班。晚上 10 点，手机 App 发来消息，告知升级已经开始。晚上 10 点半，App 又发送信息，告知升级已经结束，并发送了升级前后网络相关的运维报告，显示 AP 一切正常。

　　周日上午，和施工队预约改造机房。管理员在 11 点收到一条重大告警，显示有 50 个 AP 掉线，掉线原因是这些 AP 所连接的交换机接口出现异常。管理员紧急联系施工人员，确认机房状况，发现是在施工过程中有人不小心碰掉了这台交换机的电源，恢复供电后一分钟，网络恢复正常了。

缩略语

英文缩写	英文全称	中文全称
AAA	Authentication, Authorization and Accounting	认证、授权和计费
AC	Access Category	接入类别
ACK	ACKnowledgement	确认
AES	Advanced Encryption Standard	高级加密标准
AGC	Automatic Gain Control	自动增益控制
AGV	Automated Guided Vehicle	自动导引运输车
AI	Artificial Intelligence	人工智能
AID	Association Identification	关联标识符
AIFS	Arbitration InterFrame Spacing	仲裁帧间间隔
AIFSN	Arbitration InterFrame Spacing Number	仲裁帧间间隔数
AK	Attestation Key	验证密钥
AKA	Authentication and Key Agreement	认证和密钥协商
AMC	Adaptive Modulation and Coding	自适应调制编码
A-MPDU	Aggregate-MAC Protocol Data Unit	聚合 MAC 协议数据单元
A-MSDU	Aggregate-MAC Service Data Unit	聚合 MAC 服务数据单元
AoA	Angle-of-Arrival	到达角度
AP	Access Point	接入点
API	Application Program Interface	应用程序接口
APT	Advanced Persistent Threat	高级持续性威胁
AR	Augmented Reality	增强现实
ARP	Address Resolution Protocol	地址解析协议
ASK	Amplifier Shift Keying	幅移键控
AU	Antenna Unit	天线单元
AWG	American Wire Gauge	美国线规
BA	Block Acknowledgement	块确认
BAR	Block Acknowledgement Request	块确认请求

英文缩写	英文全称	中文全称
BCC	Binary Convolutional Encoding	二进制卷积编码
BFRP	Beam forming Report Poll	波束成形报告轮询
BIGTK	Beacon Integrity Group Temporal Key	信标完整性组临时密钥
BIM	Building Information Model	建筑信息模型
BLE	Bluetooth Low Energy	低功耗蓝牙
Bluetooth SIG	Bluetooth Special Interest Group	蓝牙技术联盟
BOM	Bill of Materials	物料清单
BPSK	Binary Phase Shift Keying	二进制相移键控
BSA	Basic Service Area	基本服务区
BSR	Buffer Status Report	缓冲区状态报告
BSS	Basic Service Set	基本服务集
BSSID	Basic Service Set Identifier	基本服务集标识符
BT	Backoff Timer	退避定时器
BTF	Basic Trigger Frame	基本触发帧
BTM	BSS Transition Management	BSS 转换管理
BYOD	Bring Your Own Device	携带自己的设备办公
CA	Certificate Authority	证书颁发机构
CAD	Computer Aided Design	计算机辅助设计
CAPEX	Capital Expenditure	资本支出
CAPWAP	Control And Provisioning of Wireless Access Points	无线接入点控制和配置
CBC	Cipher Block Chaining	密码分组链接
CCA	Clear Channel Assessment	空闲信道评估
CCK	Complementary Code Keying	补码键控
CCMP	Counter Mode with CBC-MAC Protocol	区块密码锁链 - 信息真实性检查码协议
CES	International Consumer Electronics Show	国际消费类电子产品展览会
CFP	Contention Free Period	无竞争时期
CNNVD	China National Vulnerability Database of Information Security	中国国家信息安全漏洞库
CoS	Class of Service	服务类别

英文缩写	英文全称	中文全称
CPCAR	Central Processor Committed Access Rate	中央处理器承诺接入速率
CPE	Customer Premise Equipment	客户预置设备
CQI	Channel Quality Indicator	信道质量指标
CRC	Cyclic Redundancy Check	循环冗余校验
CS	Carrier Sense	载波侦听
CSA	Channel Switch Announcement	信道切换公告
CSI	Channel State Information	信道状态信息
CSMA/CA	Carrier Sense Multiple Access with Collision Avoidance	带冲突避免的载波监听多路访问
CSMA/CD	Carrier Sense Multiple Access with Collision Detection	带冲突检测的载波监听多路访问
CT	Computerized Tomography	计算机体层摄影
CTS	Clear to Send	允许发送
CVE	Common Vulnerabilities & Exposures	通用漏洞披露
CW	Contention Window	竞争窗口
CWmax	Maximum Contention Window	最大竞争窗口
CWmin	Minimum Contention Window	最小竞争窗口
CWND	Congestion Window	拥塞窗口
DAP	Distributed Access Point	分布式 AP
DBS	Dynamic Bandwidth Selection	动态带宽选择
DC	Direct Current	直流
DCA	Dynamic Channel Allocation	动态信道分配
DCF	Distributed Coordination Function	分布式协调功能
DCM	Dual Carrier Modulation	双载波调制
DDP	Driver Development Platform	驱动开发平台
DFA	Dynamic Frequency Assignment	动态频率分配
DHCP	Dynamic Host Configuration Protocol	动态主机配置协议
DIFS	DCF InterFrame Space	DCF 帧间间隔
DL MU-MIMO	Down Link Multi-User Multiple-Input Multiple-Output	下行多用户多输入多输出
DNS	Domain Name System	域名系统

英文缩写	英文全称	中文全称
DoS	Denial of Service	拒绝服务
DS	Distribution System	分布式系统
DSCP	Differentiated Services Code Point	区分服务码点
DSSS	Direct Sequence Spread Spectrum	直接序列扩频
DTLS	Datagram Transport Layer Security	数据报传输层安全
EAP	Extensible Authentication Protocol	可扩展认证协议
EAP-AKA	EAP Authentication and Key Agreement	EAP 认证和密钥协商
EAP-AKA′	Improved EAP Authentication and Key Agreement	增强 EAP 认证和密钥协商
EAPOL	Extensible Authentication Protocol Over LAN	基于 LAN 的可扩展认证协议
EAP-PEAP	EAP-Protected Extensible Authentication Protocol	可扩展认证协议 - 受保护的可扩展认证协议
EAP-TLS	EAP-Transport Layer Security	可扩展认证协议 - 传输层安全性
ECC	Envelope Correlation Coefficient	包络相关系数
ECWmax	Exponent form of CWmax	最大竞争窗口指数
ECWmin	Exponent form of CWmin	最小竞争窗口指数
EDCA	Enhanced Distributed Channel Access	增强型分布式信道访问
EHT	Extremely High Throughput	极高吞吐量
EIRP	Equivalent Isotropically Radiated Power	等效全向辐射功率
EMLMR	Enhanced Multi-Link Multi-Radio	增强型多链路多射频
EMLSR	Enhanced Multi-Link Single-Radio	增强型多链路单射频
EMR	Electronic Medical Record	电子病历
ENP	Ethernet Network Processor	以太网络处理器
EoGRE	Ethernet over GRE	以太网上的通用路由封装
EPCS	Emergency Preparedness Communications Service	应急准备通信服务
EPS	Evolved Packet System	演进分组系统
ERP	Enterprise Resource Planning	企业资源计划
ESL	Electronic Shelf Label	电子价签
ESS	Extended Service Set	扩展服务集

英文缩写	英文全称	中文全称
ESSID	Extended Service Set Identifier	扩展服务集标识符
EVM	Error Vector Magnitude	误差向量幅度
FCC	Federal Communications Commission	美国联邦通信委员会
FCS	Frame Check Sequence	帧检验序列
FDMA	Frequency Division Multiple Access	频分多址
FFT	Fast Fourier Transform	快速傅里叶变换
FHSS	Frequency Hopping Spread Spectrum	跳频扩频
FS	Free Space	自由空间
FSK	Frequency Shift Keying	频移键控
FTM	Fine Timing Measurement	精准测时机制
FTP	File Transfer Protocol	文件传送协议
GCMP	Galois / Counter Mode Protocol	伽罗瓦 / 反模式协议
GF	Greenfield	绿地模式
GFSK	Gaussian Frequency Shift Keying	高斯频移键控
GI	Guard Interval	保护间隔
GMAC	Galois Message Authentication Code	伽罗瓦消息认证码
GRE	Generic Routing Encapsulation	通用路由封装
GTK	Group Temporal Key	组播临时密钥
HARQ	Hybrid Automatic Repeat reQuest	混合自动重传请求
HE ER SU PPDU	High Efficiency Extended Range Single-User PPDU	高效扩展范围的单用户 PPDU
HE-LTF	High Efficiency Long Training Field	高效长训练序列字段
HE MU PPDU	High Efficiency Multi-User PPDU	高效多用户 PPDU
HE-SIG-A	High Efficiency Signal Field A	高效信令字段 A
HE-SIG-B	High Efficiency Signal Field B	高效信令字段 B
HE-STF	High Efficiency Short Training Field	高效短训练序列字段
HE SU PPDU	High Efficiency Single-User PPDU	高效单用户 PPDU
HE TB PPDU	High Efficiency Trigger Based PPDU	高效基于触发的 PPDU
HEW	High Efficiency Wireless	高效无线

续表

英文缩写	英文全称	中文全称
HF	High Frequency	高频
HT	High Throughput	高吞吐量
HT-LTF	High Throughput LTF	高吞吐量长训练序列
HTM	Hardware Trust Module	硬件可信模块
HTTP	HyperText Transfer Protocol	超文本传送协议
HT-SIG	High Throughput SIG	高吞吐量信令字段
HT-STF	High Throughput STF	高吞吐量短训练序列
IEEE	Institute of Electrical and Electronics Engineers	电气电子工程师学会
IFFT	Inverse Fast Fourier Transform	快速傅里叶逆变换
IFS	InterFrame Space	帧间间隔
IGTK	Integrity Group Temporal Key	完整性组密钥
IMSI	International Mobile Subscriber Identity	国际移动用户标志
IoT	Internet of Things	物联网
IP	Internet Protocol	互联网协议
IPSec	Internet Protocol Security	互联网络层安全协议
IR	infrared	红外线
ISM	Industrial, Scientific and Medical	工业、科学和医疗
IV	Initialization Vector	初始向量
KPI	Key Performance Indicator	关键绩效指标
KQI	Key Quality Indicator	关键质量指标
LAN	Local Area Network	局域网
LBS	Location-Based Service	基于位置的服务
LDPC	Low Density Parity Check	低密度奇偶校验
LF	Low Frequency	低频
LLC	Logical Link Control	逻辑链路控制
L-LTF	Legacy Long Training Field	传统长训练字段
LM	Link Measurement	链路测量
LoRa	Long Range Radio	长距离无线电
L-SIG	Legacy Signal Field	传统信令字段

英文缩写	英文全称	中文全称
L-STF	Legacy Short Training Field	传统短训练字段
LTF	Long Training Field	长训练字段
MAC	Media Access Control	媒体接入控制
MAN	Metropolitan Area Network	城域网
MBA	Multi-Station Block Acknowledgement	多站点块确认
MCS	Modulation and Coding Scheme	调制和编码方案
MDID	Mobility Domain Identifier	漫游域 ID
mDNS	multicast DNS	多播域名系统
MF	Medium Frequency	中频
MF	Mixed Format	混合格式
MIC	Message Integrity Check	消息完整性校验
MIMO	Multiple-Input Multiple-Output	多输入多输出
MISO	Multiple-Input Single-Output	多输入单输出
MLD	Multi-Link Device	多链路设备
MLE	Multi-Link Element	多链路元素
MLMR	Multi-Link Multi-Radio	多链路多射频
MLO	Multi-Link Operation	多链路操作
MLSR	Multi-Link Single-Radio	多链路单射频
MMPDU	MAC Management Protocol Data Unit	MAC 管理协议数据单元
MOS	Mean Opinion Score	平均主观得分
MPDU	MAC Protocol Data Unit	MAC 协议数据单元
MRI	Magnetic Resonance Imaging	磁共振成像
MRU	Multiple Resource Unit	多资源单元
MSDU	MAC Service Data Unit	MAC 服务数据单元
MSK	Master Session Key	主会话密钥
MU-BAR	Multi-User Block Acknowledgement Request	多用户块确认请求
MU-MIMO	Multi-User Multiple-Input Multiple-Output	多用户多输入多输出
MU-RTS	Multi-User Request to Send	多用户请求发送
NAT	Network Address Translation	网络地址转换

英文缩写	英文全称	中文全称
NAV	Network Allocation Vector	网络分配向量
NB-IoT	Narrow Band-Internet of Things	窄带物联网
NCB	Non-contiguous Channel Bonding	非连续的信道绑定
NDP	Null Data Packet	空数据报文
NFRP	NDP Feedback Report Poll	NDP 反馈报告轮询
NSS	Number of Spatial Streams	空间流数
NSTR	Non-Simultaneous Transmit and Receive	非同时发送和接收
OBO	OFDMA Backoff	OFDMA 退避
OBSS	Overlapping Basic Service Set	重叠基本服务集
OBSS-PD	Overlapping Basic Service Set-Packet Detect	重叠基本服务集数据包检测
OCW	OFDMA Contention Window	OFDMA 竞争窗口
OFDM	Orthogonal Frequency Division Multiplexing	正交频分复用
OFDMA	Orthogonal Frequency Division Multiple Access	正交频分多址
OMI	Operating Mode Indication	操作模式指示
OPEX	Operating Expense	运营支出
ORU	Optical Radio Unit	光射频单元
OS	Operating System	操作系统
OSA	Open System Authentication	开放系统认证
OUI	Organization Unique Identifier	组织唯一标识符
OWE	Opportunistic Wireless Encryption	机会性无线加密
PACS	Picture Archiving and Communication System	影像存储与传输系统
PAPR	Peak to Average Power Ratio	峰值平均功率比
PC	Personal Computer	个人计算机
PCB	Printed-Circuit Board	印制电路板
PCF	Point Coordination Function	点协调功能
PCR	Platform Configuration Register	平台配置寄存器
PDA	Personal Digital Assistant	个人数字助理
PDF	Portable Document Format	便携文件格式
PE	Packet Extension	报文扩展

英文缩写	英文全称	中文全称
PEAP	Protected Extensible Authentication Protocol	受保护的可扩展认证协议
PER	Packet Error Rate	误包率
PIFA	Planar Inverted-F Antenna	平面倒 F 天线
PIFS	PCF InterFrame Space	PCF 帧间间隔
PLCP	Physical Layer Convergence Procedure	物理层汇聚过程
PMD	Physical Medium Dependent	物理介质相关
PMF	Protected Management Frame	受保护的管理帧
PMK	Pairwise Master Key	成对主密钥
PMKID	PMK Identifier	PMK 标识符
PMKSA	PMK Security Association	PMK 安全关联
PoE	Power over Ethernet	以太网供电
PPDU	PHY Protocol Data Unit	物理层协议数据单元
PPSK	Private Pre-Shared Key	私有预共享密钥
PSDU	PLCP Service Data Unit	PLCP 服务数据单元
PSK	Phase Shift Keying	相移键控
PSK	Pre-Shared Key	预共享密钥
PTK	Pairwise Transient Key	成对临时密钥
QAM	Quadrature Amplitude Modulation	正交幅度调制
QBPSK	Quadrature Binary Phase Shift Keying	相位翻转 90 度的二进制相移键控
QoS	Quality of Service	服务质量
QPSK	Quadrature Phase Shift Keying	正交相移键控
RA	Remote Attestation	远程证明
RADIUS	Remote Authentication Dial In User Service	远程用户拨号认证服务
RB	Random Backoff	随机退避
RCPI	Received Channel Power Indicator	接收信号强度指示
RDG	Reverse Direction Grant	反向授予
RF	Radio Frequency	射频
RFID	Radio Frequency Identification	射频识别

英文缩写	英文全称	中文全称
RL-SIG	Repeated Legacy Signal Field	重复传统信令字段
RN	Risk Note	漏洞清单
RNR	Reduced Neighbor Report	精简邻居报告
RoT	Root of Trust	信任根
RPL	Received Power Level	接收功率电平
RR	Resource Request	资源请求
RSNI	Received Signal-to-Noise Indicator	接收信噪比指示
RSSI	Received Signal Strength Indicator	接收信号强度指示
RTA	Real-Time Application	实时应用
RTO	Retransmission Timeout	重传超时时间
RTP	Real-time Transport Protocol	实时传输协议
RTS	Request to Send	请求发送
RTT	Round Trip Time	往返时间
R-TWT	Restricted TWT	受限目标唤醒时间
RU	Remote Unit	远端单元
RU	Resource Unit	资源单元
RWND	Receive Window	接收窗口
SA	Security Advisory	安全通告
SAC	Smart Application Control	智能应用控制
SAE	Simultaneous Authentication of Equals	对等实体同步验证
SDMA	Space Division Multiple Access	空分多址
SDN	Software Defined Network	软件定义网络
SFN	Same Frequency Network	同频组网
SFTP	Secure File Transfer Protocol	安全文件传送协议
SHA	Secure Hash Algorithm	安全哈希算法
SHF	Super High Frequency	超高频
SIFS	Short InterFrame Space	短帧间间隔
SIG	Signal Field	信令字段
SIMO	Single-Input Multiple-Output	单输入多输出

英文缩写	英文全称	中文全称
SINR	Signal to Interference plus Noise Ratio	信干噪比
SIP	Session Initiation Protocol	会话起始协议
SISO	Single-Input Single-Output	单输入单输出
SKA	Shared Key Authentication	共享密钥认证
SL	Supervised learning	监督学习
SLB	SparkLink Basic	星闪基础
SLE	SparkLink Low Energy	星闪低功耗
SML	Storage Measurement Log	存储度量日志
SN	Security Notice	安全公告
SNMP	Simple Network Management Protocol	简单网络管理协议
SNR	Signal to Noise Ratio	信噪比
SOHO	Small Office/Home Office	家居办公室
SP	Service Periods	服务阶段
SRG	Spatial Reuse Group	空间复用组
SRP	Spatial Reuse Parameter	空间复用参数
SSID	Service Set Identifier	服务集标识符
SSL	Secure Socket Layer	安全套接字层
STF	Short Training Field	短训练字段
STP	Spanning Tree Protocol	生成树协议
STR	Simultaneous Transmit and Receive	同时发送和接收
SU-MIMO	Single-User Multiple-Input Multiple-Output	单用户多输入多输出
SWND	Send Window	发送窗口
SWR	Standing Wave Ratio	驻波比
TB PPUD	Trigger-Based PPUD	基于触发的 PPUD
TCP	Transmission Control Protocol	传输控制协议
TDD	Time Division Duplex	时分双工
TDLS	Tunneled Direct Link Setup	通道直接链路建立
TDoA	Time Difference of Arrival	到达时间差
TID	Traffic Identification	业务标识符

续表

英文缩写	英文全称	中文全称
TKIP	Temporal Key Integrity Protocol	临时密钥完整性协议
TLS	Transport Layer Security	传输层安全性协议
TMSI	Temporary Mobile Subscriber Identity	临时移动用户标志
ToA	Time of Arrival	到达时间
ToF	Time of Flight	飞行时间
ToS	Type of Service	服务类型
TPC	Transmit Power Control	发射功率控制
TTLM	TID-To-Link Mapping	链路之间的映射
TWT	Target Wake Time	目标唤醒时间
TXOP	Transmission Opportunity	传输机会
TXS	Triggered TXOP Sharing	触发的 TXOP 共享
UHF	Ultra High Frequency	特高频
UIF	User Information Field	用户信息字段
UL MU-MIMO	Up Link Multi-User Multiple-Input Multiple-Output	上行多用户多输入多输出
UNB	Ultra Narrow Band	超窄带
UNII	Unlicensed National Information Infrastructure	未经批准的全国性信息基础设施
UORA	UL OFDMA-based Random Access	上行 OFDMA 随机接入
UP	User Priority	用户优先级
URL	Uniform Resource Locator	统一资源定位地址
UWB	Ultra-WideBand	超宽带
VAP	Virtual Access Point	虚拟接入点
VHF	Very High Frequency	甚高频
VHT	Very High Throughput	非常高吞吐量
VIP	Very Important Person	贵宾
VLAN	Virtual Local Area Network	虚拟局域网
VoIP	Voice over Internet Protocol	基于 IP 的语音传输
VPN	Virtual Private Network	虚拟专用网络
VR	Virtual Reality	虚拟现实

英文缩写	英文全称	中文全称
VRRP	Virtual Router Redundancy Protocol	虚拟路由冗余协议
WAC	Wireless Access Controller	无线接入控制器
WAI	WLAN Authentication Infrastructure	无线局域网鉴别基础结构
WAPI	WLAN Authentication and Privacy Infrastructure	无线局域网鉴别与保密基础结构
WEP	Wired Equivalent Privacy	有线等效保密
WIDS	Wireless Intrusion Detection System	无线入侵检测系统
Wi-Fi	Wireless Fidelity	无线保真
WIPS	Wireless Intrusion Prevention System	无线入侵防御系统
WLAN	Wireless Local Area Network	无线局域网
WMM	Wi-Fi Multimedia	Wi-Fi 多媒体
WPA	Wi-Fi Protected Access	Wi-Fi 保护接入
WPA2	Wi-Fi Protected Access 2	Wi-Fi 保护接入第二版
WPA3	Wi-Fi Protected Access 3	Wi-Fi 保护接入第三版
WPI	WLAN Privacy Infrastructure	无线局域网保密基础结构
ZC	ZigBee Coordinator	ZigBee 协调者
ZED	ZigBee End Device	ZigBee 终端设备
ZR	ZigBee Router	ZigBee 路由器

参考文献

本书提及的技术细节与具体参数可参考推荐文献及 IEEE 标准化协会官网的相关文档。

[1] LI Y B,LI Y C,LIU L,et al. Non−contiguous channel bonding in 11ax[EB/OL]. (2016−01−17)[2018−11−30].

[2] FISCHER M,SEOK Y H. Disallowed sub channels[EB/OL]. (2018−04−16) [2018−11−30].

[3] GHOSH C,STACEY R,PERAHIA E,et al. Random access with trigger frames using OFDMA[EB/OL]. (2015−05−12)[2018−11−30].

[4] GUO J Y C,YANG D X,LI Y B. Comment resolution on trigger frame for random access[EB/OL]. (2017−05−09)[2018−11−30].

[5] GHOSH C,STACEY R,PERAHIA E,et al. UL OFDMA−based random access procedure[EB/OL]. (2015−09−14)[2018−11−30].

[6] KIM J S,MUJTABA A,LI G Q,et al. 20 MHz−only device in 11ax [EB/OL]. (2016−07−25)[2018−11−30].

[7] KIM J S,MUJTABA A,LI G Q,et al. RU restriction of 20 MHz operating devices in OFDMA[EB/OL]. (2016−07−25)[2018−11−30].

[8] LI G Q,KNECK J,HARTMAN C,et al. CIDs related to 20 MHz−only STAs operating on non−primary 20 MHz channels[EB/OL]. (2017−03−13)[2018−11−30].

[9] SEOK Y H,WANG C C,YEE J,et al. LB230 CR 20 MHz only STA on secondary channel[EB/OL]. (2018−03−15)[2018−11−30].

[10] 高峰 , 李盼星 , 杨文良 , 等. HCNA−WLAN 学习指南 [M]. 北京 : 人民邮电出版社 ,2015.